中国残疾人福利基金会推荐用书

应用行为分析（ABA）完整教程
A Complete ABA Curriculum

中级技能分步训练

原　　著　Julie Knapp

　　　　　Carolline Turnbull

主　　译　贾美香　李　响　白雅君

执行主译　彭旦媛　贾　萌　李恩耀　潘　岩

副 主 译　于　洋　张海燕　李　荔

译　　者（按汉语拼音排序）

车翰博　陈素云　陈晓芳　程献莹　初晓菲　崔蒙蒙

代恒双　邓丽丽　刁风菊　董丹凤　董　慧　杜丽源

范晓娇　方丽娟　何　影　胡慧萍　纪志伟　贾慧锋

金浩然　柯黎颖　李　东　李　瑞　李伟江　李　雪

梁艳林　林　恒　刘冬梅　刘桂赞　刘　欢　刘　堃

刘　星　刘艳君　吕文静　罗立晖　牟效玲　倪明明

齐丽娜　邵　沫　沈　琪　隋晓玉　孙丽娜　孙　琪

孙石春　孙　艳　谭筑霞　陶　煜　汪洪波　王红微

王丽琴　王晓武　王　玉　魏青云　肖丽媛　谢裴风

徐振弟　杨　轲　杨　洋　杨智然　于秋霞　于　涛

于婷婷　云爱玲　曾　刚　张家翾　张黎黎　张　楠

张　妮　张晓燕　张兆惠　赵　芳　赵　泓　赵永林

周　娟　祝贺荣

人民卫生出版社

First published in 2014 by Jessica Kingsley Publishers
73 Collier Street, London, N1 9BE, UK
and
400 Market Street, Suite 400, Philadelphia, PA 19106, USA

www.jkp.com

图字：01-2016-9299

图书在版编目（CIP）数据

应用行为分析（ABA）完整教程. 中级技能分步训练 /（美）朱莉·纳普（Julie Knapp）原著；贾美香，李响，白雅君主译. —北京：人民卫生出版社，2019
ISBN 978-7-117-28016-7

Ⅰ. ①应… Ⅱ. ①朱… ②贾… ③李… ④白… Ⅲ. ①行为分析-教材 Ⅳ. ①B848.4

中国版本图书馆 CIP 数据核字（2019）第 024067 号

人卫智网	**www.ipmph.com**	**医学教育、学术、考试、健康，购书智慧智能综合服务平台**
人卫官网	**www.pmph.com**	**人卫官方资讯发布平台**

应用行为分析（ABA）完整教程：中级技能分步训练

主　　译：贾美香　李　响　白雅君
出版发行：人民卫生出版社（中继线 010-59780011）
地　　址：北京市朝阳区潘家园南里 19 号
邮　　编：100021
E - mail：pmph @ pmph.com
购书热线：010-59787592　010-59787584　010-65264830
印　　刷：北京虎彩文化传播有限公司
经　　销：新华书店
开　　本：889 × 1194　1/16　**印张：**34
字　　数：1053 千字
版　　次：2019 年 4 月第 1 版　2025年 4 月第 1 版第 7 次印刷
标准书号：ISBN 978-7-117-28016-7
定价（含光盘）：98.00 元
打击盗版举报电话：010-59787491　E-mail：WQ @ pmph.com
（凡属印装质量问题请与本社市场营销中心联系退换）

序

自闭症，原来是多么陌生的词，可就是这么一个陌生的词打乱了多少家庭原本平静的生活。在中国，患者人数已达千万，但由于公众认知的淡薄、传统观念的偏见、专业支持系统和教育的缺失，他们仍被排斥在正常生活之外，连争取最基本的权利和尊严也相当艰难。

由儿子同桌的家长引荐，我有机会将目光投向这一奇特的病症：自闭症（又称孤独症）——儿童发育障碍中最为严重的疾病之一，以明显的社会交往障碍、言语发育障碍以及刻板的兴趣、奇特的行为方式为主要特征，故自闭症患儿被称为“遥远星空的孩子”。自闭症是一种终身性疾病，起病于3岁以前，预后大多较差，大约80%的孩子没有独立社交能力，无法独立生活，有的甚至终身无法语言。仅有约10%的高功能轻度自闭症患者预后较好，极少数可上大学、可独立生活。但罕有完全恢复正常的患者。迄今为止，该病尚无明确病因，亦无任何药物可以治疗。早期的专业训练是目前最好的治疗措施。这句话似乎成了这个群体唯一的希望，也启发我，要帮助这样一个特殊的群体，光有爱心和志愿是不够的，职业化、专业化才是最好的解决问题的办法；要支持那些愿意以自闭症康复训练为业的特教老师，引进、吸收国内外先进的康复训练方法。为此，我创办了大连万卷儿童自闭症康复中心，经过几年的努力，开设了董丹凤工作室、刘堃工作室、刘冬梅工作室，以及万卷社区儿童馆，将儿童的训练和社会融合结合起来，给自闭症儿童以全方位的支持和指导。我们还设立了“自闭症关爱会”，致力于将全社会的爱心积聚起来。我们相信爱的力量定能汇成河，通过专业、优质、持续的服务送达到每一个入会的自闭症家庭，共建孩子的成长家园。

在这个过程中，我们也在不断地探索、找寻国内外先进的自闭症康复训练成果，这一理念得到了许多爱心人士的赞同和支持。汪洪波，原国家疾控中心职员、英国博士留学归国人员、热衷公益的牙医，向我推荐了 Jessica Kingsley Publishers（JKP）出版社刚刚出版的《应用行为分析（ABA）完整教程》，当时该出版社刚刚出版了一套四本书中的三本，尚有一本还未出版，当我拿到这套书的部分目录时，立即被书中循序渐进、自成体系的训练所折服。我把这些内容分别转给了各个工作室的主任及辽宁师范大学心理学院副院长刘文教授、中国残疾人康复协会孤独症康复专业委员会主任委员贾美香大夫，他们一致认为：这是目前自闭症领域中康复目标设定最系统、最细致的康复训练教程。

出版此套书籍的原出版社 Jessica Kingsley Publishers（JKP），是一家有着29年历史的独立跨国出版社，由创始人 Jessica Kingsley 在1987年创立，总部位于伦敦。JKP 出版了大量社会科学和行为科学类的著作，在艺术治疗和自闭症类书籍的出版上更是享有国际声誉。2007年，在英国独立出版商协会（the Independent Publishers Guild, IPG）、英国 *The Bookseller* 杂志及伦敦书展（London Book Fair）合作创办的年度独立出版奖上，JKP 获得了“年度最佳学术与专业出版社”奖项。

我们了解了很多关于自闭症儿童康复训练的教程，国外在这方面的研究比我们早了将近半个世纪，积累了不少经验，这套由 Julie Knapp、

Carolline Turnbull 编写的《应用行为分析（ABA）完整教程》是一套面向自闭症康复领域的专业权威书籍。

我们在引进、翻译、出版此书的过程中，曾经遇到各方面的困难，这些困难都因为有众多爱心人士对自闭症的关心而得以解决。在此表示感谢。

大连万卷儿童自闭症康复中心创办者　白雅君

2018 年 12 月

原著作者

Julie Knapp博士，小儿神经心理学家，国际应用行为分析学会认证博士级行为分析师，Knapp患者发展中心执行主任（该机构位于美国俄亥俄州的Boardman，致力于自闭症患者的诊断和治疗）。Knapp博士同时还是克利夫兰大学医院系统彩虹婴幼儿医院的顾问，且任职于美国凯斯西储大学。此前，Knapp博士曾任职于克利夫兰诊所自闭症中心，还是杜肯大学和查塔姆大学心理学教育论坛的老师。她完成了一项开展于沃森研究所涉及神经心理学与自闭症谱系障碍领域的为期2年的博士后研究，其后又完成在宾夕法尼亚州立大学开展的行为分析领域附加训练。Knapp博士曾在美国国家神经心理学学院担任了2年的委员会成员；目前持有自闭症诊断观察计划（Autism Diagnostic Observation Schedule，ADOS）与自闭症诊断访谈量表修订本（Autism Diagnostic Interview–Revised，ADI–R）的双重认证证书。在Knapp患者发展中心，Knapp博士提供了一项国际应用行为分析（Applied Behavior Analysis，ABA）项目帮助世界其他国家的家庭前往美国接受应用行为分析项目的治疗。她同样还为军人家庭提供了一项应用行为分析治疗项目。她通过自闭症之声（世界领先的自闭症科学与倡导组织）收到了一笔赠款，并将其作为她社交技能项目的种子资金。她为自闭症患者提供家庭应用行为分析教程及夏令营治疗项目，召开家长会，并创办培训学校。Knapp博士在专业期刊上发表了9篇关于自闭症的文章与论文摘要，在全国性会议上提出了许多研究所得，还为俄亥俄州自闭症服务项目编辑了资源指南（得到了克利夫兰研究中心的资助并得以发表），Knapp博士曾参加过多个访谈并通过大众媒体（如电视与杂志文章）参与过许多教育论坛；Knapp博士曾是美国国家卫生研究所（National Institute of Health，NIH）开展的自闭症幼儿药物试验的主要研究人员，同时还任职于克利夫兰研究中心。她在2012年、2013年连续2年为自闭症之声主持了第一届、第二届“马霍宁山谷行动”，为该组织筹集了超过10万美金的善款。Knapp博士是自闭症之声俄亥俄州分会咨询委员会成员，以及自闭症协会俄亥俄州马霍宁山谷分会的董事会成员。她负责核查自闭症之声俄亥俄州的拨款申请。她在处理患者发育障碍领域拥有超过15年的经验，在地方、州、国家性的会议或集会上，她开展了超过75次关于自闭症的研讨会与讲座。

Carolline Turnbull是俄亥俄州Twinsburg一家名为患者纽带神经行为中心的国家认证助理行为分析师。Carolline是一名以家庭与学校为基础的行为咨询顾问，她为存在不同神经认知与机能障碍的智力相当于3~6岁的患者开发了一套舞蹈课程。她在肯特州立大学完成了关于言语病理学与听力学的学士学位，在佛罗里达理工学院（Florida Institute of Technology，FIT）完成了助理行为分析师的认证课程。Carolline在患有发育障碍的儿童及青壮年的行为管理领域已有超过15年的经验。在加入患者纽带神经行为中心之前，Carolline在克利夫兰的自闭症研究中心任职了8年，在这段时间内，她担任了不同岗位的职务，如课堂行为治疗师与拓展行为治疗师，针对家庭与学校人员提供咨询，且担任了2年SPIES社交夏令营的副主任。

目录

第一部分　教程实施

第二部分　教程内容

第一部分

教程实施

第 1 章

应用行为分析（ABA）教程介绍

应用行为分析（applied behavior analysis，ABA）教程旨在教导自闭症谱系障碍［简称（autism spectrum disorder，ASD）］患者习得各种技能，包括参与技能、模仿能力（精细动作、粗大动作和口腔运动）、视觉空间能力、语言理解能力、语言表达能力、实用语言能力、适应能力、学业技能、社交 / 游戏的能力，以及职业技能。

这套课程教材共分四本，四本分册相互依存、循序渐进，而你手中的这一分册是整套课程教材的第三本。取决于受训者能力方面存在的差异，训练师可能会根据需求从四本课程教材中选择适合的分册开始治疗。然而，必须着重注意的是，在教导受训者学习其他分册中的高阶技能时，应当确定其已经储备了第一本和第二本教程所列出的基本技能。如果第一册和第二册的基础技能没有得到稳固，在学习后几册的高阶技能时，受训者极有可能会感觉到学习时困难重重。

《应用行为分析（ABA）完整教程》第三册书的封面写明本分册中的项目适用于发育年龄为 4~7 岁的自闭症谱系障碍的患者，但这可能引起一些误导。此书中列举的项目所培养的技能，大部分发育正常的患者在 4~7 岁时就能习得。然而，患有自闭症谱系障碍的患者多表现为发育迟缓，因此，本书的主要受众一方面应当是实际年龄为 4~7 岁的患有自闭症谱系障碍及发育迟缓的患者，另一方面，本书的受众也应当包括那些大于 4~7 岁，然而发育年龄符合 4~7 岁年龄区间的患者。最后，值得强调的是，自闭症谱系障碍者往往缺乏多个领域的各个技能（如语言、视觉空间技能等等），符合受训者需要的应用行为分析疗程很可能涵盖两本或两本以上的教材中的任务分析。

ABA 完整教程针对发育迟缓的受训者提供了 550 多个具体的教学方案，本书作为本套课程第三册，涵盖了其中近 150 个项目。每个具体的教学项目或教学技能都以任务分析（task analysis，TA）的形式呈现。我们也为如何阅读理解任务分析（TA）、如何实践任务分析（TA），如何收集记录数据，如何用曲线图展现数据指出方向。此外，教学策略方向的建议我们也已在书中给出。这套教程被设计为工作手册的形式，每个受训者在进行治疗项目时，其个人的治疗进程可以直接绘制在书籍任务分析的相应表格中；也可以从附赠的 DVD 中打印任务分析（TA）的相关页面，并将其归纳在一个活页档案中，并将每个活页档案设置成为特定自闭症受训者的 ABA 康复课程。在附赠的 DVD 中，除了与 TA 相关的页面，还有三个页面你可以下载并打印出来。这三个页面分别为：数据收集表与两份图表（技能习得与辅助数据）。在你使用这本工作手册时，这三个页面请务必按照顺序打印出来，用于记录所辅导受训者在各个诊疗阶段所呈现出的各项数据，并用图表的形式呈现出最终结果。我们建议你将这三页材料打印多份，并将其放入活页档案夹内，与助教一起为受训者选择适合的个性化康复治疗。在这份活页档案中，你也许倾向于将数据收集表放置在文件最上方，因为这些表格使用最为频繁；同时，在这个活页档案里，你还可以做一些教学分区（例如，参与、视觉空间、语言理解等领域）。在每个教学分区里，都应当包含任务分析（TA），除非直接将其记录在工作手册里，你还应当为数据收集表上所列出的每个任务分析或教学项目制作对应的图表（每个疗程可能需要同时运作 10~15 个任务分析）。这样一来，这份活页档案与这套《应用行为分析（ABA）完整教程》就完整记录了受训者的个性化 ABA 诊疗课程。

这套应用行为分析进阶课程还包含一份名为“课程指南”的项目列表，在列表中，列举了建议进行教学的各项技能。这份指南可用来指导你为接受辅导的受训者选择适合其需求的特色项目，并标记出哪些项目已经被选用于受训者当前的教学项目，哪些项目已经完成教学且受训者已达到预期目标。在课程的末尾，我们提供了大约 150 个项目，旨在帮助你所教导的学生实现自身最佳状态和最大程度的独立。

ABA 教学的基本策略

本套课程的内容均基于应用行为分析（ABA）的理论和实践。人们普遍认为应用行为分析可以通过改善认知、语言、社会活动与适应性活动来改善自闭症。一方面，我们借鉴研究成果作为指导，另一方面，将我们的进阶训练代入到行为分析当中，两项融合，我们撰写了这本工作手册，通过特定的任务分析去教导自闭症患者。项目中的每项能力都是通过任务分析教学来实现的，每个任务分析都是将复杂任务分解成简单步骤的过程。对于患有自闭症的受训者来说，这些简化了的步骤使学习变得更为容易，从而减少了学习复杂任务时所产生的挫败感。对受训者来说，学习过程越简单，就越容易掌握目标行为；目标行为越容易习得，所获得的成就感也就越大。

应用行为分析是一种数据驱动，它是一种基于数据分析，目的在于改变行为和构建技能的动态方法。应用行为分析（ABA）曾用于根除自闭症患者的适应不良、多动症（attention deficit hyperactivity disorder，ADHD）、学习障碍、发育迟缓及行为障碍。应用行为分析（ABA）还通过强化和辅助等手段实现我们所期望的适应性行为的增长。对于大多数患有自闭症的受训者来说，应用行为分析（ABA）使他们在多项技能领域得到了全面持久的提升。自闭症谱系障碍者很难像他们的同龄人那般在传统环境中开展学习，但通过正确的教导，他们也可获取大量的知识。而强化和辅助，是应用行为分析（ABA）两项最基础的教学手段。在课程中进行任务分析时，这两项教学工具都会持续使用并贯穿始终，接下来，为你介绍一下这两种教学手段：

辅助与辅助等级

辅助是应用行为分析（ABA）中主要的教学手段之一。辅助是为了引导自闭症谱系障碍者作出正确反应。总而言之，如果自闭症受训者不能独立完成某项技能，我们则通过给出辅助的方法来引导他们习得该技能。辅助按照干预的多少分为多个等级。我们应当尽量使用干预最少的必要辅助去帮助受训者作出正确反应。消退辅助是非常有必要的，避免受训者对辅助形成依赖。辅助依赖指的是受训者在完成指令或看到辨别性刺激（discriminative stimulus，S^D）时依赖于训练师的提醒。为了避免这种状况，在进行技能教学时，必须尽量消退你所给出的辅助。

此外，当对受训者进行教学时，必须警惕无意中给出辅助。训练师在进行项目教学时在无意识状态下可能会给出多次辅助。这也是为何我们需要国家认证行为分析师（Board Certified Behavior Analyst，BCBA）对整个项目进行监督的原因之一。认证行为分析师也能在强化和避免无意识辅助方面给予我们更多的专业建议。

无意识辅助可以帮助自闭症受训者更得心应手地完成任务，然而，这并不意味着他们真正掌握了这项任务，而是因为他们遵循了训练师给出的无意识辅助。例如，我们建议训练师始终以一种随机的方式放置教学用具，如目标物品或是图片。例如，在开展配对活动时，区域内摆放有 3 件物品（这里指的是当我们期待受训者作出选择时，提供给他们的可选择的物品数量）。在训练过程中，应将目标物品放置在不同的地点（如，居左、居右或居中）。这有助于避免无意中将目标物品始终放置在离受训者较近的醒目处。

表 1.1 中详细描述了在应用行为分析教程中应用最为广泛的一些辅助类型。位于表格顶端的辅助的干预最为强烈，由上至下，辅助所包含的干预性逐步减弱。

需要强调的是，所有接受辅助的人都有可能依赖辅助，因此有必要对成功完成任务所需要的辅助强度进行权衡，并迅速尝试去消退辅助以避免形成辅助依赖。一般说来，最好从最弱的辅助开始，根据任务难度增加逐步提高辅助强度。例如，如果指导一名受训者触摸身体某个特定的部分，你可能会选用姿势辅助，如果受训者没有给出正确反应，那么，你可提高辅助强度等级，采用一个部分躯体辅助，甚至最终使用全躯体辅助帮助受训者成功完成教学目标。这样可以确保训练师逐步消退辅助并降低辅助所带来的依赖性风险。另外，由于言语辅助不易淡化，我们建议你在可能的情况下尽量使用其他辅助方法，仅仅在言语辅助是唯一可行的方法时才予以使用。

表 1.1　应用行为分析中使用广泛的一些辅助类型的描述

辅助类型	描述	例子	辅助图例
全躯体辅助（full physical，FP）	受训者需要借助全部身体的协助来完成任务。训练师“手把手”帮助，确保受训者作出正确反应	在进行手指画教学时，训练师应将自己的手放置在辅导受训者的手上，为他们展示如何用手蘸取绘画颜料，并涂抹在绘画纸上	
部分躯体辅助（partial physical，PP）	受训者需要借助部分身体的协助来完成任务	在训练受训者使用图片交换沟通系统（picture exchange communication system，PECS）（Bondy and Frost 2002）表达需求时，训练师应托起受训者的手，然后在目标图片的正上方松开受训者的手，或者训练师将手放在受训者的小臂上进行引导	
姿势辅助（gesture，G）	训练师做出某些姿势来辅助受训者给出所需的正确反应	在训练梳头发时，训练师和受训者一同站在镜子前，训练师将头侧向受训者，辅助受训者需要梳理的部位	
位置辅助（positional，POS）	训练师在某个特定的位置放置辅助物	将三张亲近的人的照片放置在受训者面前，并给出指令“摸摸你的兄弟”，同时训练师应把正确答案放在离受训者较近的位置上	
视觉辅助（visual，VS）	训练师给出答案的视觉性线索	给出指令“我们用什么来喝水？”时，训练师手举一幅杯子的图片	

续表

辅助类型	描述	例子	辅助图例
言语辅助（verbal，VB）	训练师口头示范出想要得到的回答	当进行有关于色彩理解如“紫色”的项目时，在给出指令之后，训练师立即附加一条言语辅助。如，“这是什么颜色？”“紫色”	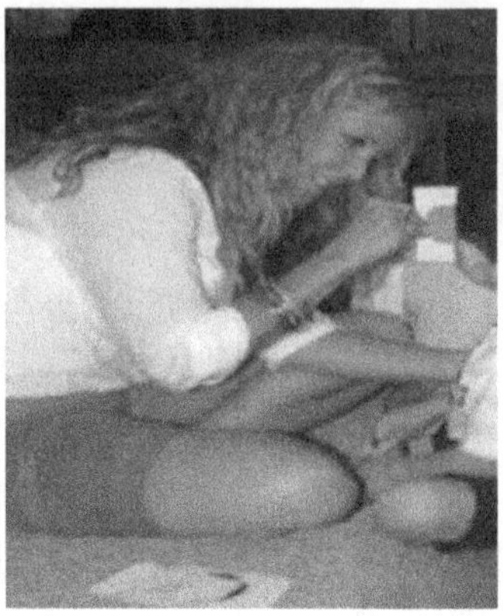

强化

强化是应用行为分析中另一个常用的训练手段。强化能提高受训者的学习动机。高涨的动机意味着受训者对所学技能有了更强的兴趣，因此，我们更容易发现受训者在这个技能领域得到了改善和进步。为了使强化更有效，下面针对如何开展强化训练提出一些建议：

- 强化应该是功能性的。换句话说，强化能增强受训者的受训效果，并使其在行为改善方面获得预期效果。某种强化物对某个受训者有效不意味着对另一个受训者也有效。例如，有些受训者可能会为了喜欢的爆米花而努力，而其他受训者很可能根本不喜欢爆米花。因此，对于那些特定的受训者，这个强化物的作用就不会起效。此外，强化物是随时改变的。某个强化物在某一阶段对受训者有效，随后，受训者也许对该强化物失去兴趣。因此，你需要不断重新评估功能强化物（通常，偏好评估有助于确定新的功能强化物。偏好评估这套体系，是指把潜在强化物展现给受训者，让他们自行决定哪种强化物更为有效）。
- 不断挖掘出新的功能强化物或开发出新的功能强化物。评估你的学生喜欢玩什么，或者他们独处时沉浸在什么东西里。他们喜欢运动或旋转的东西吗？还是喜欢发光的物体或是狭小的空间？利用他们喜欢的玩具、物品的特质来确定其他的强化物。例如，如果受训者喜欢会发声的玩具，他们可能还会喜欢音乐书籍、CD 播放机、智能手机或是平板电脑上的音乐软件等等。为了帮助大家持续确定强化物，强化物目录（用于确认对受训者有效的强化物的调查问卷）会很有帮助。
- 训练新技能时，强化物应当及时确定。为了起效，当受训者给出预期反应、显现出一项新技能时，强化物应立即给出。当新技能得以巩固，我们随后会考虑延迟给予强化物（即“代币制”，一种受训者赚取代币来换取所需强化物的行为矫正技术）。你必须确保受训者将他们的行为和获得强化物两者关联起来。这也是我们强调强化物时效性的原因。为了帮助他们建立起获得代币和习得技能之间的联系，在受训者给出预期反应后的 1 秒内立即给出强化物，这样产生的效果是最有效的。他们会开始意识到一旦他们做出正确反应，就能获得强化物，这也有利于学习过程的开展。
- 强化物只可以用于治疗过程或在自然环境下进行教学时。除了受训时间外，强化物不应让受训者能随便得到，随处可得会削弱强化物的作用。例如，训练如厕时使用某个特定视频作为强化物，那么要确保受训者在其他时间看不到该视频。如果受训者随时都能看到视频，那么他们可能就不会积极表达如厕意愿。因为他们付出较少努力时也能得到强化物。

- 区别性强化。这意味着回合试验教学中（第 4 章），在无辅助状况下受训者作出正确反应，则受训者可以得到最喜爱的强化物（第 5 章），如果受训者没有作出正确反应，则没有后继强化物奖励。区别性强化有助于受训者更快地习得技能。
- 采用一系列强化物避免受训者对某个特定强化物产生抵触情绪。这能确保强化物对受训者存在持久的功能性作用。采用多种强化物也让区别性强化成为可能。为了达到这个目标，你可以制作一块强化物展示板，上面列举出强化物的图片，或写上强化物的名字（针对那些可以阅读的受训者），这样一来，受训者可以自主选择其愿意为之努力的强化物。在选好强化物后，训练师应将其从强化板上移除，确保在接下来的项目中，其他强化物也能得到利用，同时也能避免受训者对某种强化物感到厌倦。简而言之，要轮换强化物。
- 保留时效长或对受训者而言兴趣更难消退的强化物。这样做最终能达到最长久、最优质的强化，而且不用担心强化物被移除。例如，受训者喜欢看某个视频或玩某个电子游戏，保留这些强化性强的强化物直至治疗结束。
- 坚持将次级强化（即口头表扬）配合初级强化物一起使用，这一点至关重要。初级强化物指生活基本必需品，如食物和饮料。自闭症受训者往往对初级强化物反应强烈，而对次级强化如社会性好评则反应冷淡。然而，初级强化物并不一定适用于现实环境，如课堂环境。举个例子，一位训练师给一个作出正确反应的受训者喝一口饮料作为奖励是不恰当的，然而赞扬他“做得好”就很合适。当我们将次级强化配合初级强化物一起使用时，次级强化可以承担起初级强化物的强化属性。换句话说，当受训者接受社会评价时，我们可以减少甚至停止使用初级强化物。
- 强化要符合受训者的年龄且具有效用。使用适合受训者年龄的强化物，有助于受训者被同伴接纳，因为作为同龄人，某个特定的事物或活动对他们来说可能也起到强化作用，这有助于同伴团体的形成。使用适合受训者年龄的强化物，也会大大增加受训者在其他场所（如学校、社区活动）中得到强化物的可能。
- 在受训者学会新技能时，强化物应当随着时间被逐渐淡化。对那些正在训练的项目，或受训者更易接受的项目都应当降低强化频率，即采用延迟强化。使用代币制有助于淡化强化物或削弱强化物出现的频率。可以要求受训者完成几个简单的或维持性的任务（在维持阶段已掌握的任务）后，获得强化物。随着时间推移不断淡化强化物，这一点相当重要，这有助于受训者适应强化训练并在其他自然环境中也能得到强化。
- 强化的时机很重要。不要打破项目正常运转的势头而插入强化。在受训者理解到预期反应与强化物之间的关联后，当他完成几项任务或给出一些正确反应后即给予奖励。将强化物列举在一张列表上，使用可变强化程序表（指随机安排强化），无需因为提供强化而打破项目的进程。当然，最好是在工作进行到一个自然停顿点时，再给出强化物。例如在一个或多个任务完成的时候。但请记住，如果受训者正在学习新技能，那么对强化的需要更为频繁，甚至需要制订一个一对一的强化时间表，在训练期间不断停下来给出强化。
- 严格遵循强化程序表。训练师越是严格遵循强化程序给出强化，受训者持续给出正确反应的可能性也就越大。
- 语言强化要具体，而不是普遍缺乏描述的赞美。因此，不要说“做得好”或“加把劲”这些非描述性的词汇，这无法告诉受训者何为做得好，或者他们得到赞赏的具体原因。确保你的语言强化具体，例如说“你坐下了，真棒。”
- 不要用强化物贿赂受训者。在疗程开始，或是在受训者给出一系列期望反应前，应先让受训者选择喜好的强化物。尽量避免用强化物引诱受训者去进行活动或完成一项任务，“贿赂”受训者不利于他们通过作出正确反应来赢得强化物。

第 2 章

教程指南

在本章末尾有一份列出了约 150 个项目的教程指南。这份指南可以帮助你确定各个项目的教学顺序，也可以帮助你核查受训者已经掌握了哪些技能，已经接受了哪些项目的辅导，以及他们已经牢固掌握了哪些项目。你不需要按课程指南项目的顺序来授课。事实上，我们强烈建议你对指南中不同板块和区域（或这套课程书的不同分册）的多个项目同时展开教学。我们发现，一般情况下，存在发育障碍的受训者能在长达 1~2 小时的课程中完成 10~15 个项目。

在开启第一项 ABA 项目或是在此套书籍的指导下教导受训者时，我们建议，从少量项目开始，直到你熟悉课程中所列出的任务分析，且受训者也能在规定时间内顺利完成运行的项目。当你对任务分析变得非常熟悉，受训者也可流畅地完成受训项目时，便可以在疗程中增加更多训练项目了。

在针对受训者选择训练项目时，应当选择不同的技能领域（即适应技能、社交 / 游戏技能、语言理解技能等），使得整个方案能涵盖多种技能。这样做有助于避免枯燥和挫败感（如果你只选择那些令受训者感到棘手的项目，很容易引发他们的挫败感，例如只选择语言表达课程）。最后，很重要的一点是，只有当受训者掌握了参与技能与模仿技能（这两项为《应用行为分析（ABA）完整教程》前两册中列出的任务分析），或取得了进展之后，才能开展其他高级能力领域的训练项目。你可以在开展参与技能和模仿训练的同时进行其他项目，但我们仍建议，如果受训者尚不具备恰当就座能力，缺乏参与、模仿技能时，你应首先对这些项目进行教学，因为这是整套教程所教授能力的基础。这些技能也象征着“学习准备”，因为受训者需要有能力去就座，专注于辨别性刺激（S^D）指令，通过有条不紊地模仿才能习得其他技能。当你教授的受训者在学习某个技能遇到困难时，首要你应判断其是否已经习得这两个必要的准备技能。如果没有，在本系列丛书的第一册和第二册可以找到相关教学。例如，在教学“复杂动作的组合模仿”时，若受训者无法理解项目的概念，训练师可能首先需要就本套教程第一册所涉及的“精细动作的模仿”“粗大动作的模仿”（简单、非复杂的模仿）以及第二册中的“复杂精细动作模仿”“复杂粗大动作模仿”展开教学，此外，应密切关注大多数任务分析结尾的有关具体项目必备能力的“建议”，因为这些“建议”会告诉你为各个具体项目所需的准备技能。例如，如果你正在教一个失语患者，在教授他学会用语言表达之前，你应该先针对理解语意、口头模仿，甚至是图片交换沟通系统项目（Bondy and Frost 2002）进行教学。

我们发现，当你教学的项目涉及受训者的优势项目时，你会发现他们更易获得成功、也更有兴趣和参与的动机，同时，这也有助于你开展其他的教学项目。

当我们展开这本工作手册中列出的特定项目时，我们运用一系列标准化评估来规范化我们的工作，例如 *The Assessment of Basic Language and Learning Skills-Revised*（ABLLS-R）[《基本言语和学习能力评估（修订版）》]（Partington 2006）和 *Bracken Basic Concept Scale-Third Edition* [《Bracken 基本概念量表（第 3 版）》]（Bracken 2006）。这些资源能帮助我们确认受训者早期学习中所需的技能领域。《基本言语和学习能力评估（修订版）》一书是一套用于监测自闭症谱系障碍者及其他存在发育障碍患者能力进展的评价工具和跟踪系统。我们建议在展开受训者教学项目的初期，使用该书来评估受训者在运动技巧、语言能力、学业能力、模仿能力、视觉空间和适应能力方面存在的缺陷。随后，可根据评估结果来选择最适当的教程方案。你会发现，在 ABLLS-R 中所列出的技能领域与本套课程所列举的技能领域非常近似。我们的教程与 ABLLS-R 的主要区别在于教学目标及如何实现这些目标。本套课程同时还提供许多任务分析，为大家展示如何开展具体的项目教学并最终发展受训者的技能。ABLLS-R 还可以配合本书来监测受训者的进展。我们建议每隔 6 个月，以 ABLLS-R 为测量手段对开展的各个项目进行评估。此外，如果无法使用或者选择不使用 ABLLS-R 作为项目跟进的监测手段，那么，你可以按照本书中所提供的课程指南，对特定的技能领域进行检测，以此确定受训者在哪些技能领域存在学习困难，随后对这些技能领域加强教学。例如，将某个任务分析里的指令呈现给受训者，如果受训者能顺利根据指令展现出特定能力，那么你可以认为他已经掌握了此项技能，随后再对其他技能展开测试，直到发现受训者存在学习困难的技能——而这正是你接下来需要展开教学的项目。在衡量项目时，你可以使用基线数据（本书稍后将有提及）及数据表（稍后也将讨论）对项目和学习趋势进行分析。

例如，针对一个年幼失语患者的技能教学可能会包含下列项目（下列项目均取自本书，但请谨记，自闭症受训者所具备的技能程度各有不同，一份成熟的教学项目表应当包含多本课程书所给出的任务分析）：

- 模仿技能：复杂动作组合模仿（2 个动作）
- 视觉空间技能：按照日常活动顺序排列图片
- 视觉空间技能：根据颜色和形状穿珠子
- 接受性语言技能：根据描述识别物品
- 接受性语言技能：接受指令：条件从句
- 游戏 / 社交技能：桌面游戏：糖果乐园
- 游戏 / 社交技能：协作游戏：假扮游戏
- 适应技能：洗澡：擦干
- 适应技能：洗澡：冲洗
- 行为和情绪管理技能：忍受预料不到的变化
- 学习技能：书写：小写字母
- 学习技能：数学：从大量物品里面数出特定物品
- 此外，这套教材第一册所列举的语言表达项目可用于开展语言表达能力的教学[（例如，PECS（Bondy and Frost 2002）任务分析、言语模仿任务分析、手势沟通任务分析，等等）]。

接下来列举的这个项目则适用于那些具备语言能力，懂得就座、有参与能力、有模仿能力，但在回答问题、早期认知、游戏 / 社交等方面存在障碍的自闭症受训者（下列项目均取自本书，但请谨记，自闭症受训者所具备的技能程度各有不同，一份成熟的教学项目表应当包含多本课程书所给出的任务分析）：

- 模仿技能：按顺序说出数字
- 视觉空间技能：按照社交场景排列图片
- 接受性语言技能：接受三步指令
- 表达性语言技能：根据陈述询问后续问题
- 表达性语言技能：闲谈
- 表达性语言技能：维持一段对话
- 学习技能：数学：间隔数数
- 学习技能：词汇：表达性技能
- 游戏 / 社交技能：假扮游戏：假扮去杂货店
- 游戏 / 社交技能：游戏中评论
- 适应技能：系上和解开安全带
- 适应技能：梳头
- 行为和情绪管理技能：适当行为与不当行为

本册课程除了可以指导年幼的自闭症受训者展开学习，同样可用于仍未能掌握这些必需技能，因而无法顺利开展本套教程第四册书中所列举高阶项目的年龄偏大的受训者。

第 3 章

ABA 教程——理解任务分析

本章详细描述了如何阅读理解本套 ABA 教程中所涉及的技能领域的相关任务分析。每项任务分析都展示了如何把一个复杂任务分解成小的、可教学的简单步骤。而这些简化了的步骤相互关联引导自闭症受训者学会某项复杂的技能。通过对某项任务分析进行教学，学习对受训者而言变得简单，减少了他们在学习复杂任务时所产生的挫败感。受训者的学习过程越简单，他们也就越容易掌握目标技能；受训者就越容易达到目标技能，他们也就越容易体验到成功。

接下来介绍该如何阅读本教程中所涉及的任务分析，以及如何执行一项任务分析，如何在任务分析工作手册上记录相关数据。

表头：标题和等级

每项任务分析的表头都应为技能的名称。这些标题都与课程指南中列举的标题相对应。这些技能，对于发育正常的儿童是可以轻松完成的。但对于患有自闭症及发育迟缓的受训者而言，这些技能都需要进行针对性训练方可掌握。技能名的右侧区域用于记录受训者所处的教学等级。本套教程建议，针对受训者的学习速度，制订适合的训练等级以优化学习，使其更快习得技能。等级系统的详细内容在本书第 5 章里的教学策略中有所论述。就目前来说，请牢记标题右侧区域用于核写受训者在学习此特定技能时所处的教学等级。

任务分析的第一部分

每项任务分析的开头部分，都会针对如何执行该项任务分析给出相关的“规则”描述，其中包含刺激指令、期望反应、数据收集的种类、目标标准，以及任务分析所需材料等。每个训练项目的 S^D（辨别性刺激）是指训练师该怎么说怎么做去引导受训者作出正确回应。这可能包括向受训者展示资料或给出口头指令，例如展示出三样代表不同情绪的图片，随后说“碰碰难过”。我们建议，使用本教程的训练师应时刻注意呈现出辨别性刺激。一般说来，患有自闭症或其他发育迟缓的受训者存在语言发展迟缓或语言障碍。因此，强烈推荐使用简短而明确的辨别性刺激。例如，如果你正在教授一个复杂的模仿项目，你会发现，在你演示了一个受训者可模仿动作之后，项目的指令便是简单的一句“这样做”。当训练师和受训者进行教学互动时，不要随意更改指令，例如将“这样做”更换成“按我做的做”“模仿我来做”，这些指令需要更高的语言理解能力。不管如何，应根据受训者的学习效率安排他们的教学等级。对于处于较高发展等级的受训者，我们建议可适当地更改指令（详情请参照第 5 章教学策略中提及的等级系统指南）。然而，除非确有必要，请勿随意修改指令。

在任务分析中，接下来的教学领域便是“反应”。所谓反应是指在任务分析当中或整个任务分析结束后，你期望受训者应达到的教学目标。很重要的一点是，参与教学的每位训练师期望的反应目标应该都是一致的。反应的操作性定义应当是易遵循、可记录的。例如，“在学校活动中恰当就座”这个项目，它的期望反应包括受训者能够平稳就座（手应当摆放在桌上、膝盖上，双脚不动），并保持安静。运行这个项目的训练师应当预判出受训者会表现出哪些反应行为。受训者会将手放在膝盖上还是桌子上，运行此项任务分析的训练师应当统一所期待的反应。这样才便于收集精确的数据。另一个例子是，我们经常发现，当训练师期望的反应等级过高，并牵涉到其他技能时，往往使得教学项目干扰百出。举例来说，在“参与复杂的歌曲和游戏”项目中，预期反应一般包括受训者参与唱歌和游戏（即尝试一起唱，随着歌曲小幅度地摆动身体和手），但不包括跟随歌曲进行精确的粗大动作。我们通过观察发现，因为训练师期望受训受训者做出精确的粗大动作，这种过高期望使得受训者的学习趋势呈现停滞状态（即在持续几天的教学中，没有任何学习进展）。在“我是一个小茶壶”训练项目中，训练师期待受训者举起双手与肩同高，模仿出茶壶的形状，随后微微侧身。而实际情况是，受训者尝试着跟随音乐举起双手与腹部同高，训练师所预期的反应与这首童谣不相符合，他期望受训者能做出粗大动作。区分受训者实际反应与预期反应的不同，且只要求受训者做出与该技能相关的反应，这是相当重要的。

任务分析的下一个部分是数据收集。所谓数据收集是指受训者完成任务时相关数据的收集。应用行为分析教程需要用到两种数据：技能习得数据与辅助数据。技能习得数据体现出哪些项目能够迅速开展和完结。例如，训练师给出的指令为“你叫什么名字？”，受训者给出的反应为“玛利亚”。这是一个简洁利落的回合试验（回合试验是应用行为分析教程中一种链接或支架理论，是指在每次教学中只插入一个教学目标，或进行一步式教学）。在技能习得过程中，每一次回合式教学都呈现出相关数据。数据可用加减号进行记录，如正确的以“+”号记录，错误的以“–”号记录，辅助教学则用“P”备注（辅助教学也是一种回合试验教学，是指训练师为确保受训者给出正确反应，在给出指令后立即给予受训者辅助）。在进行辅助教学时，所给出辅助的类型也应记录下来（详情参见表 1.1 中对于各类辅助的描述）。在技能习得项目中，每个疗程都进行多次练习。我们建议，在每项教学目标中，指令给出后的前 10 次数据都应收集。如果时间允许，即便你已完成了该疗程的数据收集，技能训练也应当持续下去。辅助数据能显示出哪些项目串联起所有训练步骤并最终促成了受训者的技能习得。这些项目通常需要较长的时间完成。例如，用叉与勺吃东西、物品分类、系鞋带等。对于辅助数据而言，在特定的教学步骤或教学目标中，所用到辅助的次数与类型都应被记录下来。我们用 FP、PP、G、POS、VS、VB（详情参见表 1.1 中对于各类辅助的描述）记录各种辅助数据。对于教学任务中哪些辅助数据应该收集，我们建议，教学任务中的教学目标在每个疗程中都至少要展开一次练习。而辅助数据的收集应该在第一次给出辅助时。为使受训者掌握技能，训练师可能会在整个治疗过程中提供足够练习来确保受训者获得这项技能。

“目标标准”这个环节意味着受训者已经达到了特定标准，可以开展下个教学目标的教学。关于“目标标准”有两套不同的评价标准。对于技能习得数据而言，目标标准是连续 3 天的训练中，2 位不同训练师都观察到受训者独立作出预期反应的次数的 80% 及以上。这意味着，至少 2 名训练师向受训者下达指令后，受训者依靠自己的判断（没有任何辅助）连续 3 天作出正确反应的比例达到或高于 80%。具体而言，在一个教学阶段里，给出 10 次指令，受训者应当连续 3 天给出 8 次、9 次乃至 10 次的正确反应。至少有 2 位训练师对受训者下达指令，这一点是至关重要的，这能确保受训者能在人与人之间泛化技能。第二套目标标准是针对辅助数据。是在 2 位训练师的教学中连续 3 天零辅助完成技能。这意味着受训者能连续 3 天在 2 位训练师交替给出指令之后，不依赖训练师给出的辅助而独立完成某项技能，之后受训者便可开展下个教学目标，或者将此教学目标移至维持教学中。这一点是相当重要的，因为我们都希望受训者能达到最佳状态，无需训练师的帮助能独立完成被指派的任务。但是此中也存在例外。在本书的后继部分，我们将讨论并推荐一套等级系统。对于处在等级 2 或等级 3 的受训者，我们建议能尽快地修改目标标准以便他们能更快地完成技能项目（请参阅第 5 章中有关目标标准的具体建议）。

任务分析最主要部分的最后一节是训练材料。在这个部分里，列举了运行特定项目所需的材料以及可替代材料。这部分所说的材料包括图片、实物、计时器、视觉时间表，以及强化物。一些特定教学任务所需的材料可在本书附赠的 DVD 中下载。

任务分析的中间部分（消退程序）

当受训者达到目标标准后（在 2 位训练师的

交叉教学中连续3天给出正确反应达到80%或以上，或在2位训练师的交叉教学中连续3天零辅助完成技能），并能在2种新的环境中进行技能泛化，那么这项任务便可以移至消退程序。对于某些任务而言，消退程序可能在任务刚进行一部分项目之后就开始了。这些特殊项目会进行标注。消退程序阶段包括维持阶段和维持标准、自然环境标准和项目归档标准。首先，教学项目将进入维持计划表。教学任务的维持计划确保随着时间的推移，受训者所学的技能可以得以保留。将技能纳入维持计划中，这一点是相当重要的。因为患有自闭症的受训者，当他们久未接触相关技能或缺乏机会对相关技能进行练习时，他们会重新失去这项技能。在针对技能或教学任务的日常教学结束之后，将技能纳入维持计划中有助于保留训练成果。

一旦受训者达到该教学的目标标准，且该项目已被泛化，那么该训练就可以进入维持阶段了。我们有必要对之前获得的技能制订一个系统的计划来进行消退训练。我们建议消退程序应当包括：每周2次的维持计划（2W），每周1次的维持计划（1W），以及每月1次的维持计划（M）。这意味着针对教学任务进行的日常教学（即每周5~7次）显著减少到每周2次，随后减少到每周1次，最终减少到每月1次，随后整个教学项目将被泛化到自然环境当中。

每周2次的维持计划，其目标是连续4次正确率达到100%。一旦达到了这个标准，训练的频率便可以降至每周1次。在连续4个训练疗程中达到正确率100%，则训练频率降为每月1次。随后应对受训者进行每月1次测试，直到受训者能连续3个月正确率达到100%。如果在维持阶段，受训者连续2次正确率低于100%，那么训练应当返回至之前更频繁的阶段。例如，受训者正在进行每周1次的维持阶段，但连续2次正确率低于100%，那么应该返回至每周2次的训练周期，因为受训者需要更为频繁的接触训练。另外，如果找到了受训者错误反应的规律，可以针对这些受训者易给出错误反应的目标，制订出更为频繁的维持计划，甚至是每日教学计划。例如，在“命名身体各部分的功能”的教学项目中，受训者容易混淆眼睛和嘴巴的用途，但对其他身体部位的功能都能正确掌握。那么，就可以将其他8个部位的训练移至维持阶段（降低训练频率），且针对那2个连续出错的部位制订更频繁的维持计划。

当通过每月1次的维持计划，使受训者掌握了教学目标后，训练便可进行到自然环境（natural environment，NE）的消退阶段。这个阶段的最终目的是训练受训者掌握一门技能，促使其更独立并优化所学技能。而这里的“独立”是指，受训者能够在不同环境下自然发生的活动中运用相关技能。这并不包括在教学环境中展现技能，而是指在自然环境下，受训者在今后可能会遇到的某种活动中展现出相关技能（如，商店、邻居家、教堂等）。举一个在自然环境下技能习得项目的例子，受训者在教学环境下学会如何创建模式之后，在校园值日活动或教堂的穿珠活动上，受训者都能展现出创建模式的能力。对于那些要求独立完成零辅助的教学项目（如洗手、独立地玩逻辑玩具），受训者应当在有陌生人或是新事物存在的自然环境下完成教学目标。例如，在洗手这项教学项目中，在课堂上，受训者吃完零食后完成了这项目标，在公共场合如厕或手上沾上东西后，受训者自发完成了洗手这项教学目标。当受训者能将所学技能泛化至3种新的日常活动当中，就意味着他已经达到了自然环境标准。

一旦达到了目标标准、维持标准和自然环境标准，那么这一教学项目便可归档了。

任务分析的中间部分（建议目标与试探结果）

应用行为分析教程中所列出的大部分任务分析都针对教学目标给出了相关建议，并留出了区域用于记录试探结果。但并非所有的任务分析都会包含这些部分。例如，大多数辅助项目都不包含这一部分，因为这类项目的建议目标是唯一的（如，洗手、使用纸巾等）。对于含有建议目标与试探结果的教学项目，我们提供了一系列针对受训者进行教学时的建议。例如，在训练受训者“接受三步指令”时，我们建议将教学目标分解为：摸你的鼻子、眼睛和耳朵；把小汽车、卡车和婴儿图片给我；指出……，……，还有……；把……、……和……放到架子上；等等。需要注意的是，这些教学目标并没有确切的先后顺序。所选择进行教学的目标其首要准则是针对受训者本身。例如，假如你正针对某位受训者展开此项训练，而现状是受训者经常随意离开座位，那么，你应当先停止眼下的教学计划，先训练受训者在接受指令之前应端坐在位置上。

在任务分析中，目标建议下面则是记录试探结果的区域。在这里记录着受训者已掌握的教学目标。如果正开始一个新的教学项目，你应该试用一下每个教学建议。另外，训练师也应该测试使用那些未在任务分析中列出但对受训者具有疗效的其他教学目标。如果受训者能在你的试探中展现出相关技能，那么，就可以在试探结果记录中记录这一能力，以指出受训者已具备此项能力，不需要展开相应教学。如果受训者不能在测试中展现相关能力，那么就需要将此技能列入任务分析的教学目标中。

任务分析的底部（教学目标区）

任务分析的最后一个区域，共有7栏，用于记录受训者所学习的教学目标、基线准确率、目标开始日期、目标达标日期及消退程序。

目标栏

名为“目标栏”的区域用来记录训练师选定围绕受训者开展的10个教学目标。如果教学目标多于10个，那么训练师可以将任务分析表格复印两份，以便有足够的空间记录数据。在经过针对这些目标的测试后，才能选定接下来参与教学的目标。如果受训者在测试时能顺利完成任务，那么该目标就已完成而不需展开教学。反之就要列入教学目标当中。至关重要的一点是，应当根据教学目标由易至难地安排教学（利用行为惯性的特点，先教授易学的技能，使受训者的学习过程更为轻松），或根据强化的不同性质安排教学。例如，在进行“复杂粗大动作模仿”时，受训者可能喜欢球类游戏，那么，扔球、滚球游戏可作为第一教学目标，因为作为强化物的球，它的特性是能增强受训者的兴趣与学习动机，引导他们更高效率地开展学习。而滚球游戏应当安排在接球游戏之前，因为接球相对于滚球而言，其动作更为复杂。

基线栏

这一栏用于记录任务分析中技能习得项目与辅助项目的基线正确率。在展开教学前，应先收集教学项目的基线分（请参阅第6章中有关基线数据收集的部分）。基线分应当列在对应教学目标旁边的那一栏中。举个例子，如果你正在教学一项技能习得项目“了解房间及房间中的各项物品”，可能你测试的基线分是40分。但是，如果你正在教学一个认知项目“辨别复杂的情绪”，那么基线分就应当包含辅助的数目与类型，如4P（1FP，3PP），意思为4个辅助，其中1个为全躯体辅助，3个为部分躯体辅助。在本书第6章有关数据收集和记录的章节中，对数据记录有特别详细的阐述。

开始日期和达标日期

在确定了基线分数之后，在“开始日期”一栏中记录你开展相关教学的日期，一旦儿童完成当前教学目标（2位教师交叉教学连续3天零辅助给出反应正确率达到或超过80%），则在“达成日期”中记录下此日期。

消退程序栏

本教程中大多数项目只需在任务分析的最后一步进行目标维持计划。在任务分析的最后一行中，训练师可以绘制图表并记录整个维持计划。任务分析中已经列出了2W（每周2次），1W（每周1次）和M（每月1次）这几种维持计划，你只要圈出所选择的维持计划即可。一旦当前维持计划圆满完成，你便在任务分析中划去此项维持计划并圈出新的维持计划。而在另外一些任务分析中，维持计划紧跟着某些特定的教学目标，而不是非得出现在整个教学计划的最后一步。针对这些任务分析，我们不能略过消退程序一栏；相反，训练师应当留出空栏表示随后将展开针对性的消退计划。在这类任务分析中，训练师必须填写记录受训者接受消退程序的日期及达到项目标准的日期。

此书不单针对教学目标给出了详尽建议，且对如何运用教程给出了指导方针。为使得治疗方案更符合每个受训者的特点，本书也一直致力于对现有治疗方案进行改进。例如，在第 5 章的教学策略中，我们建议，如果受训者不能在新环境中自如应用技能或维持技能，那么每教授一个目标，就应立即进行泛化训练或维持训练，而不是等到整个项目的尾声再来进行。

任务分析的最后部分

大多数的任务分析的末尾都给出了一些建议。这一部分相当重要，因为它针对任务分析给出了可靠的可行性建议。此外，这些建议可能还列出了完成当前教学目标所需的准备技能及替代教学策略。

第 4 章

ABA 教程——实施任务分析

选择目标

实施一项任务分析，包括选择教学目标，开展教学前针对教学目标进行测试。当你测试教学目标时，每次给受训者呈现一个指令，以此来判断受训者是否已掌握该技能。如果受训者对辨别性刺激给出了正确反应，那么意味着受训者已掌握该目标，不需要针对该目标开展教学。训练师应该在任务分析表格上将该教学目标标上“试探结果（已掌握目标）”，相关内容在本书“建议目标与试探结果”中有所阐述。如果在测试过程中受训者给出错误反应，那么这个目标应被列入教学目标。训练师可把这个目标列入任务分析的目标 1 之后。又或者，训练师可以通过测试，凑齐 10 个受训者认知范围之外的目标（对指令作出了错误反应），再根据受训者获得成功的可能性来决定这 10 个目标的训练顺序（例如，某受训者对目标的兴趣程度，或目标强化程度的强弱，目标与受训者日常生活息息相关的程度，等等）。

为了更好地解释上述概念，让我们通过实施“回答关于‘如何’的问题”的具体例子来进行解释。训练师遵循“目标建议”对每个教学目标展开测试，这个教学项目的指令是“如何做”（例如，你如何建造火车轨道？你如何制作花生酱和果冻三明治？你如何刷牙？你如何堆雪人？你如何捕捉萤火虫？你如何洗手？你如何在单杠上玩耍？你如何建造沙滩城堡？你如何骑单车？你如何玩电脑游戏？）。训练师需要给出指令，并针对至少 10 个目标进行测试。如果受训者能够回答如何刷牙和如何骑车，但对于其他目标动作作出了错误反应。那么训练师应当在“试探结果（已掌握目标）”中写入受训者达成的 2 项动作，并标出受训者作出错误反应的目标（用圆圈圈出）。

训练师需要确保在测试环节中，测试出 10 个受训者作出错误反应的目标（因为我们建议教学中应包含 10 个目标）。如果“目标建议”列表里只有 10 项目标，且受训者对其中 2 项作出了正确反应，那么训练师应该增加测试目标。如表 4.1 所示，如果在测试中，受训者在 2 项目标中给出了错误反应。那么，这 2 项目标必须写入目标建议栏中。如果有 10 项目标得到错误反应，那么，训练师应该决定哪个目标为首要教学目标，并将这 10 项目标依次在任务分析表格的“目标”区域排列好。在上述示例里，训练师可能会发现关于粗大动作的活动能起到强化作用；因此，那些关于粗大动作的活动的问题应被列为初始目标（例如，“你如何在单杠上玩耍？”）。具备自动强化效果的目标行为有助于增强受训者的学习动机，大大提高他们学习技能的效率。

表 4.1　试探与选择目标

对目标的建议与试探结果
建议目标：你如何建造火车轨道？你如何制作花生酱和果冻三明治？~~你如何刷牙？~~你如何堆雪人？你如何在单杠上玩耍？你如何建造沙滩城堡？~~你如何骑单车？~~你如何玩电脑游戏？
测试结果（已掌握目标）：你如何刷牙？你如何骑单车？

被选目标的基线

在测试与选定目标后，训练师对目标 1 进行基线测试。参照第 6 章中基线测试的规则，在开展教学前应对每个目标进行基线测试，以衡量接下来的治疗效果。当你为一个技能习得项目的教学目标测试基线之后，在“基线 %”一栏中以百分比的格式记录下数据。这个百分比数据为正确反应数除以教学回合总次数所得。例如，

"根据描述命名物品"的任务分析，第一个教学目标为"球"，受训者在10次测试中，共有4次作出了正确反应（其他6次均给出了错误反应），那么你应在"基线%"一栏中给第一项任务标上40%的基线数（表4.2）。还可以在"开始日期"一栏中记录下你测定基线数的日期。

表4.2　技能获得项目的目标基线测试

				消退程序		
目标	基线%	开始日期	达标日期	维持阶段	自然环境开始日期	归档日期
目标1：球	40%	2013年6月10日				

在有辅助数据的项目里，在测试基线时，应记录辅助的次数和类型。例如，如果你正在进行名为"桌面游戏和纸牌游戏"的教学任务，且教学目标为"儿童益智问答"，如果受训者需要4个辅助，那么，你应当在"基线：辅助次数与类型"一栏中，标注出辅助的次数与辅助的类型，例如说2FP、1PP、1G（表4.3，详情参阅表1.1中关于辅助的详细描述）。

表4.3　辅助项目的目标基线测试

目标	基线：辅助次数与类型	开始日期	达标日期	消退程序		
				维持阶段	自然环境开始日期	归档日期
目标1：儿童益智问答	4P（2FP、1PP、1G）	2013年11月12日				

在测试完目标1的基线之后，可以运用分解式尝试教学（discrete trial instruction，DTI）开展目标1的教学，所谓分解式尝试教学亦被称之为回合试验教学法（discrete trial teaching，DTT）。

回合试验教学法（DTT）

回合试验教学法（以下简称回合式教学）是应用行为分析里众多教学策略中的一种。此外，应用行为分析还应用了许多教学工具，如链接式教学、行为塑造法、随机教学法和行为还原法（例如，消退、重新修正）等。我们经常发现很多人误将回合式教学法等同于应用行为分析，这其实是相当错误的想法，回合式教学法只是应用行为分析里众多教学策略的一种。然而，它亦是应用行为分析里最为主要且使用相当频繁的策略之一。

回合式教学法将一项技能分解成更小的可教学步骤。在一个教学时段里，训练师对其中一个教学步骤或教学目标展开几种教学，直到受训者达到目标标准。在针对每个步骤和目标展开教学时，重复性和一致性是帮助受训者掌握该项技能的关键所在。在回合式教学中，辅助和强化应被作为两种附加训练手段贯彻始终。不过，另外还有多种附加教学策略有助于受训者完成教学目标（详情参照第5章的教学策略）。

基本上，在回合式教学里，受训者对辨别性刺激给出了回馈，辨别性刺激在此处起到了辨别刺激的作用。对于受训者来说，这种刺激是一个信号，意味着他们作出的反应将得到强化。辨别性刺激可以是一个物体（例如，递给受训者一块拼图），一个声音指令，一张其他视觉物品的相关图片（例如，一个需要被摹写的字母图片或一张需要完成的迷宫图），一个或一系列动作（例如，在洗手时，在手上涂抹肥皂可以作为一项辨别性刺激，指导受训者将手放在水流下），或者源于自然环境里的一条线索（例如，外面下雨了，这可以作为一个辨别性刺激,指导受训者在离开房间前拿上伞)。如何呈现辨别性刺激,以下是相关建议:在给出辨别性刺激时,先获取受训者的注意,确保指令简短明确(在应用行为分析教程中写明),确保辨别性刺激的连贯性,且使用生动有趣、富于变化的语音语调下达指令(这种声音特征有利于自闭症受训者作出积极的反应)。

在给出指令之后,受训者会作出反应。通过特定条件下一段时间的学习和辨别,受训者会在辨别性刺激下达后通过强化作出对应行为或正确反应。如果受训者给出正确反应,那么应给出强化。如果受训者给出错误反应,训练师则应该无视错误反应并将错误反应记录下来(测试结束)。在给出错误反应的测试结束后,使用辅助来进行纠错。训练师给出辨别性刺激,并提供最小干预的必要辅助来协助受训者作出正确反应。训练师应记录试验中所用辅助的相关数据。在每个错误测试回合后,都用一个(或多个)辅助回合来保证学习的无错性,受训者在强化的作用下作出正确反应(即使通过辅助获取),保证不在连续 2 个回合的测试中都得到错误反应。

辅助回合结束后,应进行一个无辅助测试来验证受训者是否真正学会正确回应。错误测试回合、辅助回合和无辅助新测试回合中,所使用的测试目标应当是一致的。一旦受训者完成了一个正确测试,就继续开展另一个目标或者新的课程。如果受训者给出正确反应,训练师便应该转而教授其他技能(即使与该技能相关的 10 个测试还没有全部完成),而非对已掌握技能展开大规模重复集中练习。重复集中练习一项目标(在一系列测试中,重复多次呈现相同的目标与辨别性刺激)可能会促使受训者死记硬背并产生厌倦。在治疗过程中,训练师应当重新给出一次辨别性刺激,直到 10 次测试全部完成。训练师可在某个时间段用不同的任务分析保持受训者的新奇感。如果受训者没有在测试中作出正确反应,训练师可以继续使用辅助测试和不同的强化来训练受训者。如果训练师在某课程中对受训者展开 10 次测试,受训者都给出了错误反应,那么建议再执行一个额外的辅助(此项辅助数据无需记录),来保证在这个任务分析中最终能得到一个正确的反应。

在给出这些测试之后,留出一个测试间隔。这是一个短暂的间隔,用于区分一个测试结束及新的测试开始。这段时间非常适合对无辅助便作出正确反应的受训者进行高度优先的强化;对通过辅助作出正确反应的受训者进行适当强化;或训练师可利用这段时间记录数据。最后,我们建议在这个刺激间隔的休息时间里整理好之前测试所用的教学物品。这能帮助受训者意识到上个测试已经结束,下个测试即将开始。

总而言之,按照我们的建议进行回合式教学,图 4.1 描绘出了相关程序步骤。一旦受训者

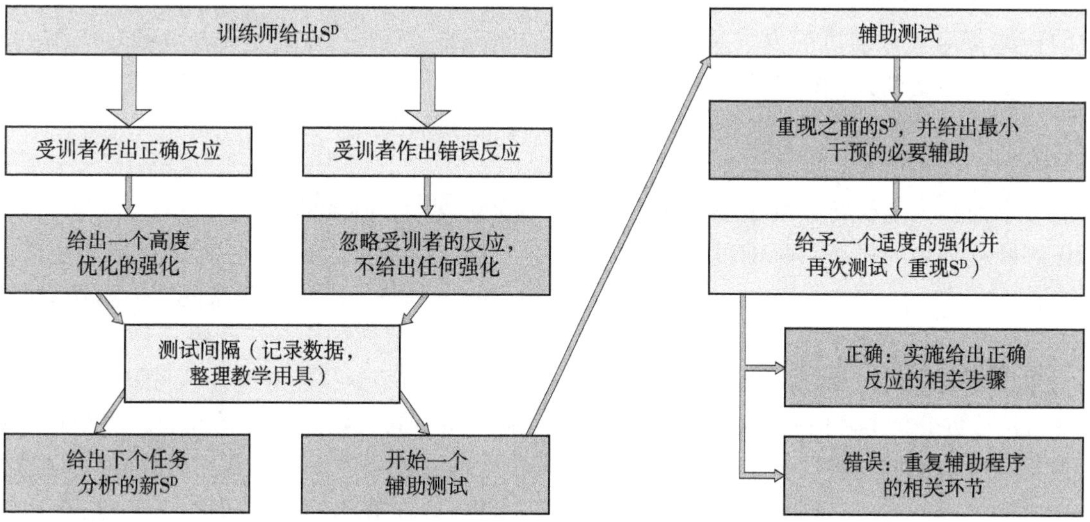

图 4.1 回合式教学的实施步骤

通过回合式教学达到了第一项教学目标的标准（标准为在2位训练师的交叉教学中连续3天反应正确率达到80%或以上，或在2位训练师的交叉教学中连续3天零辅助完成技能），随后，训练师应该把排在第二位的教学目标设定出基线，并通过回合式教学法展开教学。

随机转换

在很多任务分析里，教师要注意对教学目标进行随机循转换。每完成2个教学目标后应随机轮换教学目标。这样一来，第一次随机转换发生在前2项教学目标完成并达成标准之后。

表 4.4　任务分析的随机循环指导

目标	基线 %	开始日期	达标日期	消退程序		
				维持阶段	自然环境开始日期	归档日期
目标 1						
目标 2						
目标 1 与目标 2：随机转换	←					

随机转换是任务分析中相当重要的一步，因为受训者之前所学习的技能，以一种随机的方式呈现出来，受训者必须对两个相似目标进行区分并作出正确的反应。例如，受训者正在学习遵循一步指令，假设目标1是“起立”，目标2是“坐下”，那么，在随机转换这个流程中，目标1和目标2会以任意顺序出现（例如，①坐下；②起立；③起立；④坐下；⑤起立，等等）。

当开展第二个随机转换步骤时，之前所有教学过的技能都应当以随机的方式呈现出来（例如，①坐下；②起立；③过来；④扔出去；⑤过来；⑥坐下，等等）。在随机转换过程中，很重要的一点是，不要以任何可预见的顺序来呈现之前所掌握的教学目标。随机转换的重要性在于它可以真正判断受训者对所有目标的理解和差异化识别。

泛化到其他材料 / 刺激物

在讨论任务分析中其他两个步骤之前（泛化到其他环境中），需要先解决技能在不同材料与刺激物中泛化的问题。在对任务分析的前两项教学目标及之后所有步骤进行随机转换的过程中，建议训练师应当针对各个教学目标进行材料的泛化。任务分析是帮助受训者将技能泛化到不同的对象、环境以及时间中，但任务分析针对材料的泛化没有对应的环节。因此，我们建议，训练师在第一次随机转换时便致力于材料之间的技能泛化。或者，对处于等级2或等级3的受训者，在展开第一项教学目标时，便应考虑材料间的技能泛化（详情参阅第5章的级别系统）。以下是一个有关于“不同材料与刺激物之间的技能泛化”的例子，在教受训者识别犬类的过程中，应当使用不同种类犬只的图片（例如，比格犬、贵宾犬和哈巴狗）。

泛化到其他环境

当受训者达到10个教学目标随机转换的标准之后，任务分析接下来的2个步骤是将技能泛化到其他环境中。泛化是一种经得起时间检验，懂得将所学技能跨越各种材料在不同环境下应用到不同人物对象上的能力。当受训者能把所学技能在各种环境中自由泛化时，意味着受训者也实现了在人与人之间泛化这项技能，因为教学目标标准要求受训者应当能在2位训练师的交叉教学中连续 3 天准确呈现该技能。此外，在进行回合式教学时，训练师应该自动轮换教学材料，保证受训者实现技能在材料之间的泛化。在随书附赠的 DVD 里，大部分教学目标都拥有 3 次随机转换以实现技能在材料之间的泛化。举例来说，在"根据描述识别地点"的任务分析中，有一项目标建议为"卧室"，那么多种材料则意味着拥有不同颜色以及家具和物品各有不同的卧室。这可以确保受训者在不同类型的卧室图片中认知出卧室（例如，小女孩、小男孩、成年人的卧室）。

在每个任务分析中，需要实施一些步骤去确保受训者能将任务进行泛化或能在不同环境中展现技能。如果受训者在家中依照一份正式的家庭学习计划展开学习，其主要学习地点在厨房，那么，在学习项目进入维持程序之前，受训者应该具备在家中的其他地点及家庭之外的其他地方展现出所学技能的能力。家庭环境中的技能泛化包括除去主要治疗地点以外的其他地方，如门廊、厨房、后院、客厅、地下室等。如果受训者主要在学校接受应用行为分析的治疗，那么泛化环境应该包括其他教室、图书馆、食堂、休息室、室外等。这些环境都应列入任务分析中并标注在图表上，在图表中标注出受训者进行技能泛化的环境 1 与环境 2 的名称，以及开始泛化的日期与圆满完成泛化的日期（表 4.5）。如果技能没有实现不同环境之间的泛化，那么，该技能则不能被算作已掌握。

表 4.5 如任务分析中所示，其他环境下技能的泛化

目标	基线 %	开始日期	达标日期
不同环境下的技能泛化 环境 1：客厅	80%	2014 年 1 月 7 日	2014 年 1 月 30 日
不同环境下的技能泛化 环境 2：室外露台	50%	2014 年 2 月 2 日	

消退程序

当受训者已达到 10 项教学目标随机转换的教学标准，并能完成不同环境中的技能泛化，在 2 个不同环境中呈现技能的准确度达到 80% 或以上时（或辅助项目中零辅助），那么训练师就应该开始实施消退程序。当确定技能已经完全掌握并能持续维持，且能避免技能的退化和遗忘，那么应在消退程序中逐步减少日常技能教学。在将项目归档之前，消退程序包含两项教学步骤。这两项教学步骤分别为维持阶段与自然环境下的教学。在前面"任务分析的中间部分（消退程序）"的章节中，我们针对这两项教学方法都展开过讨论。当我们遵循消退环节给出的建议（例如，回合式教学中，指令首先被移至每周 2 次的维持计划中展开测试，随后是每周 1 次测试，最后每月 1 次测试），训练师可以在任务分析上以画圈来表达他们正在实施哪个步骤或划除的方式来标注哪个步骤已经完全掌握。

在表 4.6 中，受训者在 2013 年 12 月 20 日顺利将所学项目泛化至第二个自然环境中，于是整个项目进入了每周 2 次的消退环节。训练师圈出了表中的 2W，表示他们正在实施的消退程序。一旦 2W 的消退程序达标了，训练师就用斜线划掉 2W，然后圈出 1W，表示受训者此刻正进行每周 1 次的消退程序。训练师还应该在表格中写出每次消退程序的结果（详情参照第 7 章中的图表信息）。

当训练师实施维持程序时，建议在不同环境下进行测试，以确保受训者能在多种环境下持续泛化技能。在达成项目标准之前，训练师应该严格遵循消退程序给出的建议，以确保受训者可以长期巩固掌握的技能并可将技能泛化到自然环境中去。

表 4.6　如任务分析中所示，项目中的消退程序

目标	基线 %	开始日期	达标日期	消退程序		
				维持阶段	自然环境开始日期	归档日期
14. 不同环境的技能泛化环境 2：	60%	2013 年 12 月 14 日	2013 年 12 月 20 日			
15. 维持阶段：在不同环境下进行评估				2W 1W M		

第 5 章

教学策略

不同的受训者，学习效率也各有不同，在学习过程中可能遇见的困难也不尽相同。虽然本书旨在为发育迟缓的受训者提供一套系统的课程，但并不意味着将本教程千篇一律运用于教学。本教程是一本指导用书，训练师应该根据每一个发育迟缓的受训者的实际需要，为其制订个性化的教学策略，以促进受训者更高效率地学习和更快获得新技能。患有自闭症及其他发育迟缓的受训者仍具备学习的潜力，但他们可能会需要不同的训练策略来帮助他们最大限度地发挥出全部潜力。这个章节给出了一些有价值的信息和方法来实现多种教学策略，用于提高受训者的学习效率，并解决他们在学习过程中可能遇到的困难。

应用行为分析教程中的辅助、强化及重复练习是应用行为分析课程的基本要素，在学习每一项新技能时都应实施。但是，即便运用辅助与强化，许多患有自闭症的受训者在学习新技能时仍会困难重重。因此，在本章节中提供了一系列行为训练策略，这样一来，面对学习新技能处于困境中的受训者，训练师们能更为得心应手。

分级系统

由于每个受训者学习效率不同，我们提供以下等级系统作为应用行为分析教程的修正，使之更符合受训者的情况并指导我们展开个性化教学。通过修正教学策略使之适应每个受训者的个性化需求，可以有效提高受训者的学习能力和学习效率。这套系统由三个等级构成，其中包含了对任务分析的相关修正，如辨别性刺激的呈现，应达成的标准，何时加入教学策略并对消退程序进行修正，自然环境下的教学与建立项目档案。这些建议只作为指导，并非要替代认证行为分析师（BCBA）的作用，只是提供了一些促进技能习得的方法。

等级 1

等级 1 是指那些非常年幼、掌握技能相对比较慢的受训者，他们是应用行为分析的入门者，通常功能比较低、无法言语沟通，以及在一段时间的无干预状态下，技能会产生退化。处于等级 1 的受训者应严格遵循任务分析的规定（例如，每次只学 1 个目标，每 2 个目标进行 1 次随机转换训练）。这样的受训者在应用行为教程中，可以先针对大约 10~12 个新项目进行学习。在行为得到控制后（例如，受训者可以坐下并遵循训练师的基础指令），还可以在应用行为分析课程中加入新的教学项目，当受训者对额外的训练项目表现得越来越得心应手时（例如，原本受训者需要 2 小时才能完成 10~12 个教学项目，现在只需要 105 分钟便可完成），教学项目便可进入维持阶段。对处于等级 1 的受训者来说，连续 5 个治疗日呈现出无学习趋势、多变的学习趋势或学习停滞趋势（参阅第 7 章的图表），那么训练师应当加入新的教学策略来促进学习。

综上所述，对于处于等级 1 的受训者而言：

- 遵循任务分析的设计要求。
- 选择 10~12 个项目展开学习。
- 在受训者行为得到控制后，可加入额外的项目；当受训者对完成项目越来越得心应手之后，项目进入维持阶段。
- 如果连续 5 天呈现无学习趋势、多变学习趋势或学习停滞趋势，加入一条新的教学策略。

等级 2

等级 2 是指那些显示出学习相对较快的受训者。这些受训者们可能已经接触过应用行为分析课程，且分析图表所显示的学习趋势表明该受训者能快速掌握所学目标，或在一天的训练当中，受训者能达到 80% 的反应正确率，或达到零辅助，他们能持续维持所在等级的标准，能在连续几天内保持 80% 的反应正确率或做到零辅助（正确率没有降低或减少）。

针对处于等级 2 的受训者，我们可对任务分析进行相应修改，为促进受训者更快习得技能和完成教学项目，我们允许在同一个时段学习 2 个教学目标（有别于规定中一个时间段只学习 1 个教学目标）。并将任务分析的目标标准由之前的连续 3 天技能呈现正确率为 80% 或能做到零辅助降低至连续 2 天便可。随后便可开始下面 2 个教学目标的学习。

这个级别在语言理解这一类任务分析上也有所修正。针对等级 2 的受训者，训练师应该一开始就通过呈现 3 个相关目标（FO3）来测试所有语言理解项目的基线，这一点有别于任务分析中规定的 1 个相关目标（FO1）。如果受训者作出反应的正确率为 50% 或更高，那么训练师应当继续以 FO3 来测定基线分数。如果反应的正确率徘徊在 30%~40%，那么训练师应当回到 FO2 的标准来展开教学，一旦受训者掌握了 FO2 的目标标准再移至 FO3。如果反应正确率低于 30%，那么训练师应当改回使用 FO1 标准来进行教学。通过这种修正，如果一个受训者能一开始就以 FO3 的标准展开学习，那么他便可以节省出宝贵的时间和能量。

我们发现在应用行为分析教程中，处于等级 2 水平的受训者所掌握的技能很难失去。因此，对于那些处于等级 2 的受训者而言，在他完成任务分析的最后几个步骤（泛化到第二个自然环境中）后，进入消退环节之前，训练师应该在自然环境中对他所学的技能进行测试。如果受训者能在自然环境中进行技能泛化（至少实现 3 种活动 / 自然环境下的泛化），那么课程就算完成了（不需要进行维持计划）。如果在测试中，受训者无法实现自然环境中的技能泛化，那么应转入维持阶段进行额外的练习，再尝试实现自然环境泛化。如果受训者可以在 1~2 种自然环境中展示技能，那么持续在自然环境下教学，直至受训者能在至少 3 种活动 / 环境中实现技能的泛化。

等级 2 对任务分析的修正还包括不止 1 个辨别性刺激（在任务分析中，常包含多个辨别性刺激，如 S^DA，S^DB 等）。针对这样的任务分析，当执行第 2 个辨别性刺激（S^DB）时，直接测试这个辨别性刺激的最后一步。如果受训者反应的正确率为 50%~70%，那么继续针对该教学步骤展开教学。如果受训者反应的正确率为 40% 或更低，那么返回到 S^DB，并对这个步骤展开教学。举个例子，假如你正在进行应用行为教程第一册中“提出简单的要求”这个教学项目，S^DA 包括呈现出受训者渴望得到的物品，并问“你想要什么”。在受训者达到该教学项目前 16 个教学步骤（10 个教学目标及在 2 种自然环境下进行技能泛化）的标准之后，训练师可就第 31 个教学步骤进行测试，即向受训者展现 10 种不同的他渴望得到的物品，同时问他“你想要什么”。如果的正确反应率达到 50% 或更高，那么训练师便可决定升至这一教学步骤。这使得受训者可以跳过教学步骤 17~30，不仅节省宝贵的时间，也保证了受训者可继续学习该技能。值得提醒的是，直接跳到第 2 个刺激指令（S^DB）的最后一步并非总是行之有效，所以需要训练师斟酌判断。例如，在进行“数数”的项目教学时（本教程第一册所列举的教学项目），S^DA 包括告诉受训者“数数”，S^DB 则要求受训者数到一个具体的数字。在这项任务分析当中，建议对所有辨别性刺激进行测试，确保受训者能学会数数，并能在指定数字上停止。

处于等级 2 的受训者，测试其在不同环境中随机转换目标 1~4 完成训练的情况，如果受训者能呈现出 50% 或更高的准确率，那么可以继续在不同环境里训练已有教学目标或后继目标。如果受训者显示出 40% 或更低的准确率，那么在一个治疗环境中针对已有和后继项目展开教学，直至受训者可以在其他环境中实现技能泛化。针对这项修正，如果受训者可以在不同环境下实现随机转换目标 1~4 或更多目标的泛化，那么训练师可以跳过其他环境下的技能泛化，直接跳至任务分析的最后部分。因为技能泛化已经包含在此前的目标教学当中了。最后，在这个等级里，因为受训者展示出较快的学习效率，如果受训者连续 3 天（而不是 5 天）表现出无学习趋势、多变学习趋势或学习停滞趋势，那么应增加一个教学策略。

综上所述，对处于等级 2 的受训者来说：

- 为达到目标要求，受训者只需连续 2 天而不是 3 天呈现出正确率为 80% 的反应或零辅助完成技能。
- 同时展开 2 个目标的教学而不是 1 个。同时教授这两个学习目标时，应随机轮换展示学习目标，这样便可以跳过教学目标 1、2 的随机转换测试，因为你已经在教学中展开过针对训练。另外，你只需要画一条线代表这两个教学目标。
- 在展开与语言理解相关的任务分析时，训练师可先按照 FO3 的标准设置基线（而不是 FO1）：
  - 如果反应正确率为 50% 或更高，继续按照 FO3 标准展开教学。
  - 如果反应正确率在 30%~40%，按照 FO2 标准展开教学。
  - 如果反应正确率在 30% 或以下，那么回到 FO1 标准展开教学。
- 在开始维持阶段前先进行自然环境（NE）下的教学测试。如果受训者当时可以在自然环境下展示技能，那么，可略过维持阶段，直接结束将该项目的学习：
  - 如果受训者可以在 1~2 个自然环境下展示技能，那么继续在自然环境下展开教学。
  - 如果受训者可以在 3 个及以上自然环境下展示技能，那么可结束该项目的学习。
  - 如果受训者不能在自然环境下展示任何技能，则进入维持阶段。
- 对于那些含有多个辨别性刺激的任务分析，当受训者达到所有 S^DA 所要求的标准后，对 S^DB 的最后步骤进行测试：
  - 如果反应正确率在 50%~70%，继续所在步骤的训练；如果低于这个标准，那么从 S^DB 的初始开始学习。
- 泛化到新环境；目标 1~4 的标准达到后，你应在不同环境中随机转换目标 1~4，测试受训者的完成情况：
  - 如果反应准确率在 50% 或以上，继续在不同环境下对这些目标及后继目标展开教学。训练师可以略过自然环境下技能泛化的 2 个教学步骤。
  - 如果回应准确率为 40% 或更低，那么在一个治疗环境下对这些目标及后继目标展开教学，直到受训者能将技能泛化到另一个环境。
- 如果出现连续 3 天出现无学习趋势、多变学习趋势或学习停滞趋势，那么就要应该增加一个训练策略。

等级 3

等级 3 是指那些具有高功能、水平高于平均认知水平且呈现出高效技能学习效率的受训者。这些受训者已经成功完成了等级 2 的训练，不需要维持训练也不会遗忘技能。处于等级 3 的受训者除了可以像等级 2 受训者那样使任务分析得到各种修正外，还拥有以下特点：处于等级 3 的受训者可同时接受 5 个目标的教学，并且可以跳过维持阶段，直接进入到自然环境下的教学。此外，教学目标需要频繁更换。5 个教学目标属于同一主题但拥有完全不同的目标。例如，在训练受训者如何报告时间时，训练师无需呈现出确切的时间作为教学目标，而改为呈现出主题。例如，假设教学目标 1 是以小时报告时间，教学目标 2 是以 30 分钟为划分报告时间，教学目标 3 是以 15 分钟为划分报告时间，以此类推。当训练第二组的 5 个教学目标时，换一个新的环境，以使受训者能够将该技能泛化到不同的环境中，如果受训者能够在不同环境中成功地随机完成 5~10 个教学目标，那么训练师便可以跳过自然环境下泛化技能的相关教学，直接进入该任务分析的最后部分。最后，在设置目标的基线时，只对目标进行 1 次展示（而不是基线准则里提及的 5 次）。

综上所述，对于处于等级 3 的受训者来说：

- 遵循等级 2 受训者所描绘的修正模式，但等级 3 仍有特例。
- 可每次展开 5 个目标的教学。
- 频繁更换目标——不要使用完全相同的目标去获取相同的反应。
- 在新的环境下展开第二组 5 个目标的教学。
- 不需要维持训练，直接进入新自然环境下的教学。

- 当为目标设置基线时，只做 1 个测试（而不是 5 个）即可。

90/10 教学策略

如果受训者在理解新项目或新目标时存在困难，或他们在多个治疗期呈现出停滞、多变或无学习趋势时，训练师可能需要实施 90/10 教学策略来促进教学。意思是，在 10 次测试中的前 9 次，受训者都会在辅助下展现技能。随后，在第 10 次测试中训练师撤销辅助，测试受训者是否学会了正确反应。一旦受训者能呈现出正确反应，那么训练师可将辅助与测试的比例调至 80/20，即在 10 次测试中的前 8 次给出辅助促使受训者作出反应，用最后 2 次测试受训者。而达到下一个辅助与测试的标准是受训者顺利完成 10 个测试中的后 2 个。即，训练师对前 8 个测试给予辅助，受训者必须在最后 2 个回合中零辅助作出正确反应；然后，教学策略才可变为 70/30 的辅助与测试比例。以此类推，直到辅助与测试比例达到 50/50；然后，训练师便可回归到常规的教学状态中去，向受训者呈现出 10 个测试，让受训者自主完成。

减少语言项目中的即时言语模仿

当受训者呈现出即时仿说（例如，训练师给出一个辨别性刺激，受训者立即重复整个或部分指令）时可使用另一项教学策略，这个教学策略包括训练师使用低沉的语音给出辨别性刺激（例如，问题），随后大声给出有辅助的反应（在提出问题后的 1 秒内）。通过语音语调的改变可以帮助受训者区分辨别性刺激与训练师期望的反应。很重要的一点是，在之后的教学中要逐渐消退语音语调方面的变化，从最开始的大声给出辨别性刺激，到低声给出辅助反应，再到最后两者语音语调相同。如果受训者在作出回应时，模仿训练师改变了自身的语音语调，那么判断正确反应该选择何种语调相当重要。这可以帮助受训者学会正确反应，而不是某种语音语调。

修改 S^D

当一个受训者在接受高阶任务分析（本套教程后续分册中的任务分析）的教学时，这些任务分析中的辨别性刺激（S^D）难度系数不断增强。同时，与本套教程第一分册中所列举的任务分析相比，里面所给出的引导基础技能的辨别性刺激愈发复杂，受训者有可能对与辨别性刺激相关的语言出现理解困难。针对这种状况，相应的教学策略为修改辨别性刺激，通过简化语言或伴随指令（视觉或姿势辅助）给出一个刺激内辅助促使受训者作出正确反应。举个例子，在运行项目"接受三步指令"时，辨别性刺激给出了三个方向，训练师可以将指令书写下来，作为一种视觉辅助或暗示；或者训练师要求受训者在作出反应前重复辨别性刺激或伴随指令，这能确保受训者理解复杂的指令。很重要的一点是，当使用了刺激内辅助或简化辨别性刺激时，受训者实际上并未真正掌握这项教学目标，除非受训者能在最初的复杂指令下呈现出相关技能，所以这里运用到的辅助都需要被消退。

修改区域范围

另一个教学策略是同时修改教学目标的范围和数量。越是处于高级阶段的受训者，每次可学习的目标数量就越多，或可在更大区域的教学范围内展开学习。不过，由于教学区域过大，或导致分神的物品过多，受训者很有可能会被分散注意力或出现学习困难。训练师应该灵活减少目标数量或缩小教学范围。

通过反复实践调整逆向链接训练

本套课程含有多个任务分析，都是通过逆向链接训练完成教学的。传统的逆向链接训练是一种教学策略，是指训练师完成除去最后一步之外的所有教学步骤。训练师将指导受训者学习最后一个步骤，并收集受训者在展现步骤时回馈的数据。一旦受训者可以独自完成教学中的最后一步，那么，训练师可以完成除最后两步以外的其他教学步骤，再把这两步教给受训者并收集受训者的反馈数据。我们建议针对这种传统的逆向链接教学进行修改，同时达到多重练习效果。例如，训练师可以通过辅助指导受训者完成所有教学步骤，但仅在最后一步收集数据。在训练师的辅助下完成所有教学步骤使得受训者能针对每个教学步骤进行重复练习。传统的逆向链接教学与应用行为分析教程中的逆向链接教学的主要区别在于，传统逆向链接教学中是由训练师完成教学的大部分步骤，而在应用行为分析教程中，受训者在所有步骤中都能得到即时辅助。这种重复练习的运用可能会促使技能更快被习得。

在本教程的任务分析里，当运用逆向链接教学时，任务分析的建议部分都是针对传统逆向链接教学进行修正的描述。例如，在任务分析中可能会这样说明“任务分析的教学采用一种逆向方式（从最后一步开始教学），直到受训者能单独完成所有教学步骤。因此，进行第一项教学目标时，除去最后一步外对每个教学步骤都给予辅助。进行第二项教学目标时，除了最后两步，其他所有教学步骤都给予辅助；进行第三项教学目标时，除了最后三步，其他所有教学步骤都给予辅助；按照这个规律以此类推，直到受训者可以完全掌握所有教学步骤。”除去最后一步，训练师可考虑在其他步骤里进行辅助；在最后一步里，训练师使用辅助来训练受训者并收集辅助次数与类型。训练师接下来应消除辅助的影响直到受训者完全掌握最后这个步骤。训练师可在除去最后两步的其他步骤中给予辅助。我们发现这种逆向链接教学的修改对高功能的和不存在行为问题的受训者来说会取得显著的成效。然而，对于那些存在认知力损伤和（或）错误行为的受训者来说，传统的逆向链接教学可能更为理想，因为受训者不需要付出太多努力，且可能会减少问题行为产生。

选择干扰少的材料

另一个教学策略是在训练技能时选择干扰小的材料，训练技能泛化时选择干扰多的材料。随书附赠的 DVD 里，每个项目的各个教学目标提供了三张图片。大部分情况之下，其中一张图片都是纯白背景中的目标物品。这样可以减少干扰，帮助受训者学习技能。其他两张图片可能带有更多干扰元素，例如物品处于一个社会背景当中，这样的图片应当随机转换使用，或用于技能泛化环节当中。

不经意辅助

不经意辅助可能会使受训者作出正确反应，但这并不意味着他们已经掌握了技能，而是他们通过训练师不经意的辅助而得出了结果。我们甚至发现这种情况常发生在有经验的训练师身上。这里有几点建议，以便训练师进行自我监控确保没有在不经意中给出辅助：

- 如果辨别性刺激包括递给受训者教学材料，那么每一次训练师可用自己不惯用的手递给受训者一个目标物、图片或物品，然后使用惯用手记录数据。例如，在配对课程中，有三个教学物品，那么，每次使用同一只手把需要配对的物品递给受训者，这样可以避免用距离期望物品最近的手传递物品而对受训者给出不经意辅助。我们见过很多例子，当预期反应物处于左侧时，训练师无意中使用左手递给受训者一个物品而给出不经意辅助，反之同理。
- 把自己的课程录下来，观察自己的行为以确保没有不经意的辅助。很多训练师经常通过默默响应在不经意间给出无声的语言辅助。例如，在“理解字母的初始发音”的教学中，我们常看到一些训练师面向受训者呈现出一个字母，然后问道“这个字母应该怎么发音呢？”随后他们收拢自己的嘴唇做出“B”的嘴型，以期得到期望的反应“B”。
- 将你的目光一直停留在受训者身上，而不是目标物品上，这样会降低不经意给出辅助的可能。

技能泛化困难

如果受训者在各色人物、各种环境、各式材料之间进行技能泛化时遇到明显困难，那么增加泛化的步骤（而不是等到课程最后才展开泛化）。例如，教学完目标 1 后，在开展目标 2 的教学前，便立即将教学目标 1 转移到其他环境、其他人、其他材料当中。在开展目标 2 的教学后，立即将目标 1、目标 2 随机转换至其他环境、其他人、其他材料当中，以此类推。通过增加泛化的机会，使得受训者能够将技能自然而然地泛化到其他环境中而无需辅助。在进行材料之间的技能泛化时，训练师应当在受训者对当前物品的反应正确率达到80%或以上后再试着泛化到其他物品上。

维持或长时间保持技能困难

当受训者在维持阶段持续出现反应错误时，有许多应对方法。其一是，当受训者误解项目中的某些教学目标时，在维持计划中训练师可采用回合式试验教学法及错误矫正程序；在测试环节针对受训者有所误解的教学项目进行多次回顾（但只记录首次反应的数据）。例如，假设受训者正处在“命名复杂的类别”的教学中，且在第一次接触“动物”这个概念时，产生了误解。那么训练师应该在一天内多次展示这个目标来训练受训者得到正确反应。

当受训者处于维持阶段时出现经常性的错误，另一个应对办法是去掉受训者总是弄错的某个或者几个目标，然后针对这些目标列入一个更为频繁的维持计划。例如，受训者在进行“理解身体各部分的功能”的每周1次的维持计划，在指出“你用哪个部位抓”时，在多次测试中都给出了错误反应，那么该目标（手指）应被提升至之前更频繁的维持程序里，即每周2次（2W），直到受训者作出正确反应后再消退为每周1次。针对那些受训者曾多次作出错误反应的教学目标，只要受训者达到了目标标准，就应该严格地按照维持计划进行教学。而此教学项目里的其他教学目标则可以随之消退至每月1次（M）。

我们的教学项目并非“千篇一律”，维持阶段也可以进行修改以适用于那些需要不断重复的受训者。维持阶段可以修改得更加频繁。例如，在进入每周2次的维持计划之前，受训者可进行每周3次（3W）或每周4次（4W）的维持计划，在已掌握和需要掌握的各项教学目标之间随机转换。

反应延迟

一些患有自闭症的受训者会因为作出社交和语言反应过于迟缓而错失了社交和情感沟通的机会。为了帮助他们减少反应延迟（缩短辨别性刺激与受训者反应之间的间隔时间），尝试使用流利的基础训练。为达到这个目标，受训者会进行重复性练习和超量学习，即使他们学会了作出精确的反应，这样的训练也可帮助他们更快速地反应。也就是说，超量学习要求受训者进行多次重复性练习直到他们能自然而然地作出正确反应，因此他们的反应也就会变得更为快速流畅。

消退教学策略

需要注意的是，在使用本章节里提到的任何教学策略时，负责教学项目的训练师都应该观察受训者的图表记录来灵活地决定何时实施一项教学策略，或何时使用另一教学策略。每个受训者都有差异，学习效率也不尽相同。当实施某项教学策略时，在图表上记录下实施教学策略的时间并标示所用教学策略。这有助于判断该教学策略是否有效。一旦受训者在某教学策略下展示了技能并且达到了相应的目标标准，那么该教学策略则需要被逐渐消退，然后再向受训者展示出原始的辨别性刺激。

第 6 章 数据收集与记录

本章详细介绍了如何利用数据统计表（参见附带 DVD）来呈现技能习得与辅助的数据。本书为各位读者提供了实用的建议，指导大家收集基础数据及日常数据。

在本书的任务分析中，共存在两种类型的数据收集与图表。对于技能习得项目而言，每个疗程都会对目标进行反复训练，而伴随着每次试验都会产生相应的数据。数据可记录为：正确（+），错误（-），而辅助则记录为（P）。技能习得项目的好处包括：受训者能对特定训练项目进行反复练习（我们建议每个疗程都至少开展 10 次试验）；且训练师能够查验数据及辅助等级，以便展开进一步的分析与为受训者制订排除疑难的教学策略。在特定目标被彻底掌握之前，我们要求受训者反应的正确率应当在 80% 或以上，这些数据都以百分比与图表的形式进行呈现。当强化介入技能习得项目时，只有当受训者作出正确反应或辅助试验时（除非该技能习得项目是受训者所熟悉的，且训练师不想间断强化的势头，以便受训者处于一个可变的强化阶段），才需要收集数据。

辅助数据能呈现出通过链接训练将所有步骤连贯起来形成大技能的项目全貌。需要收集辅助数据的项目允许受训者朝着独立反应或是独立完成一项技能的方向努力。典型的辅助性项目包含休闲技能（例如，假扮游戏、棋盘游戏、独立游戏、电子游戏，等等）及一些日常活动（例如，家务、锻炼、就业活动，等等）。这类型的任务分析中的每个治疗阶段都至少应当运行一次，并记录好第一次呈现的数据。当执行一个辅助数据活动时，在任务分析中，每个目标步骤所用到辅助的次数和类型都应当记录下来。我们建议，应当按照以下顺序来安排辅助的等级：全躯体辅助（FP），部分躯体辅助（PP），姿势辅助（G），位置辅助（POS），视觉辅助（VS），以及言语辅助（VB）。所使用辅助的次数与类型都应当汇总记录在图表当中。强化辅助数据必须在受训者完成目标步骤之后才可以提交记录。

数据收集表

由于教学目标、步骤、教学策略每天都可能发生变化，因此应当每天填写和更新日常数据收集表格。我们可在日常数据表格的顶部区域填写一些相关信息，如受训者的姓名、参加治疗课程的详细日期（年 / 月 / 日），以及训练师的姓名（当主管 ABA 训练师或认证行为分析师检查数据的准确性，或鉴定不同训练师之间评分模式的差异时，这一信息显得尤为重要。因为疲倦等原因，受训者可能会在一周内的某些特定时段或是特定日期，给出截然不同的反应）。

现在，我们将对数据收集表格的表头及重要区域进行详解，并提供表格（表 6.1）予以诠释。

表 6.1 日常数据收集表

受训者：Sara
日 期：________________
训练师：________________
课时长：________________

数据关键词：
\+ 正确，独立　　– 错误，无回应　　**P** 辅助
辅助类型：
FP 全躯体辅助　　**PP** 部分躯体辅助　　**G** 姿势辅助
POS 位置辅助　　**VS** 视觉辅助　　**VB** 言语辅助

执行计划	课程内容	课程分类	S^D	反应	数据	正确率（%）或辅助次数与类型
基线 [DTT] 维持阶段 2W 1W M	恰当就座	参与技能	“好好坐着”	Sara会作出坐定、闭嘴的反应	⊕ – P（FP PP G POS VS VB）⊕ – P（FP PP G POS VS VB） + ⊖ P（FP PP G POS VS VB）⊕ – P（FP PP G POS VS VB） + – Ⓟ（[FP] PP G POS VS VB）+ ⊖ P（FP PP G POS VS VB） ⊕ – P（FP PP G POS VS VB）+ – Ⓟ（[FP] PP G POS VS VB） ⊕ – P（FP PP G POS VS VB）⊕ – P（FP PP G POS VS VB）	60%
基线 DTT 维持阶段 2W 1WM	眼神交流（作为听到名字时的反应）	参与技能	S^DA：Sara，看着我 S^DB：Sara	Sara 会对名字作出反应，与训练师有眼神的交流、并给出口头反应（例如“在”）	+ ⊖ P（FP PP G POS VS VB）+ – P（FP PP G POS VS VB） + ⊖ P（FP PP G POS VS VB）+ – P（FP PP G POS VS VB） + ⊖ P（FP PP G POS VS VB）+ – P（FP PP G POS VS VB） ⊕ – P（FP PP G POS VS VB）+ – P（FP PP G POS VS VB） + ⊖ P（FP PP G POS VS VB）+ – P（FP PP G POS VS VB）	20%
基线 DTT 维持阶段 2W 1WM	接受一步指令	接受性语言技能	直接给出一步动作指令	Sara会听从指令作出反应	⊕ – P（FP PP G POS VS VB）⊕ – P（FP PP G POS VS VB） ⊕ – P（FP PP G POS VS VB）⊕ – P（FP PP G POS VS VB） ⊕ – P（FP PP G POS VS VB）⊕ – P（FP PP G POS VS VB） ⊕ – P（FP PP G POS VS VB）⊕ – P（FP PP G POS VS VB） ⊕ – P（FP PP G POS VS VB）⊕ – P（FP PP G POS VS VB）	100%
基线 DTT 维持阶段 2W 1W M	复杂粗大动作模仿	模仿技能	“照这样做”并参照目标示范一个持物的粗大动作	Sara会回应以模仿持物的粗大运动	+ ⊖ P（FP PP G POS VS VB）⊕ – P（FP PP G POS VS VB） + – Ⓟ（FP [PP] G POS VS VB）⊕ – P（FP PP G POS VS VB） + ⊖ P（FP PP G POS VS VB）+ ⊖ P（FP PP G POS VS VB） + – Ⓟ（FP [PP] G POS VS VB）+ – Ⓟ（FP [PP] G POS VS VB） + – Ⓟ（FP [PP] G POS VS VB）⊕ – P（FP PP G POS VS VB）	30%
基线 DTT 回合式教学 维持阶段 2W 1W M	用动作参与复杂的歌曲和游戏	游戏／社交技能	与受训者唱歌／玩游戏并辅助与歌曲或游戏相关的动作	Sara 会参与唱歌或游戏，与训练师一起伴随歌曲和游戏作出相应动作	[FP] PP G POS VS VB　FP PP Ⓖ POS VS VB FP [PP] G POS VS VB　FP PP G POS VS VB FP [PP] G POS VS VB　FP PP G POS VS VB FP [PP] G POS VS VB　FP PP G POS VS VB FP PP G [POS] VS VB　FP PP G POS VS VB	6P （1FP，3PP，1POS，1G）

注：⊕、⊖、Ⓟ、Ⓖ及方括号［ ］内的项为原表中圈出的项。

- 执行计划：执行计划应能反映出当前阶段的治疗计划。当基线设定完毕，就意味着训练师开始执行一个新的教学目标，且训练师将遵照基线的规则去完成这个特定的目标。当“回合式教学法”设定完毕，训练师也应该运用回合式教学法进行日常教学。当特定的维持计划制订完毕（2W，1W 或 M），训练师应当按照特定的时间表运行这些项目或教学目标。
- 课程内容：课程内容的标题应与每次执行的任务分析标题一致。
- 课程分类：课程类别与 ABA 课程指南相一致。这是非常有用的，因为当你匆匆查阅数据表格时，你想看到各种项目以多姿多彩的方式开展起来。（只要受训者不对正在学习的项目感到厌倦，只使用 1~2 种课程类别，也是可以的。）
- S^D：S^D 是训练师将对受训者所说的话及所展现的东西。团队对 S^D 进行变更或受训者所见的呈现物发生变化时，都应记录下来。
- 反应：反应是指期待受训者展示且可以记录的正确回应。
- 数据：数据收集这部分展现的是训练师在回合式教学中收集的数据。这些数据来自技能习得项目中 10 次试验的数据，或是辅助项目中每次试验所得出的数据。这些数据使得应用行为分析师了解到，在整个教学试验中受训者的反应状况，或为了使受训者作出正确反应需要用到哪些辅助。
- 正确率或辅助次数与类型：表格中的这一部分为统计数据［技能习得项目的正确率（%），及辅助项目所用辅助的次数与类型］。这一部分的表格内容需要转化为图表。正确率会被记录在技能习得数据表上，而辅助次数与类型也将记录在相应的辅助数据表上。

收集和记录数据

ABA 教程是以数据为基础的，也就是说，受训者依照指示完成的每项任务所得出的数据都应被记录下来。通过分析这些在任务中得出的数据，可以对治疗项目作出判断，并确定应当实施哪个教学策略以促进受训者技能的习得。优先开展一项新的项目或任务分析，随后利用基线数据来判断受训者在接受治疗前所具备的自发可泛化的能力或技能。（这是指，当受训者处于调查时，并没有作出精确的反应。但在执行一个教学项目时，通过对几个教学目标进行教学，受训者或许会自发将技能泛化至其他基线数据并不涵盖的教学目标。）一旦教学开始，每项指令给出后的反应都应被记录下来，以确定训练疗效。

收集基线数据

在教学项目开始对新的教学目标展开教学之前，对每个项目设置一个基线数据是相当必要的。

基线数据是一种在治疗前收集的数据。可以把基线数据理解成为一种“突击测试”，也就是我们在开展新的教学目标或技能教学之前，对受训者现有知识的测试。基线数据有助于我们判断哪些教学目标是必要且可行的。举个例子，假如你列出一项教学目标，通过技能习得数据对受训者进行监控，发现这位受训者作反应的正确率达到 80% 或以上，那么我们就能认定该受训者已经具备了此项技能（该项技能的获得可能源于其他技能的泛化）。这样一来，我们也就不需要再执行这个教学目标了，随后我们可以测定下一个教学目标的基线数据。基线数据同样极为关键，它能告诉我们受训者当前的技能等级，以便我们比较权衡治疗效果。

在设定基线时，不能给出任何辅助与强化来评估技能。例如，在设定“了解身体各个部位的功能”这项教学目标的基线时，训练师不能够通过触碰“身体的某个部位”来强化或辅助受训者作出反应。训练师可以而且应当强化一些恰当的行为，例如，恰当就坐，进行适当的眼神交流，做一个好的倾听者，等等。另外一种选择是，在可以使用强化的情况下，训练师可灵活使用多种维护计划。当为技能习得项目已设置基线数据时，在数据记录表格上训练师只需使用两种符号：+（正确的反应），-（错误的反应）。辅助数据在这一部分不会被用到，因为在设置基线数据时不允许用到辅助。当某个特定的教学目标的基线数据达到 80% 或以上时，这意味着受训者已经掌握该项技能，我们可对下个目标进行基线数据的设定。

在为技能习得项目设置基线数据时，我们需要围绕该教学目标运行 5 个测试。切记不可给出辅助、强化或是以任何方式纠正受训者作出的反应。只简单地给出指令，并记录受训者的反应（使用符号 + 或 –）。如果在这 5 个回合中，受训者能给出 4 次正确反应，那么便可以结束此项教学目标的基线数据设定。随后，在任务分析表格中，在此项教学目标的“基线数据”一栏里填写上“80%”。因为受训者在没有接受特定教学的情况下反应正确率达到 80%，那么我们可判定这项教学目标源自于此前教授过的其他教学目标泛化而来。举个例子，在实施“识别材料组成”这项任务之初，训练师已经调查过多种目标，并判断出哪些目标是受训者尚不了解的。一旦开始教学，受训者将学习了解许多相关目标（例如，塑料、玻璃和纸），随后，当一项新的教学目标（如羽毛）被设定好了基线数据，受训者可能会得到 80 分甚至更高的分数，但实际上他们并不能命名羽毛这一目标。在这种情况里，受训者实际上是自发将正在学习的项目泛化到了其他未学习的教学目标中。

如果受训者在 5 次基线数据小测试中，给出了 2 次或更多的错误反应，那么，训练师应当继续为该教学目标收集 10 个小测验。并立即针对该项目标开展 10 次小测试，计算出基线百分比（即正确反应在 10 次小测试中所占的比例）。例如，如果受训者给出了 4 次期望反应，那么 4/10，最后的基线数据为 40%。这个最后数据应被记录在任务分析的基线数据里。

表 6.2 详细描述了在技能习得项目中基线数据的收集情况。

表 6.2　技能习得项目基线数据收集

执行计划	课程内容	S^D	反应	数据	正确率（%）或辅助次数与类型
(基线) DTT 维持阶段 2W 1W M	识别材料组成	“……是由什么组成的”	受训者将命名图中的材料	⊕ – P（FP PP G POS VS VB） + ⊖ P（FP PP G POS VS VB） + ⊖ P（FP PP G POS VS VB） ⊕ – P（FP PP G POS VS VB） ⊕ – P（FP PP G POS VS VB） ⊕ – P（FP PP G POS VS VB） + ⊖ P（FP PP G POS VS VB） ⊕ – P（FP PP G POS VS VB） + ⊖ P（FP PP G POS VS VB） + ⊖ P（FP PP G POS VS VB）	50%

在这个例子中，前 5 次小测试，受训者给出了 2 次错误反应，所以训练师继续给出了 10 次小测试。受训者作出了 5 次正确反应，因此基线为 50%。

总之，在收集基线数据时，应遵循以下规则：

- 每项教学目标都应先进行 5 次小试验。切勿给出任何辅助、强化或以任何方式纠正受训者。只简单给出指令，并用“+”和“–”记录受训者作出的反应。如果在 5 次小试验中，受训者作出了 4 次正确反应，那么，你可以终止该教学目标的基线数据设定。在任务分析的基线数据里记录上该基线数据：80%。
- 如果受训者基线数据达到 80% 或以上，即可进入下一教学目标，并为该目标设定基线数据。

- 如果在 5 次小测试中，受训者作出了 2 次或 2 次以上的错误反应，那么围绕该教学目标再展开 10 次小测试，并计算出基线百分比（10 次中有几次作出了正确反应）。例如，该受训者作出了 4 次期望反应，那么 10 次小测试正确了 4 次，基线数据便为 40%。将该得分记录在任务分析的“基线数据”一栏中。
- 在为特定教学目标设定基线数据时，不要给予受训者强化。这包括口头表扬、微笑、击掌、拍拍肩膀等。同样重要的是，在设定基线数据时，不要进行教学。这不仅包括不告诉受训者答案，而且当受训者作出正确或错误的答案时，你的面部表情应保持平静。但是，在设定基线数据时，为了确保受训者参与的积极性，你可以就某些与教学目标无关的行为给出强化，例如“你坐得真端正”或“你很棒”。

在为辅助项目设定基线数据时，训练师先执行该项目，并记录受训者完成特定步骤和目标所需的辅助次数和类型。注意，一定要注明哪种辅助产生了效果，哪种辅助给出了但并没有产生效果。举个例子，训练师给出“擦干双手”的指令，并运用部分躯体辅助提示受训者拿到毛巾用于擦干双手，受训者触摸了毛巾随后停下了动作，接着你运用一个全躯体辅助帮助受训者抓住毛巾。面对这种情况，你应当在基线数据这一栏里注明运用了 2 次辅助（1 次全躯体辅助，1 次部分躯体辅助），并在全躯体辅助“1FP”上画圈或用别的符号标记出这项辅助最终帮助受训者拿起了毛巾。

基线数据应当在项目开始之初，或在任务分析中开展一个新教学步骤及教学目标之前就设定好。当受训者在零辅助的情况下能作出正确反应，那么意味着受训者已经掌握了该项技能，该教学步骤已圆满完成。此时，应当为下个教学步骤设定相应的基线数据。在表 6.3 中，详细介绍了辅助项目中基线数据的设定流程。

表 6.3　辅助项目的基线数据收集表

执行计划	课程内容	S^D	反应	数据	正确率或辅助的次数与类型
(基线) DTT 维持阶段 2W　1W　M	假扮游戏：假扮去海滩	刺激指令 B：“我们来假扮去海滩吧”	受训者模仿 3 个额外的动作	（(FP)　PP　G　POS　VS　VB） （(FP)　(PP)　G　POS　VS　VB） （FP　PP　(G)　POS　VS　VB） （FP　PP　(G)　POS　VS　VB） （FP　PP　G　POS　VS　VB） （FP　PP　G　POS　VS　VB）	4P （1FP，1PP，2G）

教学目标基线数据的通用规则和建议

- 在收集基线数据时，测试项目轮换呈现给受训者。不要一成不变，因为受训者很有可能根据你的呈现模式作出反应。例如，你正执行 5 次小测验以设定基线数据，在第一次给出指令时，测试物体以“1，2，3，4，5”的顺序给出，随后的第二次小测试中，再给出指令，测试物体可按照“3，5，2，1，4”的顺序给出，紧接着第三次测试，在指令之后以“5，2，4，3，1”的顺序呈现测试物体，等等。
- 只有当你要开展某项特定教学目标时，才去设定该教学目标的基线数据。例如，假设你正在进行“回答复杂的社交问题”的教学项目，那么，只收集测定该教学项目第一个步骤的基线数据所需的物品（如，动物）；一旦这个教学目标完成了，随后你再收集测试第二个教学步骤的基线数据所需的物品（如，食物）等。

• 当设定基线数据时，当受训者作出正确反应，你不用给出强化。但反馈缺少，有可能会使受训者感到很沮丧，因此，你应确保对受训者的其他行为（如恰当就座、眼神交流、积极参与等行为）进行强化。另外，你可以将修正计划巧妙地与你所给出的强化融合起来。

收集日常数据

在收集回合式教学中所获取的反应数据时，应注意整个试验的清晰度和离散性。回合式教学包含一个简明的开始（S^D），一个反应及一个结果（强化或忽略不正确的反应）。每一个小试验都以一个指令作为开始。受训者所给出的每个反应都应被单独记录。用加号（+）记录受训者给出的正确反应，用减号（–）记录受训者给出的错误反应或是无反应行为。辅助（P）一般用于受训者作出错误反应之后。辅助的类型也应当被记录在数据表格中。对于促使受训者作出正确反应的有效辅助，训练师应当画圈明确标注出来。如果其他辅助在使用后发现并不能有效地帮助受训者实现预期结果，那么应当用斜线将这些辅助类型标注出来。表 6.4 展现了技能习得项目中数据收集的情况。

表 6.4 技能习得项目数据收集表

执行计划	课程内容	S^D	反应	数据	正确率（%）或辅助次数与类型
基线 (DTT) 维持阶段 2W 1W M	阅读：常见字	出示常见字的卡片并说“读一读”	受训者将读出该常见字	⊕ – P（FP PP G POS VS VB） + ⊖ P（FP PP G POS VS VB） + – Ⓟ（FP PP G POS VS VB） ⊕ – P（FP PP G POS VS VB） ⊕ – P（FP PP G POS VS VB） ⊕ – P（FP PP G POS VS VB） ⊕ – P（FP PP G POS VS VB） + ⊖ P（FP PP G POS VS VB） + – Ⓟ（FP PP G POS VS VB） ⊕ – P（FP PP G POS VS VB） ⊕ – P（FP PP G POS VS VB） + – P（FP PP G POS VS VB）	60%

在技能教学与相关步骤中收集辅助数据时，应当记录下完成该教学技能和教学步骤所需辅助的次数和类型。你只需要执行一次该项目（不需要像技能习得项目一样运行 5 次或 10 次小测试），因为你的目的在于在该任务分析中对受训者给出辅助（当你给出辅助，就意味着这是教学）。凡是促使受训者作出正确反应的辅助都应当画圈标注出来，表 6.5 呈现了如何针对日常回合式教学中的辅助项目进行数据收集。

表 6.5　辅助项目的数据收集

执行计划	课程内容	S^D	反应	数据	正确率（%）或辅助次数与类型
基线 **DTT** 维持阶段 2W 1W M NE	操场：游泳	“开始游泳吧”	受训者开始假装游泳	（**FP** PP G POS VS VB） （FP **PP** G POS VS VB） （FP PP **G** POS VS VB） （FP PP **G** POS VS VB） （FP PP G POS VS VB） （FP PP G POS VS VB） （FP PP G POS VS VB）	5P （1FP，1PP，2G，1POS）

收集维持数据

在维持阶段，训练师将会针对每个教学目标展开一次随机轮换目标的调查性试验。这包括在技能习得项目中，随机轮换所有目标；或在辅助项目中，对最后的教学步骤进行测试。训练师应当在数据表格中记录下受训者面对教学目标的第一反应。如果受训者作出的第一反应是正确的，那么以加号（+）进行记录，如果受训者作出的第一反应是错误的，那么用减号（–）进行记录。如果受训者的反应是错误的，那么，训练师应当遵循回合式教学的指导方针（也就是说，伴随辅助重新呈现该教学目标，随后再呈现该教学目标，以判断受训者是否已经掌握该教学目标。）但在记录时，只应记录受训者的最初表现。举个例子，假设你正在对“命名复杂的情绪”展开教学。在这个项目中，有 10 个教学目标处于维持阶段。在维持阶段，当你向受训者展现这些教学目标时，你应当向受训者随机轮换着呈现这 10 种情感。如果受训者能在这 10 个项目中，准确辨认出 9 种情感，那么他们作出反应的正确度即为 90%，而对于受训者无法正确辨识的那一种情感，教师应当运用辅助程序帮助受训者进行辨别。为了进展到更为低频率的维持阶段，受训者应该在每周 2 次的维持计划中，达到连续 4 个治疗日反应正确率均为 100%。处于每周 1 次的维持计划时，受训者也应连续 4 个治疗日反应正确率均为 100%。而当受训者进入每月 1 次的治疗计划时，受训者需要连续 3 个治疗日反应正确率达到 100%。请参照第 5 章中针对在维持阶段存在困难的受训者所制订的教学策略。

收集自然环境中的数据

自然环境（简称 NE）中数据的收集很重要，因为它告诉我们在任务分析过程中，我们针对受训者展开的教学是有效的，并且受训者可以将所学到的技能泛化到现实活动及环境中。当我们收集 NE 数据时，教学材料、可能运用的指令、训练师、环境都应当不同。这样受训者才可展示出对所学概念学习与理解的真实状况。数据收集贯穿任务分析的整个过程，在任务分析的教学过程中，可使用其他教学材料对技能进行泛化。举个例子，可在中心活动上（如根据颜色和形状穿珠子）或是在早晨的日历活动上（为一个月中的每一天建立一个对应的模式）收集数据。

另一个例子是在辅助数据项目中，收集自然环境中的数据。在自然环境中收集数据时，训练师只收集在任务分析中最后一个步骤的相关数据。例如，在开展题为“在家庭聚餐中恰当就座”这项教学任务时，最后步骤应为在整个晚餐时间就座。你不需要检查或是教学前面的步骤，因为它们不过是就座时间的小幅度增量（例如，10 分钟）。举个例子，“家庭聚餐时得体就座”的自然环境中的教学应当指坐在一家餐厅里用餐、在别人家做客吃饭或一次教堂野餐，等等。关于自然环境中的数据收集，另外一个重点是量身打造每项技能出现的场景，尽量使其与受训者的日常生活相融合。举个例子，假如这个家庭并不参与教堂活动，那么这个场景就无需出现在自然环境教学中。反之，如果这个家庭出席家中长子的足球赛，那么坐在看台上吃热狗便可以设置在自然环境教学中。

记录已归档的项目

一旦受训者在自然环境教学中达到了教学要求（即受训者在3种新的自然活动中展现出特定技能），那么该项目可以被存档了。当项目被归档，这意味着受训者成功度过维持期，并可以在不同材料、环境、人物对象及不同指令中进行泛化。归档日期应当被记录在任务分析之前，整个教学项目也应当从教学时间表中移除。此外，相关图表也可以从项目书中移除，然后归档在一个单独的活页夹中，以便日后有所需时进行查阅。请将所有归档的图表放在同一个活页夹中，以便快速参考查阅受训者在教学过程中的表现。当一位受训者所参与的教学项目涉及大量不同的ABA课程时，其归档的教学项目必定大有增加，参与相关教学的训练师也会存在变更。收集已归档的记录就显得尤为重要，这便于之后的ABA训练师在针对该受训者展开教学时，能获取该受训者在之前整个疗程中所有收获的相关数据。

第 7 章

数据表

数据表制作是 ABA 课程必不可少的组成部分,数据表有助于体现大批量数据的连贯性,且有助于理解。我们建议,在每次治疗结束后,都应当绘制相关图表(而不是保存起来,一周或一个月才绘制一次)。每次治疗后就立即制作数据表,应用行为分析师可以获得一份受训者技能习得的完整记录,并可对当下的治疗效果立即进行评估。这使得我们可以更快捷地对当下的治疗进行必要的改变或调整。

接下来将介绍如何使用与 ABA 课程息息相关的两种不同的图表,及如何使用图表中的图标符号来诠释数据。在 ABA 课程中,常使用两种不同的图表来记录课程相关数据。第一种是技能习得数据表,以百分比的形式准确记录技能习得的结果。第二种是辅助数据表,记录辅助项目里辅助出现的次数和类型。当你在设置自己的 ABA 课程时,请参考一下各项任务分析,选择可用的图表类型。

制图符号

下文给出了图表中常用的一些符号及这些符号的简短定义。

技能习得项目 / 数据表

X(基线):在任务分析中,新教学目标和新步骤开始前,应设置一条基线。并用符号"X"标示。基线数与日常数据点不应连接到数据曲线中。

•(数据点,日常百分比):将"•"放置在图表中方格中央,用于记录日常百分比或受训者作出反应的正确度。然后,用线将这些日常百分比点连接起来(这条线即是我们所说的数据曲线)。

//(治疗暂停):在图表中,用"//"记录每次治疗中的间断(如周末、节假日、生病等)。如果治疗产生了间断,请不要将间断前后的日常百分比连接起来制作数据曲线。

|(已经达到的目标标准):用一条垂直线记录已达到的目标标准。这条垂直线可以对图表中的目标进行分割,并可快速回顾及分析数据。

¦(教学策略产生的变化):教学策略如果发生了变化,可用虚线标明,例如,强化计划的变更,或新教学策略的实行。在虚线旁,写下何种教学策略正被实施是非常有帮助的。这有助于分析正在实施的教学策略中,哪些对受训者有效,哪些对受训者无效。

表 7.1 给出了一个技能习得数据表的示例。

表 7.1　技能习得数据表的示例

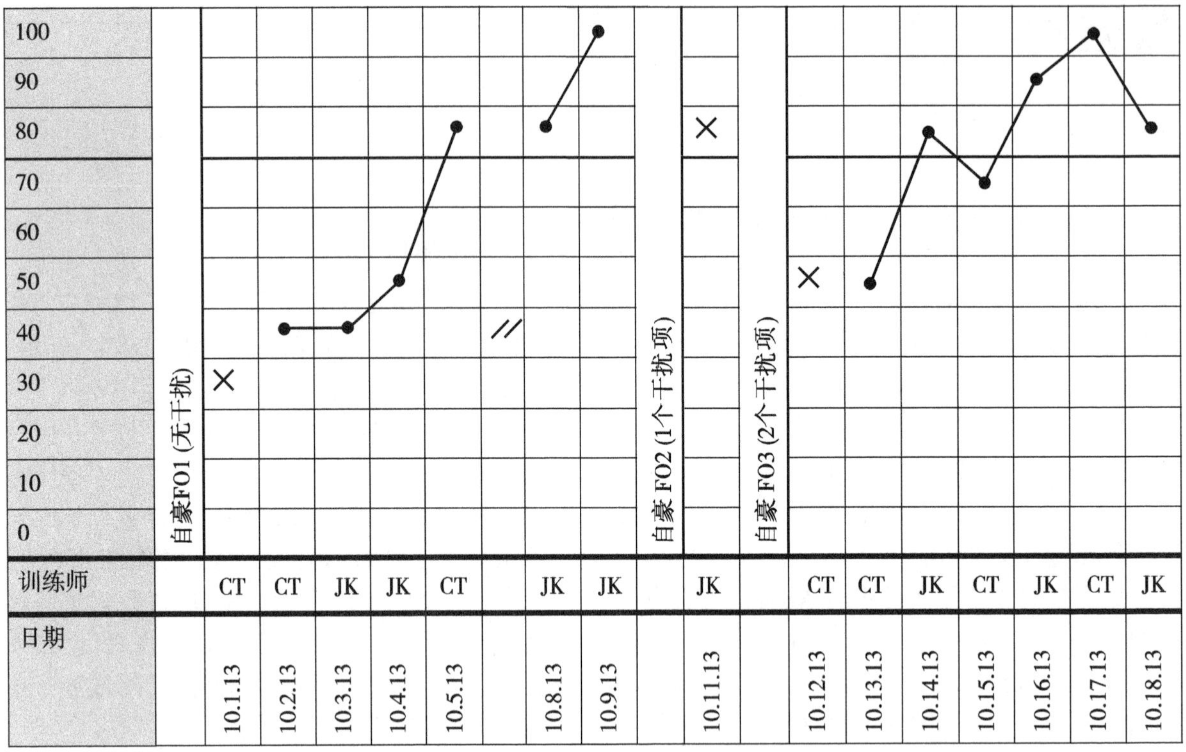

上述示例阐述的是“辨别复杂的情绪”。表中的第一项目标是“辨别自豪”。一条实心的垂直线表明一项新的项目开始了。在 2013 年 10 月 1 日，一位 ABA 训练师设置了一条基线，且受训者的得分为 30%。这项得分在本表中用“X”表示。这项分数同样也被标记在任务分析的基线栏中。第二天，2013 年 10 月 2 日，正式展开教学。这个日期也应记录在 TA“开始日期”列。这个教学项目一直进行到 2013 年 10 月 5 日，期间有两位训练师 CT 与 JK 参与教学。而 2013 年 10 月的 6 日到 7 日，受训者并未参加治疗。因此，在此表上注明了这期间存在 1 次治疗间断，间断两侧的 2013 年 10 月 5 日的日常百分比点与 2013 年 10 月 8 日的日常百分比点没有连接起来。接下来连续的日常百分比都被记录在图表中：80%（2013 年 10 月 8 日）与 100%（2013 年 10 月 9 日）。受训者最终达到了教学目标（在 2 位训练师的交叉教学中连续 3 天反应正确率达到 80% 或以上）；因此，在此处画了一条表明已达到目标标准的实心垂直线（这项数据同时也需要记录在任务分析里的“达标日期”中），随后，一项新的教学目标出现在了图表中（在一段垂直线之后），第二项教学目标是“在两种情绪中辨别自豪”（FO2）。基线被设置在 80% 的位置上。这表明，受训者的这项技能在没有教学的情况下自然而然地从 FO1 阶段泛化到了 FO2 阶段。基线百分比、开始日期与达标日期（基线日期为 2013 年 10 月 11 日）都应当记录在任务分析当中。在这个例子中，最后的教学目标是“在三种情绪中辨别自豪”（FO3）。在 2013 年 10 月 12 日这个日期上，一个“X”符号表明此项教学的基线分数是 50%。这项教学持续的时间是从 2013 年 10 月 13 日到 2013 年 10 月 18 日，受训者在 10 月 18 日最终达到了这项教学的 FO3 阶段。其他所有目标执行相同的步骤继续进行。

辅助项目 / 数据表

X（基线）：在任务分析中，新教学目标和新教学步骤开始前，都应设置一条基线。并用符号“X”标示。基线分数（X）不应与日常分数一起连接到数据曲线当中。如果受训者在无辅助状况下独立达到基线分数，那么此项教学目标可视作已经达成，训练师可以开展任务分析所列出的下一个教学目标（画出下个教学目标的基线）。

•（数据点，辅助的次数）：将“•”放置在图表的方格中央记录受训者为完成当前教学步骤或教学目标所需要的辅助次数。将疗程中每个阶段所需要的辅助次数用曲线连接起来（这条线即是数据曲线）。

//（治疗暂停）：在图表中，我们用“//”表示治疗中出现的停顿（如节假日、生病等）。当出现治疗间隔时，请勿将治疗间断前后的辅助百分点连接起来。

┃（目标标准已经达到）：当受训者达到目标标准后，用一条垂直线进行标示。

┆（教学策略发生改变）：当教学策略发生改变时，用一条虚线进行标示。

表 7.2 给出了辅助图表的一个示例。

表 7.2 辅助数据表的示例

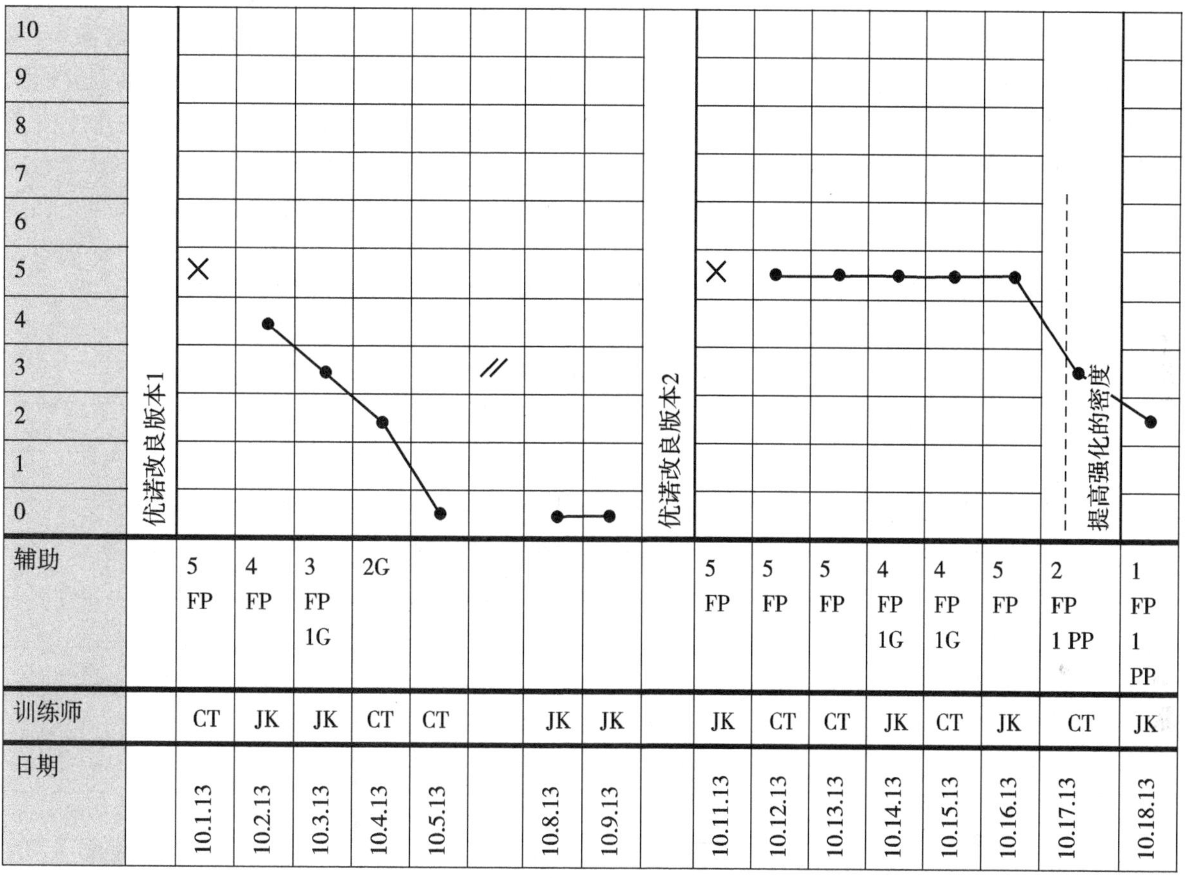

辅助		5 FP	4 FP	3 FP 1G	2G						5 FP	5 FP	5 FP	4 FP 1G	4 FP 1G	5 FP	2 FP 1 PP	1 FP 1 PP
训练师		CT	JK	JK	CT	CT		JK	JK		JK	CT	CT	JK	CT	JK	CT	JK
日期		10.1.13	10.2.13	10.3.13	10.4.13	10.5.13		10.8.13	10.9.13		10.11.13	10.12.13	10.13.13	10.14.13	10.15.13	10.16.13	10.17.13	10.18.13

在这个示范图中，受训者正接受“纸牌游戏：优诺改良版本 1”这项教学项目培训，这项 TA 要求 ABA 训练师记录辅助数据（辅助的次数与类型）。在图表中，写有教学目标（优诺改良版本 1），同时在 2013 年 10 月 1 日标示出基线。在具体日期上标出基线的同时，辅助的次数与类型也应当被标示在图表中。基线“X”记录了受训者成功完成教学步骤或教学目标所需要的辅助总量。在 2013 年 10 月 1 日，受训者成功完成教学目标需要 5 次辅助。在标注日期的竖行里第 5 横排用符号“X”标示出辅助次数，同时在辅助次数栏中注明所用辅助的类型（5FP）。在上述示范图中我们可以看到，引入教学的日期是 2013 年 10 月 2 日，在接受了 4 次辅助之后受训者圆满完成了任务。在 2013 年 10 月 6 日和 7 日这两天，受训者没有接受治疗。在图表中记录了这段治疗间断，且间断两端的日常数据，即 2013 年 10 月 5 日与 2013 年 10 月 8 日的治疗数据没有连接起来。目标标准是在 2 位训练师连续 3 天的教学中零辅助完成教学目标或教学步骤。在这

个例子中，2013 年 10 月 9 日，受训者在连续 3 天的治疗中达到了零辅助，这意味着受训者达到了教学目标。这些数据同样应当记录在任务分析中的“达标日期”中。第二项目标（优诺改良版本 2）引入的时间是 2013 年 10 月 11 日。受训者需要 5 次辅助才能完成教学目标。从 2013 年 10 月 12 日至 2013 年 10 月 16 日，受训者在每天的训练中都需要 5 次辅助，这证明在这 5 天中，受训者在学习方面没有出现任何进展。因此，2013 年 10 月 17 日，实施了一项教学策略（提高强化的密度）。在这里，图表中标示了一根虚线，表明教学目标并未发生改变，但引入了一项教学策略。用虚线标注这项教学策略有助于日后参考查阅教学策略的使用状况。

解释图

运用数据来指导治疗决策。数据是客观的，对数据进行可视化分析是测定治疗效果的主要方法（而不是一种主观意见）。数据应每日评估，并与基线进行比较以确保项目是否取得进展，何时该采取相应教学策略等。数据可呈现出 4 种类型的学习趋势。趋势曲线所显示的方向是由数据点和数据曲线决定的。

积极稳定的学习趋势

这是一种我们力争达到的趋势，这表明受训者处于学习状态，且项目取得进展（表 7.3）。这种学习趋势，按照所执行的教学项目的需求，可上升或下降。如果正在执行一个技能习得项目，且结果以正确的百分比呈现，那么，一个上升趋势图表示该行为得到了提升或改善。受训者成功习得所学技能，且无需相关处理。如果正在执行一个辅助项目，那么下降趋势图表示受训者已习得技能，且无需额外的教学策略。

表 7.3　积极稳定的学习趋势

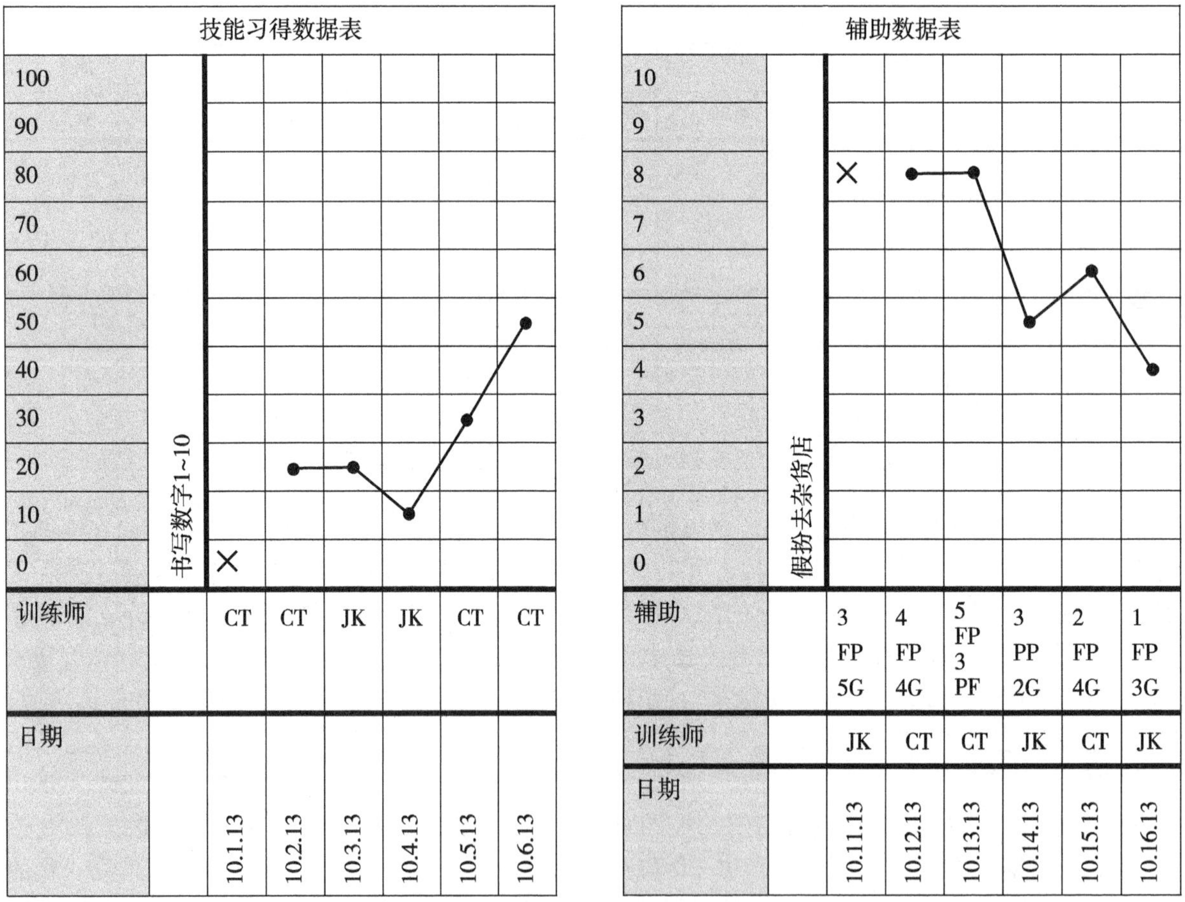

多变或断断续续的学习趋势

当受训者在学习某项特定的技能或进行某个教学步骤时，其数据收集图上出现多个波动，这意味着受训者处于多变学习趋势当中（表 7.4）。当受训者展现出这种学习趋势，这表明在这个阶段需要实施教学策略，并通过进一步的观察确定出现这种学习趋势的原因。多变学习趋势的形成一般由多种因素造成，包括但不限于强化的执行（如强化程度不够）、技能教授的材料、训练师的更换、疗程实施与受训者的疾病程度是否一致等原因。

表 7.4　多变的学习趋势

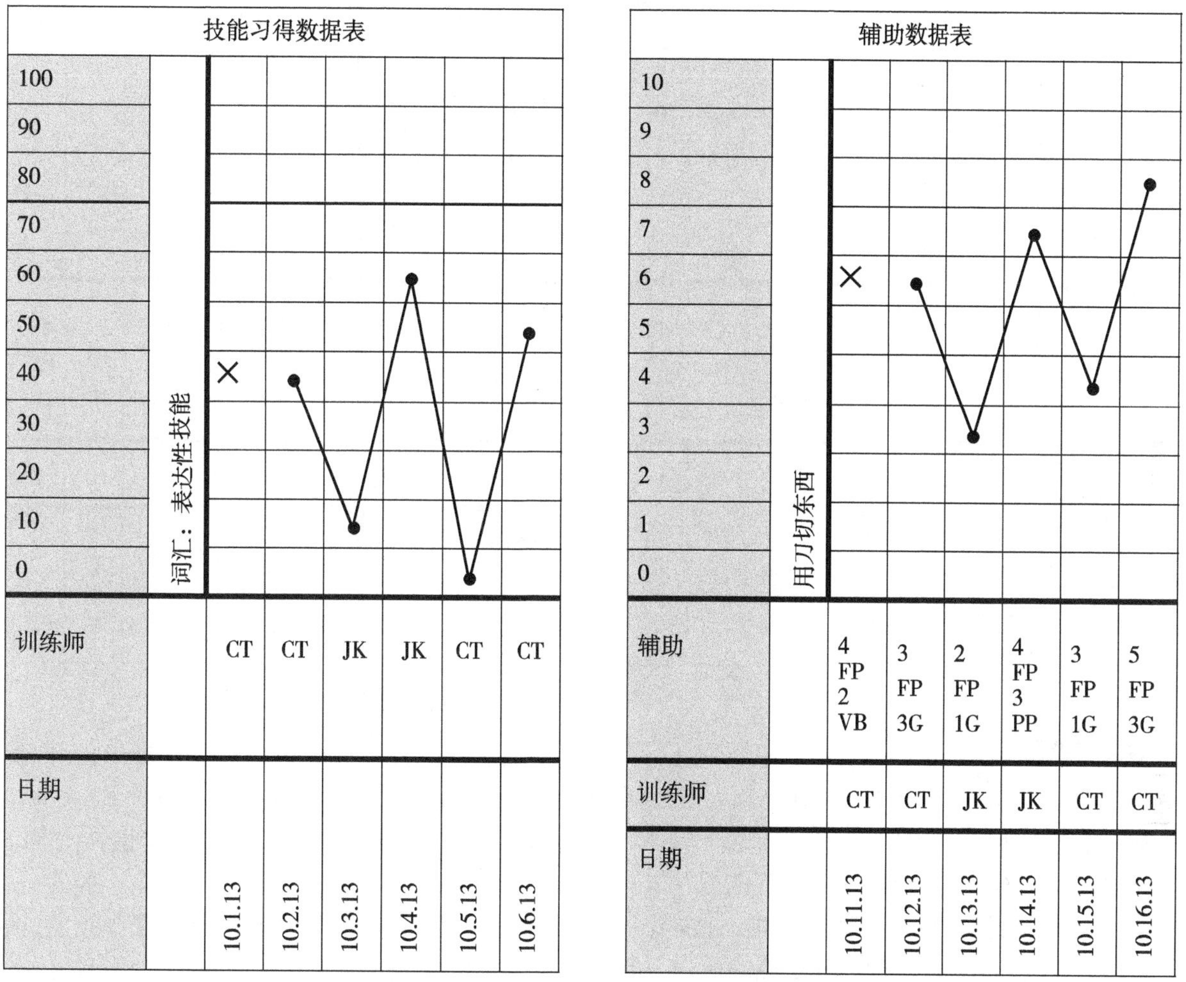

停滞的学习趋势

静止或停滞的学习趋势呈现为数据曲线缺乏动态变化，或在学习特定技能时，受训者学习效率呈现出静止状态（表 7.5）。当一个受训者呈现出静止学习趋势，这意味着受训者此时已经处于学习停滞期，需要制订合适的教学策略帮助受训者持续学习技能，克服学习停滞状态。

表 7.5　停滞的学习趋势

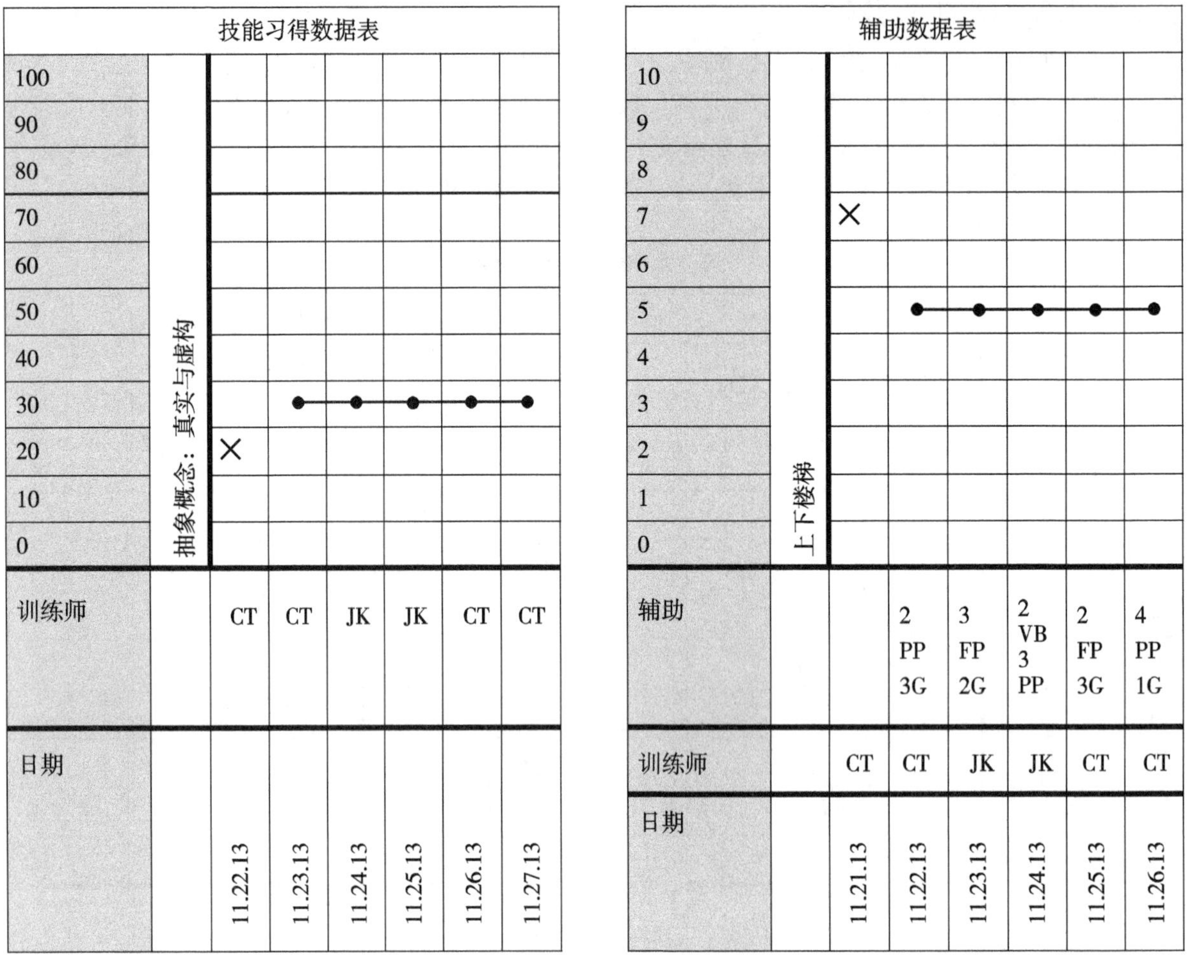

零学习趋势

零学习趋势一般表现为受训者需要持续的全躯体辅助或反应的准确度总是 0（表 7.6）。当受训者呈现零学习趋势时，这意味着他们并没有学习，在这个阶段需要制订教学策略，并需要进一步观察以确定产生这种学习趋势的原因。与多变学习趋势一样，从强化到训练材料的选用到受训者的疾病程度都有可能导致零学习趋势的出现。

我们建议，如果受训者超过 3~5 个治疗期呈现出多变学习趋势、停滞的学习趋势或零学习趋势（治疗期数取决于该受训者所处的等级），那么，就应当采取教学策略。在第 5 章中，我们提供了一系列教学策略可供采用。当然，除去这些教学策略之外，ABA 训练师也应当考虑其他治疗方案，如将教学步骤或技能分解成更小的部分，更换治疗材料，确保受训者已具备预备技能，改善教学环境使之更利于学习，对疗程执行的一致性进行评估，或添加一个视觉辅助。一旦改变治疗方案或添加了新的策略，持续评估就显得相当必要。此外，同样重要的是，应当确定你将如何消除你的教学策略，如视觉线索。与专业 BCBA 一起共事是相当有帮助的，在排查学习困难与决定策略的实施时很有助益。

表 7.6　零学习趋势

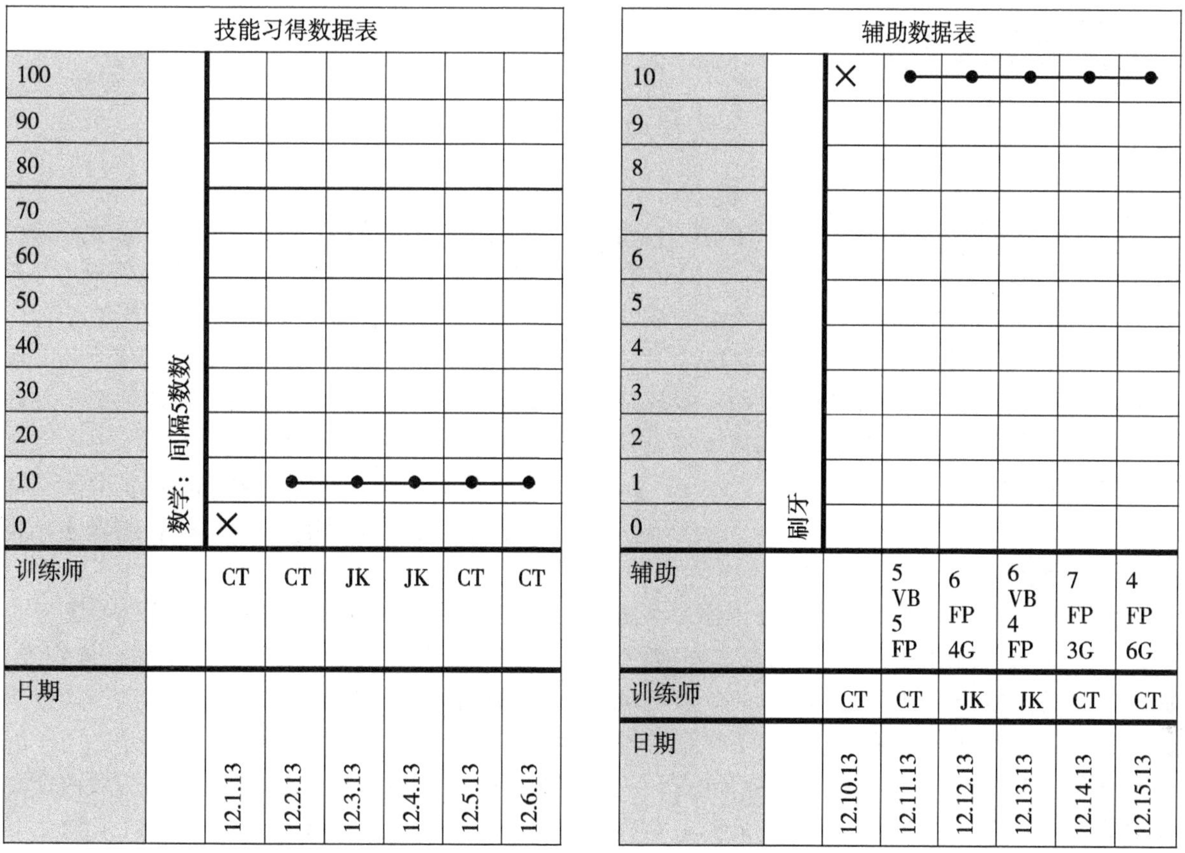
技能习得数据表
100
90
80
70
60
50
40
30
20
10
0
数学：间隔5数数
训练师
CT CT JK JK CT CT
日期
12.1.13 12.2.13 12.3.13 12.4.13 12.5.13 12.6.13
辅助数据表
10
9
8
7
6
5
4
3
2
1
0
刷牙
辅助
5 VB 5 FP
6 FP 4G
6 VB 4 FP
7 FP 3G
4 FP 6G
训练师
CT CT JK JK CT CT
日期
12.10.13 12.11.13 12.12.13 12.13.13 12.14.13 12.15.13

第 8 章
创建 ABA 环境

本章详细阐述了如何在家庭或在教室中，建立起一个应用行为分析的治疗环境。具体内容包括适合摆放在室内的家具，及这些家具的摆放位置，如何为受训者建立一个最适宜其的学习环境。本章还提供了一些图片，举例说明一个理想的治疗空间是什么样子。最后，就如何增加玩具数量和活动类型给出了建议。

ABA 治疗室

受训者的 ABA 治疗室应当选择干扰尽可能小的地方（例如，该房间不是交通必经之处，墙和窗户带来的干扰能降到最低，等等）。治疗区域能让受训者舒服地开展学习。我们不建议治疗区域设置在受训者的卧室。最理想化的状况是，该治疗室有一扇可以根据需要开合的门。这样可以尽可能地减少噪音或房间其他物品给受训者带来的干扰，同时，当受训者出现不适反应，通过发脾气或逃出治疗室来逃避任务时，这扇门还相当于一个自然的屏障。

这间治疗室必须有两个相对独立的区域：一个是教学区，一个是休息玩耍区。教学区内应当包含多种类型的家具，一方面可用于储存物品，一方面也是一种教学用具。在进行学术活动或是要求独立完成的任务时，应有一套适合受训者体型、至少可容纳两名受训者就座的桌椅供他们进行桌上活动。桌椅应当足够牢固，不容易被推倒。椅子应当有靠背但没有扶手，这样更便于受训者接受指令，学习正确就座。

隔板和小储物箱要分门别类标记出所属项目的名称或用途（例如，命名类别、强化物，等等）。房间布置上很重要的一点是，要易于在房间里取用必要的教学用品、玩具和其他物品。治疗室应该有足够大的搁架来放置各种用于受训者治疗项目所需资料的箱子（例如，命名社会服务人员）等等。文件柜、箱子和可折叠的文件上需标示项目名称和附上项目资料或者强化物项目。

一块用于团队教学的小白板或小黑板会很有帮助。可以用它来记录重要的会议纪要，为其他训练师提供受训者所需的辅助治疗行为或存在的问题。还可以添加一个书架，用于陈列那些受训者在休息时间或是开展游戏时能独立阅读的书籍。书籍最好定期更换来强化其作用。

休息 / 游戏区应该是一个受训者能够舒适坐着和玩的地方。根据受训者年龄和体型的不同，此区域也可拥有额外的一套桌椅，或铺上地毯方便受训者可以席地而坐，舒服地在地板上做游戏。一个能够放置各种游戏、休闲用具的架子显然是很有用处的。游戏区域可悬挂一些图片，展现那些受训者易于辨认的玩具都存放在哪些地方。玩具应当定期更换，不断开拓新的游戏项目以避免受训者产生厌倦。而一个壁柜可用于存储大件物品及在未来教学中会用到的器具。

表 8.1 提供的一系列图片，展现了一个为两位年幼受训者创建的 ABA 治疗室。

表 8.1　ABA 治疗室

示例图片	房间的描述
	在这个 ABA 治疗室里，有适合受训者体型的小桌子和椅子。房间墙壁上有一块小白板，它是一块教学用具，也可以用于训练师之间进行沟通。这个房间干扰极小
	在这个 ABA 治疗室里，有一片铺有地毯的小区域，受训者可以席地而坐跟训练师玩游戏、享受强化活动或进行休息。紧挨着墙壁摆放着一些箱子，里面装着各种强化玩具和活动项目。易于上锁的壁橱里放有额外的治疗用品
	在这个 ABA 治疗室里，有一套适合年龄偏大的受训者体型的桌椅。在桌子后方有一些带有编号的箱子，每个箱子都对应一项教学中的任务分析。这样便于训练师简单快捷地取出特定教学项目所需的用具
	这个 ABA 治疗室的墙壁上挂有一份与一般教室活动区域类似的日历，这位受训者正在进行有关“日历”“天气”及其他与周期时间相关的教学任务。除此之外，这个区域还列出了受训者需知的规则与视觉辅助
	作为 ABA 治疗室的一个指定区域，这里主要用于展示受训者的创作作品。此外，这些艺术作品展示于此处对受训者有强化作用

家长参与

家长的参与是ABA教程中极其重要的一部分。在创建一个ABA家庭项目时，家长的最初责任是为建立ABA治疗室采购教学用具和家具，布置这个治疗室，并确立治疗团队。家长需要与训练师一起制订日程确保治疗能够连续开展。同样，家长也负责保证特定的强化只在治疗时间使用。

家长负责阅读和接受关于ABA教程的培训。多数治疗团队会在针对受训者进行ABA教程时，直接为家长提供培训。同时，他们也鼓励受训者家长阅读具有良好口碑的ABA教程的书籍（Cooper, Heron, Heward 2007, Leaf, McEachin 1997, Lovaas 2003）以学习ABA的理论、教学策略、行为引导策略等。除此之外，在自己孩子展开ABA教程时，家长还应接受相关培训，如教学中会用到的目标，及在教授这些目标时，他们如何能起到帮助。

一旦ABA疗程开始，家长应参与所有的团队会议。家长必须熟知各个教程的目标与教学过程。家长在自己孩子的个性化ABA教程中扮演着至关重要的角色。家长应当协助ABA教程的训练师或是应用行为分析师一起确定受训者尚不具备的目标区域或技能领域。如果没有家长的协助，应用行为分析师很可能只能了解受训者一天中的某些时段。

家长同时也是整个教学团队里的一员。他们可以确保受训者泛化技能到其他人、地方和材料上。而家长也被鼓励参与观察自己子女的整个ABA教程实施的状况，如此一来，他们可以学习不同的教学策略（例如，辅助等级），这样在实施教学策略时，他们是可靠的。同时，家长应确保备有足够的治疗用品和强化用品。

家长所起到的最重要的职责之一是跟所有的团队成员进行沟通（ABA教学人员、注册应用行为分析师、儿科医生、其他的医教人员，等等）。家长告知ABA教学人员所有与治疗或当前教学目标相关的障碍与问题。同时，还应及时通知治疗团队有关于受训者日常安排的一切变动（例如，睡眠周期、药物变化、其他医疗状况，等等），因为这些都会对治疗结果产生影响。这种公开的、诚实的互动关系有助于治疗团队选择最为明智的治疗方案。

家长的参与范畴，总结如下：

- 熟知每个项目的过程；
- 在疗程中，了解整个教学进展；
- 保证用于治疗的强化，只在疗程中出现；
- 确保配备足够多的治疗用品和强化物；
- 准备好治疗室，布置妥当；
- 参加所有的团队会议；
- 整个疗程都确保在场；
- 接受ABA相关培训；阅读并学习ABA策略；
- 遵照ABA教程并成为整个教学策略的可靠力量；
- 跟治疗团队保持沟通；
- 有任何顾虑和问题，都告知治疗团队；
- 安排工作日程（日期/具体时间），使得ABA教程有特定的时间表。

关于强化玩具和活动的建议

在本书的第1章，我们给出了一个有关于强化的细则。有效使用强化物对于技能的习得及受训者学会学习极其重要。训练师应当经常参照这个细则确保强化物得到最大化的使用。在本章节里，我们会提供一些建议，列出那些可用于疗程的强化物。这些建议并非要取代偏好评估或强化物清单（在ABA治疗中用于识别潜在强化物是非常有用的），这只是一份自闭症患者能从中获得强化作用，且可被用在疗程中的潜在强化物列表。

初级强化物

初级强化物是指那些对受训者而言，像食物和水一样必不可少的生存与生活必需品。初级强化物并不是受训者在日常生活中会使用的自然强化物。例如，训练师通常会表扬做得好的受训者，但并不会奖励他喝一口饮料或吃一点零食。然而，患有自闭症的受训者对于这类强化反馈良好，但对次级强化物，如表扬和玩具并不一定有强烈的反应。因此，在治疗初期，可能需要通过初级强化物来训练受训者学习技能，并教导其对次级强化物作出反应。ABA 教学人员应当将初级强化与次级强化配合使用，这样可促使次级强化物逐步取代初级强化物的强化属性。当实现了这一点，初级强化物便可逐步退出整个治疗。以下列举的是可用于治疗的一些常见的初级强化物，其最为关键的因素是它们具有强化功能且对受训者有效。

寻找不需要花费太长时间进行消费的初级强化物（如一口就可吃掉的零食），这样可将更多的时间用于学习和工作，例如：

- 一口最爱的饮料；
- 爆米花；
- 糖果，如 M&M's 豆等；
- 一片水果，一根胡萝卜，一些芹菜条；
- 水果软糖，水果零食；
- 薯片，饼干，其他松脆小吃；
- 土豆泥；
- 一片饼干，一块蛋糕，其他烘焙食品；
- 葡萄干；
- 坚果。

次级强化物

次级强化物又被称之为条件强化物。因为它们无法（像初级强化物那样）对受训者产生自然而然的强化作用，而是通过初级强化物和次级强化物配对，使得受训者将次级强化物与初级强化物联系起来，并使次级强化物逐步产生强化作用。我们建议 ABA 训练师应当将这些物品与初级强化物一起配合使用，并最终达到初级强化物逐步退出治疗的目的。

我们对次级强化物的建议是按照感官体验的特性来排序，这样可以为个体提供内在的自动强化。例如，受训者喜欢有声音的物品，那么建议训练师尝试使用其他可以发出声响的物品，这种听觉刺激或许能对受训者形成自动强化。这个影响过程可以很快消除也能迅速发生。接下来，是在 ABA 教程中，我们建议使用的强化物列表：

对于那些易于被可移动物体或因果类玩具强化的受训者，请尝试：

- 球（光球，可用力挤压的压力球，弹力球）；
- 追光玩具；
- 可发亮的玩具；
- 光线可旋转闪烁的手电筒；
- 玩偶盒；
- 弹出式玩具；
- 响声玩具和游戏；
- 祈雨杖。

对于易被粗大动作强化的受训者，请尝试：

- 蹦床；
- 摇摆玩具；
- 秋千；
- 治疗球；
- 坐式旋椅（sit-and-spin）；
- 滑板车；
- 跷跷板；
- 自行车 / 三轮脚踏车；
- 滑梯；
- 呼啦圈。

对于易被声音刺激强化的受训者，请尝试：

- 有声拼图；
- 音乐书；
- 乐器；
- 声纳机；
- 音乐棒；
- 可以说话、发出声音的玩具；
- 回声麦克风；
- 歌曲 / 音乐。

对于易被触觉刺激和不同质感强化的受训者，请尝试：

- 不同材质和触感的书和玩具；
- 沙盘；
- 溅水乐园（water table）；
- 盛放米粒和豆子的桌子或箱子；
- 彩色橡皮泥；
- 手指画活动；
- 剃须膏或趣味泡沫。

对于易被压力强化的受训者，请尝试：

- 被枕头或沙发垫夹在中间；
- 拥抱；
- 吊床；
- 挠痒痒；

- 豆袋椅；
- 彩球池；
- 裹在毯子里；
- 睡袋；
- 按摩；
- 卷地毯；
- 震动枕头。

对于易被视觉刺激强化的受训者，请尝试：

- 幻彩灯箱；
- 电子游戏，电脑游戏；
- 手电筒；
- 频闪灯；
- 熔岩灯；
- 暗处发光贴纸；
- 能发光的玩具；
- 三维魔景机；
- 光线跟踪玩具，光线跟踪项链；
- 闪光魔杖或魔杖，当你掉转魔杖时，魔棒内的物质会漂浮到另一端。

对于易被嗅觉刺激（强烈味道）强化的受训者，请尝试：

- 调味料；
- 刮刮嗅贴纸；
- 芳香疗法器具；
- 香味记号笔；
- 润肤霜；
- 香味彩色橡皮泥。

对于那些易被小空间强化的受训者，请尝试：

- 帐篷；
- 隧道；
- 足够大能坐进去的箱子；
- 小的游戏屋；
- 储藏箱。

对于那些看到掉落或吊着的物品而受到强化的受训者，请尝试：

- 泡沫；
- 长的丝绸旗帜；
- 液体运动玩具；
- 水枪；
- 泡沫飞机；
- 弹跳火箭；
- 降落伞玩具；
- 橡胶焰火（rubber poppers）；
- 风铃。

使治疗充满趣味

让受训者在治疗课中能够感受到强化是极其重要的，这样才能激发他们学习；因此，作为一名ABA训练师，我们应该尽量让治疗有趣并且自然。反过来，这将有助于受训者遵从指挥，对治疗感兴趣，进而泛化技能。下面列出了鼓励ABA训练师使用的一些教学建议，能确保分析治疗课程有趣、生动、充满了享受，同时激发受训者的学习欲望：

- 在给出指令与强化时，运用热情洋溢的语调。
- 课程中使用的语言应尽可能自然。
- 治疗课程应发生在各式各样的环境下（家中不同的房间、室外和社区环境）。这样会保持事物的新鲜度，且帮助受训者将技能泛化到不同环境下。要有创造性，如果在蹦蹦床上蹦跳，或坐在秋千上摇荡能强化受训者，那就使用这些器具当做他们的强化物，当他们获得一个奖励时，就让他在蹦蹦床上持续蹦跳一阵，或推动他们在秋千上摇晃。
- 当受训者的语言能力提高时，改变给受训者的指令。
- 把你自己与受训者非常享受的活动联系在一起，将自己变成受训者强化物的一部分。
- 使用受训者最喜欢的玩具和物品来进行概念（例如，颜色、形状和数数）的教学。
- 经常变化在教授技能时使用的物品。运用卡片、大珠子、花纹模块来进行形状的教学，也可以通过在纸上画出形状的办法来进行教学。这样不仅实现了不同材料之间的技能泛化，且可以保持受训者对所参与活动的新奇度。
- 确保将已达成目标标准的任务分析纳入维持计划（或消退程序）中，这样就不会因为总是就受训者已掌握的技能展开教学而使受训者厌倦。
- 使用ABA教程，在工作了15~20分钟之后便插入一个5~10分钟的强化休息/游戏休息时间。休息对于保持兴趣极其重要。当受训者很合作时，千万不要试图延长 15~20 分钟教学。

- 维持高的成功率，确保以成功来结束每个治疗课程。
- 将任务或任务分析进行分散。在同一时间持续开展几项任务分析，并经常进行任务轮换以免受训者感到厌倦。
- 变化强化物：尽量让强化物越自然越好。
- 在治疗课程中使用音乐，甚至也可以自创一些听起来很幼稚的歌曲来进行概念教学，例如“身体部位歌”。

第二部分

教程内容

第 9 章

模仿技能的任务分析

- 不对称姿势
- 复杂动作组合模仿（2 个动作）
- 复杂动作组合模仿（3 个动作）
- 按顺序触摸物品
- 按顺序说出数字

不对称姿势

等级：□ 1 □ 2 □ 3

S^D： 一边说“这样做”，一边展示一个不对称姿势	**反应：** 受训者能够模仿这个姿势
数据收集：技能习得	**目标标准：**在 2 位训练师的交叉教学中连续 3 天反应正确率达到 80% 或 80% 以上
材料：计时器和强化物	

消退程序

维持标准：2W= 连续 4 次反应正确率 100%；1W= 连续 4 次反应正确率 100%；M= 连续 3 次反应正确率 100%	**自然环境标准：**目标行为可在自然环境下泛化到 3 种新的自然发生的活动中	**归档标准：**教学目标、维持标准和自然环境标准全部达标

目标列表

对教学目标的建议和试探结果

对教学目标的建议：单腿跪和劈叉（左腿跪右腿伸直或反过来）；左腿膝盖着地，右腿弯曲膝盖向上；或反之；站立时左腿放右腿膝盖上，胳膊伸直；或站立时右腿放在左腿膝盖上，胳膊伸直
试探结果（已掌握目标）：

目标	基线 %	开始日期	达标日期	消退程序		
				维持阶段	自然环境下教学开始日期	归档日期
1. 目标 1：						
2. 目标 2：						

续表

目标	基线 %	开始日期	达标日期	消退程序		
				维持阶段	自然环境下教学开始日期	归档日期
3. 已达成的目标：随机转换						
4. 目标 3：						
5. 目标 4：						
6. 已达成的目标：随机转换						
7. 目标 5：						
8. 目标 6：						
9. 已达成的目标：随机转换						
10. 目标 7：						
11. 目标 8：						
12. 已达成的目标：随机转换						
13. 目标 9：						
14. 目标 10：						
15. 已达成的目标：随机转换						
16. 不同环境下的技能泛化，环境 1：						

续表

目标	基线 %	开始日期	达标日期	消退程序		
				维持阶段	自然环境下教学开始日期	归档日期
17. 不同环境下的技能泛化，环境 2：						
18. 维持阶段：在不同环境下进行评估				2W 1W M		

实施该任务分析的具体建议：

- 确保受训者已经掌握此项任务分析的预备技能。例如，包括本套教程第一分册中列出的粗大动作模仿及第二分册中所列的复杂粗大动作模仿技能。

复杂动作组合模仿（2 个动作）

等级：□ 1 □ 2 □ 3

S^D： 一边说"这样做"，一边展示 2 个有物品或无物品动作（粗大动作、精细动作或口腔动作）	**反应：** 受训者能够模仿展示的 2 个动作
数据收集：技能习得	**目标标准：**在 2 位训练师的交叉教学中连续 3 天反应正确率达到 80% 或 80% 以上
材料：可以用来模仿的物品，例如球、迷宫、积木、铅笔，以及强化物	

消退程序

维持标准：2W= 连续 4 次反应正确率 100%；1W= 连续 4 次反应正确率 100%；M= 连续 3 次反应正确率 100%	**自然环境标准：**目标行为可在自然环境下泛化到 3 种新的自然发生的活动中	**归档标准：**教学目标、维持标准和自然环境标准全部达标

目标列表

对教学目标的建议和试探结果

对教学目标的建议：举手并转身；单脚跳然后双手摸头；吻别然后挥手再见；先踢球再跺脚；绕桌子走然后坐下；先搭三块积木然后拿两根蜡笔放盒子里；先跳两下，然后转圈；先拍手再开门；先完成简单的拼图再收起来；先站起来再转一圈

试探结果（已掌握目标）：

目标	基线 %	开始日期	达标日期	消退程序		
				维持阶段	自然环境下教学开始日期	归档日期
1. 目标 1：						
2. 目标 2：						

续表

目标	基线 %	开始日期	达标日期	消退程序		
				维持阶段	自然环境下教学开始日期	归档日期
3. 已达成的目标：随机转换						
4. 目标 3：						
5. 目标 4：						
6. 已达成的目标：随机转换						
7. 目标 5：						
8. 目标 6：						
9. 已达成的目标：随机转换						
10. 目标 7：						
11. 目标 8：						
12. 已达成的目标：随机转换						
13. 目标 9：						
14. 目标 10：						
15. 已达成的目标：随机转换						
16. 不同环境下的技能泛化，环境 1：						

续表

目标	基线 %	开始日期	达标日期	消退程序		
				维持阶段	自然环境下教学开始日期	归档日期
17. 不同环境下的技能泛化，环境 2：						
18. 维持阶段：在不同环境下进行评估				2W 1W M		

实施该任务分析的具体建议：

- 确保已教授受训者此项任务分析的预备技能。例如，可包括掌握本套教程第一分册中列出的有物品和无物品操作的粗大和精细动作模仿，以及第二分册书中所列有物品和无物品操作的复杂粗大与精细动作模仿。
- 应以柔和的方式运行此项任务分析，以免受训者摔倒受伤。

复杂动作组合模仿（3 个动作）

等级：□ 1 □ 2 □ 3

S^D： 一边说“这样做”，一边展示有物品或无物品的 3 个动作（粗大动作、精细动作或口腔动作）	**反应：** 受训者能够模仿展示的 3 个动作
数据收集：技能习得	**目标标准：**在 2 位训练师的交叉教学中连续 3 天反应正确率达到 80% 或 80% 以上
材料：可以用来模仿的物品，例如球、迷宫、积木、铅笔，以及强化物	

消退程序

维持标准：2W= 连续 4 次反应正确率 100%；1W= 连续 4 次反应正确率 100%；M= 连续 3 次反应正确率 100%	**自然环境标准：**目标行为可在自然环境下泛化到 3 种新的自然发生的活动中	**归档标准：**教学目标、维持标准和自然环境标准全部达标

目标列表

对教学目标的建议和试探结果

对教学目标的建议：摸摸你的肩膀、脸和鼻子；站起来，摸摸你的脚趾，再转一圈；先踢腿，再跺脚，最后坐下；先吻别，再挥手，最后摸头；拍头，拍桌子，再弯弯手指；起立，蹲下，跳一跳；先躺下，再滚一下，最后单脚站立；伸舌头，舔嘴唇，再弹舌头；手伸向空中，拍一拍手，然后放背后；移动臀部，摸脚趾，然后跳一跳
试探结果（已掌握目标）：

目标	基线 %	开始日期	达标日期	消退程序		
				维持阶段	自然环境下教学开始日期	归档日期
1. 目标 1：						

续表

目标	基线 %	开始日期	达标日期	消退程序		
				维持阶段	自然环境下教学开始日期	归档日期
2. 目标 2：						
3. 已达成的目标：随机转换						
4. 目标 3：						
5. 目标 4：						
6. 已达成的目标：随机转换						
7. 目标 5：						
8. 目标 6：						
9. 已达成的目标：随机转换						
10. 目标 7：						
11. 目标 8：						
12. 已达成的目标：随机转换						
13. 目标 9：						
14. 目标 10：						
15. 已达成的目标：随机转换						
16. 不同环境下的技能泛化，环境 1：						

续表

目标	基线 %	开始日期	达标日期	消退程序		
				维持阶段	自然环境下教学 开始日期	归档日期
17. 不同环境下的技能泛化，环境 2：						
18. 维持阶段：在不同环境下进行评估				2W 1W M		

实施该任务分析的具体建议：

- 确保已教授受训者此项任务分析的预备技能。例如，可包括掌握本套教程第一分册中列出的有物品和无物品操作的粗大和精细动作模仿，以及第二分册书中所列有物品和无物品操作的复杂粗大与精细动作模仿。

按顺序触摸物品

等级：□ 1 □ 2 □ 3

S^D： 一边说"这样做"，一边按顺序触摸 2~6 个物品（例如，先摸叉子再摸杯子）	**反应：** 受训者能够按顺序模仿触摸动作
数据收集：技能习得	**目标标准：**在 2 位训练师的交叉教学中连续 3 天反应正确率达到 80% 或 80% 以上
材料：不同物品和强化物	

消退程序

维持标准：2W= 连续 4 次反应正确率 100%；1W= 连续 4 次反应正确率 100%；M= 连续 3 次反应正确率 100%	**自然环境标准：**目标行为可在自然环境下泛化到 3 种新的自然发生的活动中	**归档标准：**教学目标、维持标准和自然环境标准全部达标

目标列表

对教学目标的建议和试探结果

对教学目标的建议：2 个物品：触摸每一个物品（当受训者摸第一个物品时，转而摸下一个物品）；3 个物品：触摸 2 个物品（当受训者触摸第一个物品时，转而摸下一个物品）；3 个物品：触摸 3 个物品（当受训者触摸第一个物品时，转而摸下一个物品）；4 个物品：触摸 3 个物品（当受训者触摸第一个物品时，转而摸下一个物品）；4 个物品：触摸 4 个物品（当受训者触摸第一个物品时，转而摸下一个物品）；2 个物品：触摸 2 个物品（按一定顺序）；3 个物品：触摸 3 个物品（按一定顺序）；4 个物品：触摸 4 个物品（按一定顺序）；5 个物品：触摸 5 个物品（按一定顺序）；6 个物品：触摸 6 个物品（按一定顺序）
试探结果（已掌握目标）：

目标	基线 %	开始日期	达标日期	消退程序		
				维持阶段	自然环境下教学开始日期	归档日期
1. 目标 1：						

续表

目标	基线 %	开始日期	达标日期	消退程序		
				维持阶段	自然环境下教学开始日期	归档日期
2. 目标 2：						
3. 已达成的目标：随机转换						
4. 目标 3：						
5. 目标 4：						
6. 已达成的目标：随机转换						
7. 目标 5：						
8. 目标 6：						
9. 已达成的目标：随机转换						
10. 目标 7：						
11. 目标 8：						
12. 已达成的目标：随机转换						
13. 目标 9：						
14. 目标 10：						
15. 已达成的目标：随机转换						

续表

目标	基线 %	开始日期	达标日期	消退程序		
				维持阶段	自然环境下教学开始日期	归档日期
16. 不同环境下的技能泛化，环境 1：						
17. 不同环境下的技能泛化，环境 2：						
18. 维持阶段：在不同环境下进行评估				2W 1W M		

实施该任务分析的具体建议：

- 确保已教授进行此项任务分析的预备技能。例如，可包括：物品操作类粗大动作模仿和物品操作类精细动作模仿（见本套教程第一分册）。
- 此外，受训者应该掌握物品操作类复杂粗大动作模仿和物品操作类复杂精细动作模仿（见本套教程第二分册）。

按顺序说出数字

等级：□ 1 □ 2 □ 3

S^D： "跟我念（连续一组数字）"（例如，"跟我念 2641"）	**反应**： 受训者能够按正确的顺序模仿说出这组数字
数据收集：技能习得	**目标标准**：在 2 位训练师的交叉教学中连续 3 天反应正确率达到 80% 或 80% 以上
材料：强化物	

消退程序

维持标准：2W= 连续 4 次反应正确率 100%；1W= 连续 4 次反应正确率 100%；M= 连续 3 次反应正确率 100%	**自然环境标准**：目标行为可在自然环境下泛化到 3 种新的自然发生的活动中	**归档标准**：教学目标、维持标准和自然环境标准全部达标

目标列表

对教学目标的建议和试探结果

对教学目标的建议：2 个数字的序列，3 个数字的序列，4 个数字的序列，5 个数字的序列，6 个数字的序列，7 个数字的序列
试探结果（已掌握目标）：

目标	基线 %	开始日期	达标日期	消退程序		
				维持阶段	自然环境下教学开始日期	归档日期
2 个数字的序列						
1. 目标 1：						

续表

目标	基线 %	开始日期	达标日期	消退程序		
				维持阶段	自然环境下教学开始日期	归档日期
2. 目标 2：						
3. 已达成的目标：随机转换						
3 个数字的序列						
4. 目标 3：						
5. 目标 4：						
6. 已达成的目标：随机转换						
4 个数字的序列						
7. 目标 5：						
8. 目标 6：						
9. 已达成的目标：随机转换						
5 个数字的序列						
10. 目标 7：						
11. 目标 8：						
12. 已达成的目标：随机转换						

续表

目标	基线 %	开始日期	达标日期	消退程序		
				维持阶段	自然环境下教学开始日期	归档日期
6 个数字的序列						
13. 目标 9：						
14. 目标 10：						
15. 已达成的目标：随机转换						
7 个数字的序列						
16. 目标 11：						
17. 目标 12：						
18. 已达成的目标：随机转换						
19. 不同环境下的技能泛化，环境 1：						
20. 不同环境下的技能泛化，环境 2：						
21. 维持阶段：在不同环境下进行评估				2W 1W M		

实施该任务分析的具体建议：

- 确保已教授受训者该项任务分析的预备技能。例如，可包括听指令找到相应的数字（见本套教程第一分册）和短语的口头模仿（本套教程第二分册）。
- 3 个数字一组可作为一种教学策略帮助受训者记住数字。
- 最好使用数字 1~9 和非连续性的数字。
- 对处于等级 2 和等级 3 的受训者，你可以尝试随意的顺序教每个数字序列，即每次说不同的数字序列。

第 10 章

视觉空间技能的任务分析

- 按故事情节排序
- 按照日常活动顺序排列图片
- 按照社交场景排列图片
- 按图搭积木
- 几何板
- 拧开 / 拧紧罐子、瓶盖、螺栓和螺母
- 根据颜色和形状穿珠子

按故事情节排序

等级：□ 1 □ 2 □ 3

S^D： 给受训者读一个简短的故事，然后提供 3~4 张图片，并说“根据故事排列图片”	**反应：** 受训者能根据故事情节发生的顺序排列图片
数据收集：辅助数据（辅助次数与类型）	**目标标准：**在 2 位训练师的交叉教学中连续 3 天零辅助作出正确反应
材料：与故事有关的图片及强化物（图片可于附赠的 DVD 中获取）	

消退程序

维持标准：2W= 连续 4 次反应正确率 100%；1W= 连续 4 次反应正确率 100%；M= 连续 3 次反应正确率 100%	**自然环境标准：**目标行为可在自然环境下泛化到 3 种新的自然发生的活动中	**归档标准：**教学目标、维持标准和自然环境标准全部达标

目标列表

对教学目标的建议和试探结果

对教学目标的建议：3~4 部分的故事：杰克与吉尔，灰姑娘，三只小猪，矮胖子（Humpty Dumpty），玛丽有只小羊羔，小红帽，金凤花，匹诺曹，杰克与豌豆，姜饼男孩
试探结果（已掌握目标）：

目标	基线 %	开始日期	达标日期	消退程序		
				维持阶段	自然环境下教学开始日期	归档日期
给 3 个部分组成的故事情节排序						
1. 目标 1：						

续表

目标	基线 %	开始日期	达标日期	消退程序		
				维持阶段	自然环境下教学 开始日期	归档日期
2. 目标 2：						
3. 已达成的目标：随机转换						
4. 目标 3：						
5. 目标 4：						
6. 已达成的目标：随机转换						
7. 目标 5：						
8. 目标 6：						
9. 已达成的目标：随机转换						
10. 目标 7：						
11. 目标 8：						
12. 已达成的目标：随机转换						
13. 目标 9：						
14. 目标 10：						
15. 已达成的目标：随机转换						
16. 不同环境下的技能泛化，环境 1：						

续表

目标	基线 %	开始日期	达标日期	消退程序		
				维持阶段	自然环境下教学开始日期	归档日期
17. 不同环境下的技能泛化，环境 2：						
给 4 个部分组成的故事情节排序						
18. 目标 1：						
19. 目标 2：						
20. 目标 1 与 2：随机转换						
21. 目标 3：						
22. 目标 4：						
23. 已达成的目标：随机转换						
24. 目标 5：						
25. 目标 6：						
26. 已达成的目标：随机转换						
27. 目标 7：						
28. 目标 8：						
29. 已达成的目标：随机转换						
30. 目标 9：						

续表

目标	基线 %	开始日期	达标日期	消退程序		
				维持阶段	自然环境下教学开始日期	归档日期
31. 目标 10：						
32. 已达成的目标：随机转换						
33. 不同环境下的技能泛化，环境 1：						
34. 不同环境下的技能泛化，环境 2：						
35. 维持阶段：在不同环境下进行评估				2W 1W M		

实施该任务分析的具体建议：

- 确保已教授受训者该项任务分析的预备技能。例如，包括掌握按照系列或序列进行排列（本套教程的第二册书中的项目）。
- 使用受训者喜欢和感兴趣的故事和图片进行教学。

按照日常活动顺序排列图片

等级：□ 1 □ 2 □ 3

S^D： 展示 3~6 张表示日常活动的图片，并说“排序”	**反应：** 受训者能够正确排列图片
数据收集：技能习得	**目标标准：**在 2 位训练师的交叉教学中连续 3 天反应正确率达到 80% 或 80% 以上
材料：各类日常活动（写出来或用图片展示）及强化物（图片可在附赠的 DVD 中获取）	

消退程序

维持标准：2W= 连续 4 次反应正确率 100%；1W= 连续 4 次反应正确率 100%；M= 连续 3 次反应正确率 100%	**自然环境标准：**目标行为可在自然环境下泛化到 3 种新的自然发生的活动中	**归档标准：**教学目标、维持标准和自然环境标准全部达标

目标列表

对教学目标的建议和试探结果

对教学目标的建议：洗手，穿衣，装书包，做早餐，倒饮料，梳头，系鞋带，穿外套，准备就寝，做一顿简单的饭
试探结果（已掌握目标）：

目标	基线 %	开始日期	达标日期	消退程序		
				维持阶段	自然环境下教学开始日期	归档日期
3 个步骤的日常活动						
1. 目标 1：						

续表

目标	基线 %	开始日期	达标日期	消退程序		
				维持阶段	自然环境下教学 开始日期	归档日期
2. 目标 2：						
3. 目标 1 与目标 2 随机转换						
4. 目标 3：						
5. 目标 4：						
6. 已达成的目标：随机转换						
7. 将习得的技能泛化到其他环境中，环境 1：						
8. 将习得的技能泛化到其他环境中，环境 2：						
9. 维持阶段：在不同环境下进行评估						
4 个步骤的日常活动						
10. 目标 1：						
11. 目标 2：						
12. 目标 1 与目标 2 随机转换						
13. 目标 3：						
14. 目标 4：						
15. 已达成的目标：随机转换						

续表

目标	基线 %	开始日期	达标日期	消退程序		
				维持阶段	自然环境下教学开始日期	归档日期
16. 不同环境下的技能泛化,环境 1:						
17. 不同环境下的技能泛化,环境 2:						
18. 维持阶段:在不同环境下进行评估				2W 1W M		
5 个步骤的日常活动						
19. 目标 1:						
20. 目标 2:						
21. 目标 1 与目标 2 随机转换						
22. 目标 3:						
23. 目标 4:						
24. 已达成的目标:随机转换						
25. 不同环境下的技能泛化,环境 1:						
26. 不同环境下的技能泛化,环境 2:						
27. 维持阶段:在不同环境下进行评估				2W 1W M		
6 个步骤的日常活动						
28. 目标 1:						

续表

目标	基线 %	开始日期	达标日期	消退程序		
				维持阶段	自然环境下教学开始日期	归档日期
29. 目标 2：						
30. 目标 1 与目标 2 随机转换						
31. 目标 3：						
32. 目标 4：						
33. 已达成的目标：随机转换						
34. 不同环境下的技能泛化，环境 1：						
35. 不同环境下的技能泛化，环境 2：						
36. 维持阶段：在不同环境下进行评估				2W 1W M		

实施该任务分析的具体建议：

- 确保已教授受训者该项任务分析应具备的预备技能。例如，包括本套教程第一分册所列出的分类项目，以及本分册书中列出的技能——阅读：常见字（如果日常生活技能目标是书写在纸上的）。
- 使用那些受训者熟悉并适合其年龄的日常活动进行教学。

按照社交场景排列图片

等级：□ 1 □ 2 □ 3

S^D： 展示给受训者 3~6 张表示社交场景的图片，并说“排序”	**反应：** 受训者能够正确排列图片
数据收集：技能习得	**目标标准：**在 2 位训练师的交叉教学中连续 3 天反应正确率达到 80% 或 80% 以上
材料：各类社会活动图片和强化物（图片可于附赠的 DVD 中获取）	

消退程序

维持标准：2W= 连续 4 次反应正确率 100%；1W= 连续 4 次反应正确率 100%；M= 连续 3 次反应正确率 100%	**自然环境标准：**目标行为可在自然环境下泛化到 3 种新的自然发生的活动中	**归档标准：**教学目标、维持标准和自然环境标准全部达标

目标列表

对教学目标的建议和试探结果

对教学目标的建议：3~6 部分组成的社会场景：布置餐桌，生日聚会，吹气球，堆雪人，搭积木，洗车，雕南瓜，装饰圣诞树，做生日蛋糕，做比萨，包装礼物
试探结果（已掌握目标）：

目标	基线 %	开始日期	达标日期	消退程序		
				维持阶段	自然环境下教学开始日期	归档日期
3 个部分组成的社会场景图						
1. 目标 1：						

续表

目标	基线 %	开始日期	达标日期	消退程序		
				维持阶段	自然环境下教学开始日期	归档日期
2. 目标 2：						
3. 目标 1 与目标 2 随机转换						
4. 目标 3：						
5. 目标 4：						
6. 已达成的目标：随机转换						
7. 不同环境下的技能泛化，环境 1：						
8. 不同环境下的技能泛化，环境 2：						
9. 维持阶段：在不同环境下进行评估						
4 个部分组成的社会场景图						
10. 目标 1：						
11. 目标 2：						
12. 目标 1 与目标 2：随机转换						
13. 目标 3：						
14. 目标 4：						
15. 已达成的目标：随机转换						

续表

目标	基线 %	开始日期	达标日期	消退程序		
				维持阶段	自然环境下教学开始日期	归档日期
16. 不同环境下的技能泛化，环境 1：						
17. 不同环境下的技能泛化，环境 2：						
18. 维持阶段：在不同环境下进行评估				2W 1W M		
5 个部分组成的社会场景图						
19. 目标 1：						
20. 目标 2：						
21. 目标 1 与目标 2：随机转换						
22. 目标 3：						
23. 目标 4：						
24. 已达成的目标：随机转换						
25. 不同环境下的技能泛化，环境 1：						
26. 不同环境下的技能泛化，环境 2：						
27. 维持阶段：在不同环境下进行评估				2W 1W M		
6 个部分组成的社会场景图						
28. 目标 1：						

续表

目标	基线 %	开始日期	达标日期	消退程序		
				维持阶段	自然环境下教学开始日期	归档日期
29. 目标 2:						
30. 目标 1 与目标 2: 随机转换						
31. 目标 3:						
32. 目标 4:						
33. 目标 5:						
34. 已达成的目标: 随机转换						
35. 不同环境下的技能泛化,环境 1:						
36. 不同环境下的技能泛化,环境 2:						
37. 维持阶段: 在不同环境下进行评估				2W 1W M		

实施该任务分析的具体建议:

- 确保已教授受训者该任务分析应具备的预备技能。例如,包括物品和动作的接受性技能(见本套教程第一分册)和按照系列或序列进行排列的技能(见本套教程第二分册)。

按图搭积木

等级：□ 1 □ 2 □ 3

S^D： 展示给受训者一张搭好的积木图和一组积木，并说“搭积木”	**反应：** 受训者能够搭出图片中积木的形状
数据收集：技能习得	**目标标准：**在 2 位训练师的交叉教学中连续 3 天反应正确率达到 80% 或 80% 以上
材料：各类积木模型图片和强化物	

消退程序

维持标准：2W= 连续 4 次反应正确率 100%；1W= 连续 4 次反应正确率 100%；M= 连续 3 次反应正确率 100%	**自然环境标准：**目标行为可在自然环境下泛化到 3 种新的自然发生的活动中	**归档标准：**教学目标、维持标准和自然环境标准全部达标

目标列表

对教学目标的建议和试探结果

对教学目标的建议：金字塔，房子，小汽车，火车，字母，形状
试探结果（已掌握目标）：

目标	基线 %	开始日期	达标日期	消退程序		
				维持阶段	自然环境下教学开始日期	归档日期
1. 目标 1：						
2. 目标 2：						

续表

目标	基线 %	开始日期	达标日期	消退程序		
				维持阶段	自然环境下教学开始日期	归档日期
3. 目标 1 与目标 2：随机转换						
4. 目标 3：						
5. 目标 4：						
6. 已达成的目标：随机转换						
7. 目标 5：						
8. 目标 6：						
9. 已达成的目标：随机转换						
10. 目标 7：						
11. 目标 8：						
12. 已达成的目标：随机转换						
13. 目标 9：						
14. 目标 10：						
15. 已达成的目标：随机转换						
16. 不同环境下的技能泛化，环境 1：						

续表

目标	基线 %	开始日期	达标日期	消退程序		
				维持阶段	自然环境下教学开始日期	归档日期
17. 不同环境下的技能泛化，环境 2：						
18. 维持阶段：在不同环境下进行评估				2W 1W M		

实施该任务分析的具体建议：

- 确保已教授受训者此任务分析应具备的预备技能。例如，包括掌握本套教程第一分册和第二分册中列出的配对项目。

几何板

等级：□ 1 □ 2 □ 3

S^D： A. 说"这样做"并演示将橡皮筋放在几何板上的精细动作 B. 呈现几何板和橡皮筋，说"玩吧"	**反应：** A. 受训者会模仿动作的操作 B. 受训者会玩几何板至指定的持续时间
数据收集：S^D A：技能习得 S^D B：辅助数据（辅助次数与类型）	**目标标准：**S^D A：在 2 位训练师的交叉教学中连续 3 天反应正确率达到 80% 或 80% 以上 S^D B：在 2 位训练师的交叉教学中连续 3 天零辅助作出正确反应
材料：几何板、橡皮筋，以及各类强化物	

消退程序

维持标准：2W= 连续 4 次反应正确率 100%；1W= 连续 4 次反应正确率 100%；M= 连续 3 次反应正确率 100%	**自然环境标准：**目标行为可在自然环境下泛化到 3 种新的自然发生的活动中	**归档标准：**教学目标、维持标准和自然环境标准全部达标

目标列表

目标	% 或辅助次数与类型	开始日期	达标日期	消退程序		
				维持阶段	自然环境下教学开始日期	归档日期
正向链接式教学						
1. S^D A：目标 1：受训者拿起皮筋						
2. S^D A：目标 2：受训者用拇指和食指抓起一端橡皮筋						
3. S^D A：目标 3：受训者用拇指和食指抓住其余的橡皮筋						

续表

目标	% 或辅助次数与类型	开始日期	达标日期	消退程序		
				维持阶段	自然环境下教学开始日期	归档日期
4. S^DA：目标 4：受训者将拉伸手里的橡皮筋						
5. S^DA：目标 5：在拉伸橡皮筋时，儿童将拉伸橡皮筋一端挂在几何板上						
6. S^DA：目标 6：在拉伸橡皮筋时，儿童将橡皮筋的另一端挂在几何板上						
7. S^DA：目标 7：儿童将独立完成整个行为链						
8. S^DB：目标 8：1 分钟						
9. S^DB：目标 9：2 分钟						
10. S^DB：目标 10：3 分钟						
11. S^DB：目标 11：4 分钟						
12. S^DB：目标 12：5 分钟						
13. 不同环境下的技能泛化，环境 1：						
14. 不同环境下的技能泛化，环境 2：						
15. 维持阶段：在不同环境下进行评估				2W 1W M		

实施该任务分析的具体建议：

- 确保受训者已经掌握预备技能。例如，包括掌握物品操作类精细和粗大动作模仿，玩封闭式逻辑类玩具，以及接受一步指令（见本套教程第一分册）。

拧开 / 拧紧罐子、瓶盖、螺栓和螺母

等级：□ 1 □ 2 □ 3

S^D： A. 呈现给受训者一个罐子，然后说"打开瓶盖"或"拧紧瓶盖" B. 呈现给受训者一个螺栓，然后说"拧紧螺母"或"拧松螺母"	**反应：** A. 受训者将拧松或拧紧瓶盖 B. 受训者将拧松或拧紧螺母
数据收集：辅助数据（辅助次数与类型）	**目标标准：**在 2 位训练师的交叉教学中连续 3 天反应正确率达到 80% 或 80% 以上
材料：各种带盖的瓶子，螺母、螺栓，以及强化物	

消退程序

维持标准：2W= 连续 4 次反应正确率 100%；1W= 连续 4 次反应正确率达 100%；M= 连续 3 次反应正确率 100%	**自然环境标准：**目标行为可在自然环境下泛化到 3 种新的自然发生的活动中	**归档标准：**教学目标、维持标准和自然环境标准全部达标

目标列表

目标	基线：辅助次数与类型	开始日期	达标日期	消退程序		
				维持阶段	自然环境下教学开始日期	归档日期
总的任务分析：打开瓶盖						
1. 目标 1：受训者两手握住瓶子						
2. 目标 2：受训者把惯用手放在瓶盖上						
3. 目标 3：受训者用手旋转瓶盖						
4. 目标 4：受训者打开瓶盖						
5. 不同环境下的技能泛化，环境 1：						

续表

目标	基线：辅助次数与类型	开始日期	达标日期	消退程序		
				维持阶段	自然环境下教学开始日期	归档日期
6. 不同环境下的技能泛化，环境 2：						
7. 维持阶段：在不同环境下进行评估				2W 1W M		
总的任务分析：拧紧瓶盖						
8. 目标 1：受训者拿起瓶盖						
9. 目标 2：受训者把瓶盖放在瓶子上						
10. 目标 3：受训者把惯用手放在瓶盖上						
11. 目标 4：受训者把非惯用手放在罐子上						
12. 目标 5：受训者用惯用手顺时针旋转拧紧瓶盖						
13. 不同环境下的技能泛化，环境 1：						
14. 不同环境下的技能泛化，环境 2：						
15. 维持阶段：在不同环境下进行评估				2W 1W M		
总的任务分析：拧松螺母						
16. 目标 1：受训者用非惯用手握住螺栓						

续表

目标	基线：辅助次数与类型	开始日期	达标日期	消退程序		
				维持阶段	自然环境下教学开始日期	归档日期
17. 目标 2：受训者用惯用手抓住螺母						
18. 目标 3：受训者拧松螺母						
19. 目标 4：受训者取下螺栓						
20. 不同环境下的技能泛化，环境 1：						
21. 不同环境下的技能泛化，环境 2：						
22. 维持阶段：在不同环境下进行评估				2W 1W M		
总的任务分析：拧紧螺母						
23. 目标 1：受训者用非惯用手握住螺栓						
24. 目标 2：受训者用惯用手抓住螺母						
25. 目标 3：受训者把螺栓套在螺母上						
26. 目标 4：受训者拧紧螺母						
27. 不同环境下的技能泛化，环境 1：						
28. 不同环境下的技能泛化，环境 2：						
29. 维持阶段：在不同环境下进行评估				2W 1W M		

实施该任务分析的具体建议：

- 确保受训者已经掌握预备技能，包括掌握物品操作类精细动作模仿和接受一步指令（见本教程第一分册）。
- 这个项目的目的是使用全部任务分析教受训者如何适当使用材料。这需要受训者参与这个过程的所有步骤，对受训者不能执行的步骤，训练师提供帮助 / 辅助。训练师应该记录每一步所需辅助的次数与类型，直到所有步骤完成。
- 最好是在自然发生的时候运行 S^D A，比如午餐或零食时间。
- 放置一个玩具、零食或强化物在罐子里，增加受训者打开罐子的动力。

根据颜色和形状穿珠子

等级：□ 1 □ 2 □ 3

S^D： 向受训者展示一串珠子（包含各种颜色和形状），然后给受训者一条串珠绳和装满珠子的容器，并说“像这样穿珠”	**反应：** 受训者能照训练师给的珠串，穿出同样的一串珠子
数据收集：辅助数据（辅助次数与类型）	**目标标准：**在 2 位训练师的交叉教学中连续 3 天反应正确率达到 80% 或 80% 以上
材料：容器、各种颜色和形状的珠子，以及强化物	

消退程序

维持标准：2W= 连续 4 次反应正确率 100%；1W= 连续 4 次反应正确率达 100%；M= 连续 3 次反应正确率 100%	**自然环境标准：**目标行为可在自然环境下泛化到 3 种新的自然发生的活动中	**归档标准：**教学目标、维持标准和自然环境标准全部达标

目标列表

目标	基线：辅助次数与类型	开始日期	达标日期	消退程序		
				维持阶段	自然环境下教学开始日期	归档日期
正向链接式教学——按颜色穿珠（6 颗珠子，2 种颜色）						
1. 目标 1：受训者用惯用手握住穿珠线						
2. 目标 2：受训者用非惯用手拿起第一颗珠子						
3. 目标 3：受训者将第一颗珠子穿在线上						
4. 目标 4：受训者用非惯用手拿起第二颗珠子						
5. 目标 5：受训者将第二颗珠子穿在线上						

续表

目标	基线：辅助次数与类型	开始日期	达标日期	消退程序		
				维持阶段	自然环境下教学开始日期	归档日期
6. 目标 6：受训者用非惯用手拿起第三颗珠子						
7. 目标 7：受训者将第三颗珠子穿在线上						
8. 目标 8：受训者用非惯用手拿起第四颗珠子						
9. 目标 9：受训者将第四颗珠子穿在线上						
10. 目标 10：受训者用非惯用手拿起第五颗珠子						
11. 目标 11：受训者将第五颗珠子穿在线上						
12. 目标 12：受训者用非惯用手拿起第六颗珠子						
13. 目标 13：受训者将第六颗珠子穿在线上						
14. 不同环境下的技能泛化，环境 1：						
15. 不同环境下的技能泛化，环境 2：						
正向链接式教学——按颜色穿珠（9 颗珠子，3 种颜色）						
16. 目标 1：受训者用惯用手握住穿珠线						
17. 目标 2：受训者用非惯用手拿起第一颗珠子						
18. 目标 3：受训者将第一颗珠子穿在线上						
19. 目标 4：受训者用非惯用手拿起第二颗珠子						

续表

目标	基线：辅助次数与类型	开始日期	达标日期	消退程序		
				维持阶段	自然环境下教学开始日期	归档日期
20. 目标 5：受训者将第二颗珠子穿在线上						
21. 目标 6：受训者用非惯用手拿起第三颗珠子						
22. 目标 7：受训者将第三颗珠子穿在线上						
23. 目标 8：受训者用非惯用手拿起第四颗珠子						
24. 目标 9：受训者将第四颗珠子穿在线上						
25. 目标 10：受训者用非惯用手拿起第五颗珠子						
26. 目标 11：受训者将第五颗珠子穿在线上						
27. 目标 12：受训者用非惯用手拿起第六颗珠子						
28. 目标 13：受训者将第六颗珠子穿在线上						
29. 目标 14：受训者用非惯用手拿起第七颗珠子						
30. 目标 15：受训者将第七颗珠子穿在线上						
31. 目标 16：受训者用非惯用手拿起第八颗珠子						
32. 目标 17：受训者将第八颗珠子穿在线上						
33. 目标 18：受训者用非惯用手拿起第九颗珠子						
34. 目标 19：受训者将第九颗珠子穿在线上						

续表

目标	基线：辅助次数与类型	开始日期	达标日期	消退程序		
				维持阶段	自然环境下教学开始日期	归档日期
35. 不同环境下的技能泛化，环境 1：						
36. 不同环境下的技能泛化，环境 2：						
37. 维持阶段：在不同环境下进行评估				2W 1W M		
正向链接式教学——按形状穿珠（6 颗珠子，2 种形状）						
38. 目标 1：受训者用惯用手握住穿珠线						
39. 目标 2：受训者用非惯用手拿起第一颗珠子						
40. 目标 3：受训者将第一颗珠子穿在线上						
41. 目标 4：受训者用非惯用手拿起第二颗珠子						
42. 目标 5：受训者将第二颗珠子穿在线上						
43. 目标 6：受训者用非惯用手拿起第三颗珠子						
44. 目标 7：受训者将第三颗珠子穿在线上						
45. 目标 8：受训者用非惯用手拿起第四颗珠子						
46. 目标 9：受训者将第四颗珠子穿在线上						
47. 目标 10：受训者用非惯用手拿起第五颗珠子						
48. 目标 11：受训者将第五颗珠子穿在线上						

续表

目标	基线：辅助次数与类型	开始日期	达标日期	消退程序		
				维持阶段	自然环境下教学开始日期	归档日期
49. 目标 12：受训者用非惯用手拿起第六颗珠子						
50. 目标 13：受训者将第六颗珠子穿在线上						
51. 不同环境下的技能泛化，环境 1：						
52. 不同环境下的技能泛化，环境 2：						
正向链接式教学——按形状穿珠（9 颗珠子，3 种形状）						
53. 目标 1：受训者用惯用手握住穿珠线						
54. 目标 2：受训者用非惯用手拿起第一颗珠子						
55. 目标 3：受训者将第一颗珠子穿在线上						
56. 目标 4：受训者用非惯用手拿起第二颗珠子						
57. 目标 5：受训者将第二颗珠子穿在线上						
58. 目标 6：受训者用非惯用手拿起第三颗珠子						
59. 目标 7：受训者将第三颗珠子穿在线上						
60. 目标 8：受训者用非惯用手拿起第四颗珠子						
61. 目标 9：受训者将第四颗珠子穿在线上						
62. 目标 10：受训者用非惯用手拿起第五颗珠子						

续表

目标	基线：辅助次数与类型	开始日期	达标日期	消退程序		
				维持阶段	自然环境下教学开始日期	归档日期
63. 目标 11：受训者将第五颗珠子穿在线上						
64. 目标 12：受训者用非惯用手拿起第六颗珠子						
65. 目标 13：受训者将第六颗珠子穿在线上						
66. 目标 14：受训者用非惯用手拿起第七颗珠子						
67. 目标 15：受训者将第七颗珠子穿在线上						
68. 目标 16：受训者用非惯用手拿起第八颗珠子						
69. 目标 17：受训者将第八颗珠子穿在线上						
70. 目标 18：受训者用非惯用手拿起第九颗珠子						
71. 目标 19：受训者将第九颗珠子穿在线上						
72. 不同环境下的技能泛化，环境 1：						
73. 不同环境下的技能泛化，环境 2：						
74. 维持阶段：在不同环境下进行评估				2W 1W M		

实施该任务分析的具体建议：

- 确保受训者已经掌握预备技能，例如，包括掌握物品操作类精细动作模仿、根据颜色给物品分类和根据大小给物品分类（见本教程第一分册）。
- 这项任务的目的是使用正向链接法教受训者如何穿珠子，该任务分析按穿珠的顺序进行教授。收集每个目标步骤的数据；剩下的所有步骤应该按照辅助使用最少至最多的顺序来进行辅助。

第 11 章

接受性语言技能的任务分析

- 抽象概念：最喜欢的
- 抽象概念：真实与虚构
- 抽象概念：昨天、今天和明天
- 区分左和右
- 接受多步指令
- 接受含否定的多步指令
- 将来时态
- 接受指令：关注和记忆任务
- 接受指令：条件从句
- 接受三步指令
- 根据动作辨别社会服务人员
- 辨别复杂的类别
- 辨别复杂的情绪
- 辨别各种材料构成
- 根据描述识别物品
- 根据描述识别地点

抽象概念：最喜欢的

等级：□ 1 □ 2 □ 3

S^D： 给受训者一叠具有高度强化和没有强化作用的图片。说“分类你喜欢的……”（例如，食物、颜色、电影、玩具）	**反应：** 受训者会把图片归类到正确的位置（即喜欢或不喜欢）
数据收集：辅助数据（辅助次数与类型）	**目标标准：**在 2 位训练师的交叉教学中连续 3 天零辅助作出正确反应
材料：喜欢的和不喜欢的事物的图片和强化物（图片可于附赠的 DVD 中获取）	

消退程序

维持标准：2W= 连续 4 次零辅助完成技能；1W= 连续 4 次零辅助完成技能；M= 连续 3 次零辅助完成技能	**自然环境标准：**目标行为可在自然环境下泛化到 3 种新的自然发生的活动中	**归档标准：**教学目标、维持标准和自然环境标准全部达标

目标列表

对教学目标的建议和试探结果

对教学目标的建议：食物，颜色，电影，电视节目，运动，节日，数字，超级英雄 / 角色，饮料，玩具
试探结果（已掌握目标）：

目标	基线：辅助次数与类型	开始日期	达标日期	消退程序		
				维持阶段	自然环境下教学开始日期	归档日期
1. 目标 1：（3 张图片一组，分类喜欢的 / 不喜欢的）						

续表

目标	基线：辅助次数与类型	开始日期	达标日期	消退程序		
				维持阶段	自然环境下教学开始日期	归档日期
2. 目标 2:（3 张不同的图片一组，分类喜欢的 / 不喜欢的）						
3. 已达成的目标：随机转换						
4. 目标 3:（5 张图片一组，分类喜欢的 / 不喜欢的）						
5. 目标 4:（5 张不同的图片一组，分类喜欢的 / 不喜欢的）						
6. 已达成的目标：随机转换						
7. 目标 5:（10 张图片一组，分类喜欢的 / 不喜欢的）						
8. 目标 6:（10 张不同的图片一组，分类喜欢的 / 不喜欢的）						
9. 已达成的目标：随机转换						
10. 不同环境下的技能泛化，环境 1：						
11. 不同环境下的技能泛化，环境 2：						
12. 维持阶段：在不同环境下进行评估				2W 1W M		

实施该任务分析的具体建议：

- 确保受训者已经学会了相关准备技能。例如，适用于“抽象概念：最喜欢的”的准备技能包括：掌握 ABA 系列教程中概念理解的相关课程，理解类别的概念（见本教程第二分册）以及根据类别分类（见本教程第一分册）。
- 在受训者分类的过程中，每个新目标项应给出一个新的类别。
- 对具有较高水平或者能够阅读的受训者，训练师可以用带有文字的闪卡代替图片。

抽象概念：真实与虚构

等级：□ 1 □ 2 □ 3

S^D： 给受训者提供一些真实物品的图片，以及虚构的人物、动物、地点和物品。并说“把真的和假的进行分类”	**反应：** 受训者把给出的图片或词语归类到正确的位置（即真实或虚构的分类）
数据收集：辅助数据（辅助次数与类型）	**目标标准：**在 2 位训练师的交叉教学中连续 3 天零辅助作出正确反应
材料：真实与虚构的人物、动物、地点和物品的图片，强化物（图片可于附赠的 DVD 中获取）	

消退程序

维持标准：2W= 连续 4 次零辅助完成技能；1W= 连续 4 次零辅助完成技能；M= 连续 3 次零辅助完成技能	**自然环境标准：**目标行为可在自然环境下泛化到 3 种新的自然发生的活动中	**归档标准：**教学目标、维持标准和自然环境标准全部达标

目标列表

对教学目标的建议和试探结果

对教学目标的建议：人物：真实的：爸爸，妈妈，医生；虚构的：蝙蝠侠，海绵宝宝，芭比娃娃。动物：真实的：老鼠，鸭子，猫；虚构的：米妮，唐老鸭，加菲猫。地点：真实的：红杉森林，纽约，中央大街；虚构的：舍伍德森林，梦幻岛，芝麻街。物品：真实的：篮球，手电筒，宇宙飞船；虚构的：水晶球，神灯，魔毯。［译者注：此为原著内容，训练者可参考或自行确定合适的目标］

试探结果（已掌握目标）：

目标	基线：辅助次数与类型	开始日期	达标日期	消退程序：维持阶段	消退程序：自然环境下教学开始日期	消退程序：归档日期
1. 目标 1：3 张真实或虚构的人物图片一组进行分类						

续表

目标	基线：辅助次数与类型	开始日期	达标日期	消退程序		
				维持阶段	自然环境下教学开始日期	归档日期
2. 目标 2：3 张真实或虚构的动物图片一组进行分类						
3. 已达成的目标：随机转换						
4. 目标 3：3 张真实或虚构的地点图片一组进行分类						
5. 目标 4：3 张真实或虚构的物品图片一组进行分类						
6. 已达成的目标：随机转换						
7. 目标 5：5 张真实或虚构的人物图片一组进行分类						
8. 目标：6：5 张真实或虚构的动物图片一组进行分类						
9. 已达成的目标：随机转换						
10. 目标 7：5 张真实或虚构的地点图片一组进行分类						
11. 目标 8：5 张真实或虚构的物品图片一组进行分类						
12. 已达成的目标：随机转换						

目标	基线：辅助次数与类型	开始日期	达标日期	消退程序		
				维持阶段	自然环境下教学开始日期	归档日期
13. 目标 9：10 张真实或虚构的人物图片一组进行分类						
14. 目标 10：10 张真实或虚构的动物图片一组进行分类						
15. 已达成的目标：随机转换						
16. 目标 11：10 张真实或虚构的地点图片一组进行分类						
17. 目标 12：10 张真实或虚构的物品图片一组进行分类						
18. 已达成的目标：随机转换						
19. 不同环境下的技能泛化，环境 1：						
20. 不同环境下的技能泛化，环境 2：						
21. 维持阶段：在不同环境下进行评估				2W 1W M		

实施该任务分析的具体建议：

- 确保受训者已经学会了相关的准备技能。例如，“抽象概念：真实与虚构”的准备技能包括：掌握人物、动物、地点和物品的理解与表达，根据类别分类（见本教程第一分册）
- 在进行此任务分析之前，要教授给受训者真实与虚构的恰当的定义。定义应包含下列内容：真实的事物具有存在性，我们可以通过视觉、听觉、感觉、味觉、触觉感受到它们。虚构的事物是魔幻的、虚假的且永远不会实现的。

抽象概念：昨天、今天和明天

等级：□ 1 □ 2 □ 3

S^D： 提供写有事件的图片，包含受训者已经参与的和将要参与的活动。说“区分你已经做的、正在做的和将要做的事情［昨天 / 今天 / 明天］”	**反应：** 受训者要把选择的图片放入正确的位置
数据收集：辅助数据（辅助次数与类型）	**目标标准：**在 2 位训练师的交叉教学中连续 3 天零辅助作出正确反应
材料：活动的图片或书面描述的活动，标有昨天、今天、明天的图表，以及强化物。备选材料：日程表	

消退程序

维持标准：2W= 连续 4 次反应正确率 100%；1W= 连续 4 次反应正确率 100%；M= 连续 3 次反应正确率 100%	**自然环境标准：**目标行为可在自然环境下泛化到 3 种新的自然发生的活动中	**归档标准：**教学目标、维持标准和自然环境标准全部达标

目标列表

对教学目标的建议和试探结果

对教学目标的建议：活动：打棒球，游泳，上舞蹈课，和家庭成员共进午餐，去动物园，看（电影），（朋友）来访，骑单车，玩（玩具），完成（活动）
试探结果（已掌握目标）：

目标	基线：辅助次数与类型	开始日期	达标日期	消退程序		
				维持阶段	自然环境下教学开始日期	归档日期
1. 目标 1（分类出今天的活动，2 个选项 / 1 个目标项和尽可能少的干扰项）：						

续表

目标	基线：辅助次数与类型	开始日期	达标日期	消退程序		
				维持阶段	自然环境下教学开始日期	归档日期
2. 目标 2（分类出今天的活动，2 个选项 / 1 个目标项和尽可能多的干扰项）：						
3. 目标 3（分类出昨天的活动，2 个选项 / 1 个目标项和尽可能少的干扰项）：						
4. 目标 4（分类出昨天的活动，2 个选项 / 1 个目标项和尽可能多的干扰项）：						
5. 已达成的目标：随机转换						
6. 目标 6（分类出明天的活动，2 个选项 / 1 个目标项和尽可能少的干扰项）：						
7. 目标 7（分类出明天的活动，2 个选项 / 1 个目标项和尽可能多的干扰项）：						
8. 已达成的目标：随机转换						
9. 不同环境下的技能泛化，环境 1：						
10. 不同环境下的技能泛化，环境 2：						
11. 维持阶段：在不同环境下进行评估				2W 1W M		

实施该任务分析的具体建议：

- 确保受训者已经学会了相关准备技能。例如，适用于“抽象概念：昨天、今天和明天”的准备技能包括：掌握本套教程第一分册中分类任务课程和第二分册书中的概念理解任务课程。
- 受训者需要在每个类别中至少分类 2 个活动。
- 如果受训者很难掌握这个概念，你应设法把难度降为 1 个类别，然后逐渐扩展到 2 个类别。

区分左和右

等级：□ 1 □ 2 □ 3

S^D： “触摸你的……”“展示你的……”或“指出……”等	**反应：** 受训者能够触摸、展示或指出正确的一边（左 / 右）
数据收集：技能习得	**目标标准：**在 2 位训练师的交叉教学中连续 3 天反应正确率达到 80% 或 80% 以上
材料：多样化的物品和强化物	

消退程序

维持标准：2W= 连续 4 次反应正确率 100%；1W= 连续 4 次反应正确率 100%；M= 连续 3 次反应正确率 100%	**自然环境标准：**目标行为可在自然环境下泛化到 3 种新的自然发生的活动中	**归档标准：**教学目标、维持标准和自然环境标准全部达标

目标列表

对教学目标的建议和试探结果

对教学目标的建议：展示你的左 / 右手，左 / 右脚，左 / 右腿，左 / 右眼，左 / 右手肘，左 / 右肩膀，左 / 右膝盖；在你的左 / 右边展示给出的物品
试探结果（已掌握目标）：

目标	基线 %	开始日期	达标日期	消退程序		
				维持阶段	自然环境下教学开始日期	归档日期
1. 目标 1：						
2. 目标 2：						

续表

目标	基线 %	开始日期	达标日期	消退程序		
				维持阶段	自然环境下教学开始日期	归档日期
3. 目标 1 和 2：随机转换						
4. 目标 3：						
5. 目标 4：						
6. 已达成的目标：随机转换						
7. 目标 5：						
8. 目标 6：						
9. 已达成的目标：随机转换						
10. 目标 7：						
11. 目标 8：						
12. 已达成的目标：随机转换						
13. 目标 9：						
14. 目标 10：						
15. 已达成的目标：随机转换						
16. 不同环境下的技能泛化，环境 1：						

续表

目标	基线 %	开始日期	达标日期	消退程序		
				维持阶段	自然环境下教学开始日期	归档日期
17. 不同环境下的技能泛化，环境 2：						
18. 维持阶段：在不同环境下进行评估				2W 1W M		

实施该任务分析的具体建议：

- 确保受训者已经学会了相关准备技能。例如，适用于“区分左和右”的准备技能包括：掌握识别身体各部位课程，识别环境中的 / 功能性的 / 休闲物品的相关课程（见本套教程第一分册），以及代词（我的 / 你的）课程（见本套教程第二分册）。

接受多步指令

等级：□ 1 □ 2 □ 3

S^D： 向受训者发出一条三步口头指令（例如，"拿上你的书包，取出蓝色的平板电脑，然后坐在座位上"）	**反应：** 受训者能够遵循指令
数据收集：技能习得	**目标标准：**在 2 位训练师的交叉教学中连续 3 天反应正确率达到 80% 或 80% 以上
材料：强化物	

消退程序

维持标准：2W= 连续 4 次反应正确率 100%；1W= 连续 4 次反应正确率 100%；M= 连续 3 次反应正确率 100%	**自然环境标准：**目标行为可泛化到 3 种新的自然发生的活动中	**归档标准：**教学目标、维持标准和自然环境标准全部达标

目标列表

对教学目标的建议和试探结果

对教学目标的建议：依次触摸圆形、正方形、三角形；首先触摸木椅，第二触摸枕头，最后触摸电脑；依次指出窗户、门、天花板；先用一只脚跳、再用另一只脚跳，然后拍手；点头、拍腿、跺脚；拿上你的书包，取出蓝色的平板电脑，然后坐在座位上；打开抽屉，拿出胶带，然后把这幅画粘到墙上；等等
试探结果（已掌握目标）：

目标	基线 %	开始日期	达标日期	消退程序		
				维持阶段	自然环境下教学开始日期	归档日期
1. 目标 1：						

续表

目标	基线 %	开始日期	达标日期	消退程序		
				维持阶段	自然环境下教学开始日期	归档日期
2. 目标 2：						
3. 目标 1 和 2：随机转换						
4. 目标 3：						
5. 目标 4：						
6. 已达成的目标：随机转换						
7. 目标 5：						
8. 目标 6：						
9. 已达成的目标：随机转换						
10. 目标 7：						
11. 目标 8：						
12. 已达成的目标：随机转换						
13. 目标 9：						
14. 目标 10：						
15. 已达成的目标：随机转换						

续表

目标	基线 %	开始日期	达标日期	消退程序		
				维持阶段	自然环境下教学开始日期	归档日期
16. 不同环境下的技能泛化，环境 1：						
17. 不同环境下的技能泛化，环境 2：						
18. 维持阶段：在不同环境下进行评估				2W 1W M		

实施该任务分析的具体建议：

- 确保受训者已经学会了相关准备技能。例如，适用于“接受多步指令”的准备技能包括：掌握本套教程第一分册中的接受一步指令课程，第二分册中的接受两步指令课程以及本分册中的接受指令：条件从句。
- 为保证辨别性刺激指令的新颖性，训练师应根据指令适当调整自己的动作，这样做是为了确保辨别性刺激指令发出前，保证受训者不会预知下一步指令和答案。

接受含否定的多步指令

等级：□ 1 □ 2 □ 3

S^D： 向受训者发出一条多步骤含否定的口头指令（例如，"触摸椅子然后触摸桌子，但是不要触摸亮灯的桌子"）	**反应：** 受训者能够遵循指令
数据收集：技能习得	**目标标准：**在 2 位训练师的交叉教学中连续 3 天反应正确率达到 80% 或 80% 以上
材料：强化物	

消退程序

维持标准：2W= 连续 4 次反应正确率 100%；1W= 连续 4 次反应正确率 100%；M= 连续 3 次反应正确率 100%	**自然环境标准：**目标行为可在自然环境下泛化到 3 种新的自然发生的活动中	**归档标准：**教学目标、维持标准和自然环境标准全部达标

目标列表

对教学目标的建议和试探结果

对教学目标的建议：触摸桌子，然后触摸没有人坐的椅子；触摸椅子然后触摸桌子，但是如果灯亮着就不要触摸桌子；如果我穿着黑色衬衫就不要高呼万岁，除此之外都要高呼万岁；触摸桌子然后触摸没有关闭的台灯；如果窗户是关闭的就举起手来并且挥动手臂，否则就跺脚
试探结果（已掌握目标）：

目标	基线 %	开始日期	达标日期	消退程序		
				维持阶段	自然环境下教学开始日期	归档日期
1. 目标 1：						

续表

目标	基线 %	开始日期	达标日期	消退程序		
				维持阶段	自然环境下教学开始日期	归档日期
2. 目标 2：						
3. 目标 1 和 2：随机转换						
4. 目标 3：						
5. 目标 4：						
6. 已达成的目标：随机转换						
7. 目标 5：						
8. 目标 6：						
9. 已达成的目标：随机转换						
10. 目标 7：						
11. 目标 8：						
12. 已达成的目标：随机转换						
13. 目标 9：						
14. 目标 10：						
15. 已达成的目标：随机转换						

续表

目标	基线 %	开始日期	达标日期	消退程序		
				维持阶段	自然环境下教学开始日期	归档日期
16. 不同环境下的技能泛化，环境 1：						
17. 不同环境下的技能泛化，环境 2：						
18. 维持阶段：在不同环境下进行评估				2W 1W M		

实施该任务分析的具体建议：

- 确保受训者已经学会了相关准备技能。例如，适用于“接受含否定的多步指令”的准备技能包括：掌握本套教程第一分册中的接受一步指令课程，第二分册中的接受两步指令课程以及本分册中的接受指令：条件从句和接受多步指令。
- 为了保证辨别性刺激指令的新颖性，训练师应根据指令适当调整自己的动作，这样做是为了确保辨别性刺激指令发出前，保证受训者不会预知下一步指令并预先做出反应。

将来时态

等级：□ 1 □ 2 □ 3

S^D： 向受训者呈现一组相同动作的 3 张图片，分别包括现在、过去和将来时态。并说“触摸［将来时态］的那个人”（例如，分别呈现一张某人正在喝饮料的图片，一张某人喝过饮料的图片，一张将要去喝饮料的图片；并说“摸一下将要去喝饮料的那个人的图片”）	**反应：** 受训者能够选出代表将来时态的图片
数据收集：技能习得	**目标标准：**在 2 位训练师的交叉教学中连续 3 天反应正确率达到 80% 或 80% 以上
材料：从事相同动作的人物的图片卡和强化物（图片可于附赠的 DVD 中获取）	

消退程序

维持标准：2W= 连续 4 次反应正确率 100%；1W= 连续 4 次反应正确率达 100%；M= 连续 3 次反应正确率 100%	**自然环境标准：**目标行为可在自然环境下泛化到 3 种新的自然发生的活动中	**归档标准：**教学目标、维持标准和自然环境标准全部达标

目标列表

对教学目标的建议和试探结果

对教学目标的建议：将要去：喝饮料，骑车，写字，吃饭，做……，潜水，游戏，睡觉，工作，切割
试探结果（已掌握目标）：

目标	基线 %	开始日期	达标日期	消退程序		
				维持阶段	自然环境下教学开始日期	归档日期
1. 目标 1（FO3/ 目标项和 2 个干扰项）：						
2. 目标 2（FO3/ 目标项和 2 个干扰项）：						

续表

目标	基线 %	开始日期	达标日期	消退程序		
				维持阶段	自然环境下教学开始日期	归档日期
3. 目标 1 和 2：随机转换						
4. 目标 3（FO3/ 目标项和 2 个干扰项）：						
5. 目标 4（FO3/ 目标项和 2 个干扰项）：						
6. 已达成的目标：随机转换						
7. 目标 5（FO3/ 目标项和 2 个干扰项）：						
8. 目标 6（FO3/ 目标项和 2 个干扰项）：						
9. 已达成的目标：随机转换						
10. 目标 7（FO3/ 目标项和 2 个干扰项）：						
11. 目标 8（FO3/ 目标项和两个干扰项）：						
12. 已达成的目标：随机转换						
13. 目标 9（FO3/ 目标项和 2 个干扰项）：						
14. 目标 10（FO3/ 目标项和 2 个干扰项）：						
15. 已达成的目标：随机转换						
16. 不同环境下的技能泛化，环境 1：						
17. 不同环境下的技能泛化，环境 2：						
18. 维持阶段：在不同环境下进行评估				2W 1W M		

接受指令：关注和记忆任务

等级：□ 1 □ 2 □ 3

S^D： 向受训者发出一条两步口头指令，要求受训者离开教学区域（例如，“去你的卧室拿到你的鞋子”）	**反应：** 受训者能够遵循指令
数据收集：技能习得	**目标标准：**在 2 位训练师的交叉教学中连续 3 天反应正确率达到 80% 或 80% 以上
材料：熟悉的物品和强化物	

消退程序

维持标准：2W= 连续 4 次反应正确率 100%；1W= 连续 4 次反应正确率 100%；M= 连续 3 次反应正确率 100%	**自然环境标准：**目标行为可在自然环境下泛化到 3 种新的自然发生的活动中	**归档标准：**教学目标、维持标准和自然环境标准全部达标

目标列表

对教学目标的建议和试探结果

对教学目标的建议：去（房间或学校区域）拿到……；寻找（某人）给他 / 她这个……；拿出你的书包找到你的……；去外边找一个……；步行到走廊的尽头拿……；去壁橱拿……；定时去外面，去拿你的鞋子和外套
试探结果（已掌握目标）：

目标	基线 %	开始日期	达标日期	消退程序		
				维持阶段	自然环境下教学开始日期	归档日期
1. 目标 1：						

续表

目标	基线 %	开始日期	达标日期	消退程序		
				维持阶段	自然环境下教学开始日期	归档日期
2. 目标 2：						
3. 已达成的目标：随机转换						
4. 目标 3：						
5. 目标 4：						
6. 已达成的目标：随机转换						
7. 目标 5：						
8. 目标 6：						
9. 已达成的目标：随机转换						
10. 目标 7：						
11. 目标 8：						
12. 已达成的目标：随机转换						
13. 目标 9：						
14. 目标 10：						
15. 已达成的目标：随机转换						

续表

目标	基线 %	开始日期	达标日期	消退程序		
				维持阶段	自然环境下教学开始日期	归档日期
16. 不同环境下的技能泛化，环境 1：						
17. 不同环境下的技能泛化，环境 2：						
18. 维持阶段：在不同环境下进行评估				2W 1W M		

实施该任务分析的具体建议：

- 确保受训者已经学会了相关准备技能。例如，适用于“接受指令：关注和记忆任务”的准备技能包括：掌握接受一步指令，理解熟悉的人物、功能性物品、地点、学校设施和物品（见本套教程第一分册）。此外，受训者需掌握“接受两步指令”课程（见本套教程第二分册）。

接受指令：条件从句

等级：□ 1 □ 2 □ 3

S^D： 向受训者发出一条含有条件从句的指令（例如，“如果你穿着短裤，请起立”）	**反应：** 受训者能够接受带有如果的条件从句指令
数据收集：技能习得	**目标标准：**在 2 位训练师的交叉教学中连续 3 天反应正确率达到 80% 或 80% 以上
材料：强化物	

消退程序

维持标准：2W= 连续 4 次反应正确率 100%；1W= 连续 4 次反应正确率 100%；M= 连续 3 次反应正确率 100%	**自然环境标准：**目标行为可在自然环境下泛化到 3 种新的自然发生的活动中	**归档标准：**教学目标、维持标准和自然环境标准全部达标

目标列表

对教学目标的建议和试探结果

对教学目标的建议：如果你穿着短裤，请起立；如果你喜欢……，请拍手；如果你的名字是……，请指着天花板；如果你在……的房间里，请举手；如果你穿着袜子，请跺脚；如果你有一个哥哥，请跳一跳；如果你穿着（色彩鲜艳）的衣服，请原地转一圈；如果你今天吃了早餐，请摸一下你的脚趾；如果你的头发是棕色的，请轻拍桌子；如果你有牙齿，请做一个飞吻的动作
试探结果（已掌握目标）：

目标	基线 %	开始日期	达标日期	消退程序		
				维持阶段	自然环境下教学开始日期	归档日期
1. 目标 1：						

续表

目标	基线 %	开始日期	达标日期	消退程序		
				维持阶段	自然环境下教学开始日期	归档日期
2. 目标 2：						
3. 目标 1 和 2：随机转换						
4. 目标 3：						
5. 目标 4：						
6. 已达成的目标：随机转换						
7. 目标 5：						
8. 目标 6：						
9. 已达成的目标：随机转换						
10. 目标 7：						
11. 目标 8：						
12. 已达成的目标：随机转换						
13. 目标 9：						
14. 目标 10：						
15. 已达成的目标：随机转换						

续表

目标	基线 %	开始日期	达标日期	消退程序		
				维持阶段	自然环境下教学开始日期	归档日期
16. 不同环境下的技能泛化，环境 1：						
17. 不同环境下的技能泛化，环境 2：						
18. 维持阶段：在不同环境下进行评估				2W 1W M		

实施该任务分析的具体建议：

- 确保受训者已经学会了相关准备技能。例如，适用于“接受指令：条件从句”的准备技能包括：接受一步指令课程，理解功能性物品、衣物、颜色、身体部位和动作的相关概念（见本套教程第一分册）。另外，受训者还应该掌握接受两步指令课程（见本教程第二分册）。
- 为了保证辨别性刺激指令的新颖性，训练师应根据条件从句适当调整自己的动作，这样做是为了确保辨别性刺激指令发出之前，保证受训者不会预知下一步指令并预先做出反应。
- 当执行此项目时，把不同的反应作为设定从句的目标（达到标准并完成动作，以及与其相对的）。

接受三步指令

等级：□ 1 □ 2 □ 3

S^D： 向受训者发出一条三步口头指令（例如，“拍手，摸头和转身”）	**反应：** 受训者能够按顺序遵循指令
数据收集：技能习得	**目标标准：**在 2 位训练师的交叉教学中连续 3 天反应正确率达到 80% 或 80% 以上
材料：强化物	

消退程序

维持标准：2W= 连续 4 次反应正确率 100%；1W= 连续 4 次反应正确率 100%；M= 连续 3 次反应正确率 100%	**自然环境标准：**目标行为可在自然环境下泛化到 3 种新的自然发生的活动中	**归档标准：**教学目标、维持标准和自然环境标准全部达标

目标列表

对教学目标的建议和试探结果

对教学目标的建议：摸你的鼻子、眼睛和耳朵；把小汽车、卡车和婴儿图片给我；指出……，……，还有……；把……、……和……放到架子上；捡起……、……和……；走进……房间，拿上……然后把它交给我；拿上……，把它带去给妈妈然后回来；上楼拿上你的袜子、鞋子和夹克；去（某人的）房间拿……和……
试探结果（已掌握目标）：

目标	基线 %	开始日期	达标日期	消退程序		
				维持阶段	自然环境下教学开始日期	归档日期
1. 目标 1：						

续表

目标	基线 %	开始日期	达标日期	消退程序		
				维持阶段	自然环境下教学开始日期	归档日期
2. 目标 2：						
3. 目标 1 和 2：随机转换						
4. 目标 3：						
5. 目标 4：						
6. 已达成的目标：随机转换						
7. 目标 5：						
8. 目标 6：						
9. 已达成的目标：随机转换						
10. 目标 7：						
11. 目标 8：						
12. 已达成的目标：随机转换						
13. 目标 9：						
14. 目标 10：						
15. 已达成的目标：随机转换						

续表

目标	基线 %	开始日期	达标日期	消退程序		
				维持阶段	自然环境下教学 开始日期	归档日期
16. 不同环境下的技能泛化，环境 1：						
17. 不同环境下的技能泛化，环境 2：						
18. 维持阶段：在不同环境下进行评估				2W 1W M		

实施该任务分析的具体建议：

- 确保受训者已经学会了相关准备技能。例如，适用于“接受三步指令”的准备技能包括：掌握 接受一步指令课程，理解功能性物品、衣物、身体部位和动作的相关概念（见本套教程第一分册）。此外，受训者需掌握接受两步指令以及理解房间及房间中的各项物品的概念课程（见本套教程第二分册）。

根据动作辨别社会服务人员

等级：□ 1 □ 2 □ 3

S^D： 向受训者呈现 1 张、2 张或 3 张为一组的社会服务人员图片。并说“触摸（在进行某工作）的那些人”或“指出（在进行某工作）的那些人”（例如，触摸在听心跳的那些人的图片）	**反应：** 受训者能够触摸或指出在进行某工作的社会服务人员的图片
数据收集：技能习得	**目标标准：**在 2 位训练师的交叉教学中连续 3 天反应正确率达到 80% 或 80% 以上
材料：社会服务人员的图片和强化物（图片可于附赠的 DVD 中获取）	

消退程序

维持标准：2W= 连续 4 次反应正确率 100%；1W= 连续 4 次反应正确率 100%；M= 连续 3 次反应正确率 100%	**自然环境标准：**目标行为可在自然环境下泛化到 3 种新的自然发生的活动中	**归档标准：**教学目标、维持标准和自然环境标准全部达标

目标列表

对教学目标的建议和试探结果

对教学目标的建议：医生（听心跳），老师（传授新事物），飞行员（驾驶飞机），消防员（灭火），牙医（清洁牙齿），警察（维持治安），邮递员（发送邮件），护士（协助医生），图书管理员（帮忙找书），宇航员（月球漫步），农民（在园子里种粮食）
试探结果（已掌握目标）：

目标	基线 %	开始日期	达标日期	消退程序		
				维持阶段	自然环境下教学开始日期	归档日期
1. 目标 1（独立项）：						

续表

目标	基线 %	开始日期	达标日期	消退程序		
				维持阶段	自然环境下教学 开始日期	归档日期
2. 目标 1（FO2/ 目标项和 1 个干扰项）:						
3. 目标 1（FO3/ 目标项和 2 个干扰项）:						
4. 目标 2（独立项）:						
5. 目标 2（FO2/ 目标项和 1 个干扰项）:						
6. 目标 2（FO3/ 目标项和 2 个干扰项）:						
7. 目标 1 和目标 2：随机转换						
8. 目标 3（独立项）:						
9. 目标 3（FO2/ 目标项和 1 个干扰项）:						
10. 目标 3（FO3/ 目标项和 2 个干扰项）:						
11. 目标 4（独立项）:						
12. 目标 4（FO2/ 目标项和 1 个干扰项）:						
13. 目标 4（FO3/ 目标项和 2 个干扰项）:						
14. 已达成的目标：随机转换						
15. 目标 5（独立项）:						

续表

目标	基线 %	开始日期	达标日期	消退程序		
				维持阶段	自然环境下教学开始日期	归档日期
16. 目标 5（FO2/ 目标项和 1 个干扰项）：						
17. 目标 5（FO3/ 目标项和 2 个干扰项）：						
18. 目标 6（独立项）：						
19. 目标 6（FO2/ 目标项和 1 个干扰项）：						
20. 目标 6（FO3/ 目标项和 2 个干扰项）：						
21. 已达成的目标：随机转换						
22. 目标 7（独立项）：						
23. 目标 7（FO2/ 目标项和 1 个干扰项）：						
24. 目标 7（FO3/ 目标项和 2 个干扰项）：						
25. 目标 8（独立项）：						
26. 目标 8（FO2/ 目标项和 1 个干扰项）：						
27. 目标 8（FO3/ 目标项和 2 个干扰项）：						
28. 已达成的目标：随机转换						
29. 目标 9（独立项）：						

续表

目标	基线 %	开始日期	达标日期	消退程序		
				维持阶段	自然环境下教学开始日期	归档日期
30. 目标 9（FO2/ 目标项和 1 个干扰项）:						
31. 目标 9（FO3/ 目标项和 2 个干扰项）:						
32. 目标 10（独立项）:						
33. 目标 10（FO2/ 目标项和 1 个干扰项）:						
34. 目标 10（FO3/ 目标项和 2 个干扰项）:						
35. 已达成的目标：随机转换						
36. 不同环境下的技能泛化，环境 1：						
37. 不同环境下的技能泛化，环境 2：						
38. 维持阶段：在不同环境下进行评估				2W 1W M		

实施该任务分析的具体建议：

- 确保受训者已经学会了相关准备技能。例如，适用于“根据动作辨别社会服务人员”的准备技能包括：关于社会服务人员的接受性和表达性语言技能（见本教程第一、第二分册），理解与命名动作等课程（见本教程第一分册）。

辨别复杂的类别

等级：□ 1 □ 2 □ 3

S^D： 向受训者呈现 1、2 或 3 张为一组图片并说“触摸……”或“指出……”（例如，“摸一摸养在农场的动物”或“指出你夏天穿的衣服”）	**反应：** 受训者能够从复杂的类别中触摸或指出图片
数据收集：技能习得	**目标标准：**在 2 位训练师的交叉教学中连续 3 天反应正确率达到 80% 或 80% 以上
材料：图片和强化物（图片可于附赠的 DVD 中获取）	

消退程序

维持标准：2W= 连续 4 次反应正确率 100%；1W= 连续 4 次反应正确率 100%；M= 连续 3 次反应正确率 100%	**自然环境标准：**目标行为可在自然环境下泛化到 3 种新的自然发生的活动中	**归档标准：**教学目标、维持标准和自然环境标准全部达标

目标列表

对教学目标的建议和试探结果

对教学目标的建议：生活在农场上的动物，栖息在海洋中的动物，早餐吃的食物，晚餐吃的食物，卧室里的家具，度假的地方，甜点的品种，冰淇淋的口味，行驶在路上的交通工具，不在路上行驶的交通工具
试探结果（已掌握目标）：

目标	基线 %	开始日期	达标日期	消退程序		
				维持阶段	自然环境下教学开始日期	归档日期
1. 目标 1（独立项）：						

续表

目标	基线 %	开始日期	达标日期	消退程序		
				维持阶段	自然环境下教学开始日期	归档日期
2. 目标 1（FO2/ 目标项和 1 个干扰项）:						
3. 目标 1（FO3/ 目标项和 2 个干扰项）:						
4. 目标 2（独立项）:						
5. 目标 2（FO2/ 目标项和 1 个干扰项）:						
6. 目标 2（FO3/ 目标项和 2 个干扰项）:						
7. 目标 1 和目标 2：随机转换						
8. 目标 3（独立项）:						
9. 目标 3（FO2/ 目标项和 1 个干扰项）:						
10. 目标 3（FO3/ 目标项和 2 个干扰项）:						
11. 目标 4（独立项）:						
12. 目标 4（FO2/ 目标项和 1 个干扰项）:						
13. 目标 4（FO3/ 目标项和 2 个干扰项）:						
14. 已达成的目标：随机转换						
15. 目标 5（独立项）:						

续表

目标	基线 %	开始日期	达标日期	消退程序		
				维持阶段	自然环境下教学开始日期	归档日期
16. 目标 5（FO2/ 目标项和 1 个干扰项）:						
17. 目标 5（FO3/ 目标项和 2 个干扰项）:						
18. 目标 6（独立项）:						
19. 目标 6（FO2/ 目标项和 1 个干扰项）:						
20. 目标 6（FO3/ 目标项和 2 个干扰项）:						
21. 已达成的目标：随机转换						
22. 目标 7（独立项）:						
23. 目标 7（FO2/ 目标项和 1 个干扰项）:						
24. 目标 7（FO3/ 目标项和 2 个干扰项）:						
25. 目标 8（独立项）:						
26. 目标 8（FO2/ 目标项和 1 个干扰项）:						
27. 目标 8（FO3/ 目标项和 2 个干扰项）:						
28. 已达成的目标：随机转换						
29. 目标 9（独立项）:						

续表

目标	基线 %	开始日期	达标日期	消退程序		
				维持阶段	自然环境下教学 开始日期	归档日期
30. 目标 9（FO2/ 目标项和 1 个干扰项）：						
31. 目标 9（FO3/ 目标项和 2 个干扰项）：						
32. 目标 10（独立项）：						
33. 目标 10（FO2/ 目标项和 1 个干扰项）：						
34. 目标 10（FO3/ 目标项和 2 个干扰项）：						
35. 已达成的目标：随机转换						
36. 不同环境下的技能泛化，环境 1：						
37. 不同环境下的技能泛化，环境 2：						
38. 维持阶段：在不同环境下进行评估				2W 1W M		

实施该任务分析的具体建议：

- 确保受训者已经学会了相关准备技能。例如，适用于“辨别复杂的类别”的准备技能包括：理解物品、动物、食物、饮料的概念（见本套教程第一分册），掌握理解房间及房间中的各项物品和根据功能分类图片（见本教程第二分册）。
- 在测试中尽量运用不同的图片，避免受训者出现死记硬背的情况。例如，如果目标项是农场上的动物，你呈现给受训者的是一个 FO3，包括一头奶牛、一头鲨鱼和一只长颈鹿，然后给出辨别性刺激指令“摸一摸住在农场上的动物”。如果受训者在零辅助下正确反应，那么在第二次测试中就要呈现一只章鱼、一头大象和一头猪，紧接着给出辨别性刺激指令“摸一摸住在农场上的动物”。在不同的测试中，坚持运用不同的农场动物的图片以避免受训者出现死记硬背的情况。

辨别复杂的情绪

等级：□ 1 □ 2 □ 3

S^D： 向受训者呈现 1 张、2 张或 3 张表达复杂情绪内容的图片卡，并说“触摸……”“给我……”“找出……”“指出……”（例如，“触摸表达厌烦情绪的图片”）	**反应：** 受训者能够触碰、递给、找到描述有特定情绪的图片
数据收集：技能习得	**目标标准：**在 2 位训练师的交叉教学中连续 3 天反应正确率达到 80% 或 80% 以上
材料：各种描绘复杂情绪脸谱的图片卡，以及强化物（图片可于附赠的 DVD 中获取）	

消退程序

维持标准：2W= 连续 4 次反应正确率 100%；1W= 连续 4 次反应正确率 100%；M= 连续 3 次反应正确率 100%	**自然环境标准：**目标行为可在自然环境下泛化到 3 种新的自然发生的活动中	**归档标准：**教学目标、维持标准和自然环境标准全部达标

目标列表

对教学目标的建议和试探结果

对教学目标的建议：焦虑，挫败，泄气，尴尬，紧张不安，激动，厌烦，担忧，困惑，自豪，妒忌
试探结果（已掌握目标）：

目标	基线 %	开始日期	达标日期	消退程序		
				维持阶段	自然环境下教学开始日期	归档日期
1. 目标 1（独立项）：						
2. 目标 1（FO2/ 目标项和 1 个干扰项）：						

续表

目标	基线 %	开始日期	达标日期	消退程序		
				维持阶段	自然环境下教学开始日期	归档日期
3. 目标 1（FO3/ 目标项和 2 个干扰项）:						
4. 目标 2（独立项）:						
5. 目标 2（FO2/ 目标项和 1 个干扰项）:						
6. 目标 2（FO3/ 目标项和 2 个干扰项）:						
7. 已达成的目标：随机转换						
8. 目标 3（独立项）:						
9. 目标 3（FO2/ 目标项和 1 个干扰项）:						
10. 目标 3（FO3/ 目标项和 2 个干扰项）:						
11. 目标 4（独立项）:						
12. 目标 4（FO2/ 目标项和 1 个干扰项）:						
13. 目标 4（FO3/ 目标项和 2 个干扰项）:						
14. 已达成的目标：随机转换						
15. 目标 5（独立项）:						
16. 目标 5（FO2/ 目标项和 1 个干扰项）:						
17. 目标 5（FO3/ 目标项和 2 个干扰项）:						

续表

目标	基线 %	开始日期	达标日期	消退程序		
				维持阶段	自然环境下教学开始日期	归档日期
18. 目标 6（独立项）：						
19. 目标 6（FO2/ 目标项和 1 个干扰项）：						
20. 目标 6（FO3/ 目标项和两个干扰项）：						
21. 已达成的目标：随机转换						
22. 目标 7（独立项）：						
23. 目标 7（FO2/ 目标项和 1 个干扰项）：						
24. 目标 7（FO3/ 目标项和 2 个干扰项）：						
25. 目标 8（独立项）：						
26. 目标 8（FO2/ 目标项和 1 个干扰项）：						
27. 目标 8（FO3/ 目标项和 2 个干扰项）：						
28. 已达成的目标：随机转换						
29. 目标 9（独立项）：						
30. 目标 9（FO2/ 目标项和 1 个干扰项）：						
31. 目标 9（FO3/ 目标项和 2 个干扰项）：						
32. 目标 10（独立项）：						

续表

目标	基线 %	开始日期	达标日期	消退程序		
				维持阶段	自然环境下教学开始日期	归档日期
33. 目标 10（FO2/ 目标项和 1 个干扰项）:						
34. 目标 10（FO3/ 目标项和 2 个干扰项）:						
35. 已达成的目标：随机转换						
36. 不同环境下的技能泛化，环境 1：						
37. 不同环境下的技能泛化，环境 2：						
38. 维持阶段：在不同环境下进行评估				2W 1W M		

实施该任务分析的具体建议：

- 确保受训者已经学会了相关准备技能。例如，适用于"辨别复杂的情绪"的准备技能包括：本套教程第一分册中的接受性语言技能，以及教程第二分册中的理解情感的概念课程。
- 测试中所使用的图片应该描绘出一种社交场景，在这个社交场景中表现的情绪可以更容易被理解，例如一张面带微笑的男孩正在接受奖品的图片，所要表达的情绪是自豪。

辨别各种材料构成

等级：□ 1 □ 2 □ 3

S^D： 向受训者呈现 1 件、2 件或 3 件用不同材料制作的物品或者物品的图片，并说“触摸……”“给我……”“指出……”（例如，出示一张餐巾纸，一个玻璃碗，一个塑料汤勺，并说“摸一下玻璃做的物品”）	**反应：** 受训者能够触碰、递给、指出正确的物品
数据收集：技能习得	**目标标准：**在 2 位训练师的交叉教学中连续 3 天反应正确率达到 80% 或 80% 以上
材料：各种不同材料制作的物品或者物品的图片，以及强化物（图片可于附赠的 DVD 中获取）	

消退程序

维持标准：2W= 连续 4 次反应正确率 100%；1W= 连续 4 次反应正确率 100%；M= 连续 3 次反应正确率 100%	**自然环境标准：**目标行为可在自然环境下泛化到 3 种新的自然发生的活动中	**归档标准：**教学目标、维持标准和自然环境标准全部达标

目标列表

对教学目标的建议和试探结果

对教学目标的建议：木制品，纸制品，玻璃制品，塑料制品，金属制品，布制品，皮革制品，石制品，水泥制品，砖制品
试探结果（已掌握目标）：

目标	基线 %	开始日期	达标日期	消退程序		
				维持阶段	自然环境下教学开始日期	归档日期
1. 目标 1（独立项）：						

续表

目标	基线 %	开始日期	达标日期	消退程序		
				维持阶段	自然环境下教学开始日期	归档日期
2. 目标 1（FO2/ 目标项和 1 个干扰项）:						
3. 目标 1（FO3/ 目标项和 2 个干扰项）:						
4. 目标 2（独立项）:						
5. 目标 2（FO2/ 目标项和 1 个干扰项）:						
6. 目标 2（FO3/ 目标项和 2 个干扰项）:						
7. 已达成的目标：随机转换						
8. 目标 3（独立项）:						
9. 目标 3（FO2/ 目标项和 1 个干扰项）:						
10. 目标 3（FO3/ 目标项和 2 个干扰项）:						
11. 目标 4（独立项）:						
12. 目标 4（FO2/ 目标项和 1 个干扰项）:						
13. 目标 4（FO3/ 目标项和 2 个干扰项）:						
14. 已达成的目标：随机转换						
15. 目标 5（独立项）:						

续表

目标	基线 %	开始日期	达标日期	消退程序		
				维持阶段	自然环境下教学开始日期	归档日期
16. 目标 5（FO2/ 目标项和 1 个干扰项）:						
17. 目标 5（FO3/ 目标项和 2 个干扰项）:						
18. 目标 6（独立项）:						
19. 目标 6（FO2/ 目标项和 1 个干扰项）:						
20. 目标 6（FO3/ 目标项和 2 个干扰项）:						
21. 已达成的目标：随机转换						
22. 目标 7（独立项）:						
23. 目标 7（FO2/ 目标项和 1 个干扰项）:						
24. 目标 7（FO3/ 目标项和 2 个干扰项）:						
25. 目标 8（独立项）:						
26. 目标 8（FO2/ 目标项和 1 个干扰项）:						
27. 目标 8（FO3/ 目标项和 2 个干扰项）:						
28. 已达成的目标：随机转换						
29. 目标 9（独立项）:						

续表

目标	基线 %	开始日期	达标日期	消退程序		
				维持阶段	自然环境下教学开始日期	归档日期
30. 目标 9（FO2/ 目标项和 1 个干扰项）:						
31. 目标 9（FO3/ 目标项和 2 个干扰项）:						
32. 目标 10（独立项）:						
33. 目标 10（FO2/ 目标项和 1 个干扰项）:						
34. 目标 10（FO3/ 目标项和 2 个干扰项）:						
35. 已达成的目标：随机转换						
36. 不同环境下的技能泛化，环境 1：						
37. 不同环境下的技能泛化，环境 2：						
38. 维持阶段：在不同环境下进行评估				2W 1W M		

实施该任务分析的具体建议：

- 确保受训者已经学会了相关准备技能。例如，适用于“辨别各种材料构成”的准备技能包括：掌握本套教程前两分册中的接受性语言技能相关课程内容。

根据描述识别物品

等级：□ 1 □ 2 □ 3

S^D： 向受训者呈现 1 件、2 件或 3 件物品或物品的图片，用 2~3 种属性描述物品并说“触摸……”“给我……”“指出……”	**反应：** 受训者能够触碰、递给、指出正确的物品
数据收集：技能习得	**目标标准：**在 2 位训练师的交叉教学中连续 3 天反应正确率达到 80% 或 80% 以上
材料：常见物品的图片或者真实的物品，以及强化物（图片可于附赠的 DVD 中获取）	

消退程序

维持标准：2W= 连续 4 次反应正确率 100%；1W= 连续 4 次反应正确率 100%；M= 连续 3 次反应正确率 100%	**自然环境标准：**目标行为可在自然环境下泛化到 3 种新的自然发生的活动中	**归档标准：**教学目标、维持标准和自然环境标准全部达标

目标列表

对教学目标的建议和试探结果

对教学目标的建议：它是圆形的且有弹性（球）；它是红色的且长在树上（苹果）；它是白色的且在天上飘（云朵）；它会变热，你用它来烹饪和烤火（火炉）；你可以坐在它上面踩着脚踏板，并且它可以载你去你想去的地方（自行车）；它有毛发，可以是大型的也可以是小型的，且它喜欢骨头（狗）；它有很多个轮子，在轨道上行驶并且需要有人驾驶它（火车）；你把果汁倒在它的里面，然后用它来喝果汁（杯子）；它有四条腿，有长长的脖子和周身的斑点（长颈鹿）；它有翅膀，可以飞行并发出啾啾的叫声（鸟）；它们有着丰富的色彩且你用它们着色（蜡笔）
试探结果（已掌握目标）：

目标	基线 %	开始日期	达标日期	消退程序		
				维持阶段	自然环境下教学开始日期	归档日期
1. 目标 1（独立项）：						

续表

目标	基线 %	开始日期	达标日期	消退程序		
				维持阶段	自然环境下教学开始日期	归档日期
2. 目标 1（FO2/ 目标项和 1 个干扰项）:						
3. 目标 1（FO3/ 目标项和 2 个干扰项）:						
4. 目标 2（独立项）:						
5. 目标 2（FO2/ 目标项和 1 个干扰项）:						
6. 目标 2（FO3/ 目标项和 2 个干扰项）:						
7. 已达成的目标：随机转换						
8. 目标 3（独立项）:						
9. 目标 3（FO2/ 目标项和 1 个干扰项）:						
10. 目标 3（FO3/ 目标项和 2 个干扰项）:						
11. 目标 4（独立项）:						
12. 目标 4（FO2/ 目标项和 1 个干扰项）:						
13. 目标 4（FO3/ 目标项和 2 个干扰项）:						
14. 已达成的目标：随机转换						
15. 目标 5（独立项）:						

续表

目标	基线 %	开始日期	达标日期	消退程序		
				维持阶段	自然环境下教学开始日期	归档日期
16. 目标 5（FO2/ 目标项和 1 个干扰项）：						
17. 目标 5（FO3/ 目标项和 2 个干扰项）：						
18. 目标 6（独立项）：						
19. 目标 6（FO2/ 目标项和 1 个干扰项）：						
20. 目标 6（FO3/ 目标项和 2 个干扰项）：						
21. 已达成的目标：随机转换						
22. 目标 7（独立项）：						
23. 目标 7（FO2/ 目标项和 1 个干扰项）：						
24. 目标 7（FO3/ 目标项和 2 个干扰项）：						
25. 目标 8（独立项）：						
26. 目标 8（FO2/ 目标项和 1 个干扰项）：						
27. 目标 8（FO3/ 目标项和 2 个干扰项）：						
28. 已达成的目标：随机转换						
29. 目标 9（独立项）：						

续表

目标	基线 %	开始日期	达标日期	消退程序		
				维持阶段	自然环境下教学开始日期	归档日期
30. 目标 9（FO2/ 目标项和 1 个干扰项）:						
31. 目标 9（FO3/ 目标项和 2 个干扰项）:						
32. 目标 10（独立项）:						
33. 目标 10（FO2/ 目标项和 1 个干扰项）:						
34. 目标 10（FO3/ 目标项和 2 个干扰项）:						
35. 已达成的目标：随机转换						
36. 不同环境下的技能泛化，环境 1：						
37. 不同环境下的技能泛化，环境 2：						
38. 维持阶段：在不同环境下进行评估				2W 1W M		

实施该任务分析的具体建议：

- 确保受训者已经学会了相关准备技能。例如，适用于“根据描述识别物品”的准备技能包括：掌握对物品、学校设施、动物、功能性物品、休闲物品和活动、交通工具、颜色、玩具、食物以及饮料概念的理解（见本套教程第一分册）。此外，受训者还应掌握理解属性的概念课程（见本套教程第二分册）。
- 对具有较高水平的受训者，训练师应通过变换物品的属性来描述物品，以保持辨别性刺激指令的新颖性。例如，“它是圆形的且具有弹性”或者“你可以投掷、脚踢、拍打它”等描述性语言。

根据描述识别地点

等级：□ 1 □ 2 □ 3

S^D： 向儿童呈现 1 个、2 个或 3 个不同地点的图片，用 2~3 种属性描述此地点并说“触摸……”“给我……”“指出……”	**反应：** 受训者能够触碰、递给、指出正确的地点
数据收集：技能习得	**目标标准：**在 2 位训练师的交叉教学中连续 3 天反应正确率达到 80% 或 80% 以上
材料：常见地点的图片和强化物（图片可于附赠的 DVD 中获取）	

消退程序

维持标准：2W= 连续 4 次反应正确率 100%；1W= 连续 4 次反应正确率 100%；M= 连续 3 次反应正确率 100%	**自然环境标准：**目标行为可在自然环境下泛化到 3 种新的自然发生的活动中	**归档标准：**教学目标、维持标准和自然环境标准全部达标

目标列表

对教学目标的建议和试探结果

对教学目标的建议：充满阳光还有成片的沙子的地方（海滩）；许多孩子在这个地方玩旋转木马和滑滑梯（游乐园）；你能够学习，并且有许多不同的班级（学校）；你可以祷告并且了解圣经 / 律法的地方（教堂）；你可以购买食物和饮品的地方（食杂店）；你可以参观长颈鹿、猴子、熊等动物的地方（动物园）；当你生病了可能会去的地方，这里有许多医生和护士（医院）；当你想要吃鸡块、汉堡或炸薯条时你能去的地方（快餐店）；当你要旅行时你可以乘坐飞机的地方（机场）；有床并且你可以在晚上睡觉或打盹儿的地方（卧室）

试探结果（已掌握目标）：

目标	基线 %	开始日期	达标日期	消退程序		
				维持阶段	自然环境下教学开始日期	归档日期
1. 目标 1（独立项）：						

续表

目标	基线 %	开始日期	达标日期	消退程序		
				维持阶段	自然环境下教学开始日期	归档日期
2. 目标 1（FO2/ 目标项和 1 个干扰项）:						
3. 目标 1（FO3/ 目标项和 2 个干扰项）:						
4. 目标 2（独立项）:						
5. 目标 2（FO2/ 目标项和 1 个干扰项）:						
6. 目标 2（FO3/ 目标项和 2 个干扰项）:						
7. 已达成的目标：随机转换						
8. 目标 3（独立项）:						
9. 目标 3（FO2/ 目标项和 1 个干扰项）:						
10. 目标 3（FO3/ 目标项和 2 个干扰项）:						
11. 目标 4（独立项）:						
12. 目标 4（FO2/ 目标项和 1 个干扰项）:						
13. 目标 4（FO3/ 目标项和 2 个干扰项）:						
14. 已达成的目标：随机转换						
15. 目标 5（独立项）:						

续表

目标	基线 %	开始日期	达标日期	消退程序		
				维持阶段	自然环境下教学开始日期	归档日期
16. 目标 5（FO2/ 目标项和 1 个干扰项）:						
17. 目标 5（FO3/ 目标项和 2 个干扰项）:						
18. 目标 6（独立项）:						
19. 目标 6（FO2/ 目标项和 1 个干扰项）:						
20. 目标 6（FO3/ 目标项和 2 个干扰项）:						
21. 已达成的目标：随机转换						
22. 目标 7（独立项）:						
23. 目标 7（FO2/ 目标项和 1 个干扰项）:						
24. 目标 7（FO3/ 目标项和 2 个干扰项）:						
25. 目标 8（独立项）:						
26. 目标 8（FO2/ 目标项和 1 个干扰项）:						
27. 目标 8（FO3/ 目标项和 2 个干扰项）:						
28. 已达成的目标：随机转换						
29. 目标 9（独立项）:						

续表

目标	基线 %	开始日期	达标日期	消退程序		
				维持阶段	自然环境下教学开始日期	归档日期
30. 目标 9（FO2/ 目标项和 1 个干扰项）:						
31. 目标 9（FO3/ 目标项和 2 个干扰项）:						
32. 目标 10（独立项）:						
33. 目标 10（FO2/ 目标项和 1 个干扰项）:						
34. 目标 10（FO3/ 目标项和 2 个干扰项）:						
35. 已达成的目标：随机转换						
36. 不同环境下的技能泛化，环境 1:						
37. 不同环境下的技能泛化，环境 2:						
38. 维持阶段：在不同环境下进行评估				2W 1W M		

实施该任务分析的具体建议：

- 确保受训者已经学会了相关准备技能。例如，适用于“根据描述识别地点”的准备技能包括：掌握对地点、物品、学校设施、动物、功能性物品、休闲物品和活动、交通工具、颜色、玩具、食物以及饮料概念的理解（见本教程第一分册）。此外，受训者应预先掌握理解属性的概念课程（见本教程第二分册）。
- 对于具有较高水平的受训者，训练师应通过变换地点的属性来描述，以保持辨别性刺激指令的新颖性。例如，“这里有沙子和大海”或者“你可以在这里建造沙堡和冲浪”等描述性语言。

第 12 章

表达性语言技能的任务分析

- 抽象概念：最喜欢的
- 抽象概念：真实与虚构
- 抽象概念：昨天、今天和明天
- 回答复杂的社交问题
- 回答关于“如何”的问题
- 根据对话回答相关问题
- 回答有关其他人的社交问题
- 回答关于“为什么”的问题
- 根据陈述询问后续问题
- 提问“你要去哪里”来获得信息
- 提问“那是什么”和“那是谁”来获得信息
- 向其他人询问社交问题
- 闲谈
- 回应小伙伴发起的对话
- 赞美
- 以不感兴趣的话题展开对话
- 名词描述
- 描述一项日常活动的步骤
- 区分左和右
- 感同身受的陈述或询问
- 适宜地结束对话
- 根据动作命名社会服务人员
- 命名复杂的类别
- 命名复杂的情绪
- 命名各种材料构成
- 根据描述命名物品
- 根据描述命名地点
- 将来时态
- 常识与推理
- 常识与推理：图片中的荒谬处
- 常识与推理：无法达到的动作
- 对赞美作出回应
- 维持一段对话
- 提供帮助
- 在校园环境下抗议
- 回顾信息
- 音量

抽象概念：最喜欢的

等级：□ 1 □ 2 □ 3

S^D： “你最喜欢的……是什么？”	**反应：** 受训者能够准确地回答此问题
数据收集：技能习得	**目标标准：**在 2 位训练师的交叉教学中连续 3 天反应正确率达到 80% 或 80% 以上
材料：强化物	

消退程序

维持标准：2W= 连续 4 次反应正确率 100%；1W= 连续 4 次反应正确率 100%；M= 连续 3 次反应正确率 100%	**自然环境标准：**目标行为可在自然环境下泛化到 3 种新的自然发生的活动中	**归档标准：**教学目标、维持标准和自然环境标准全部达标

目标列表

对教学目标的建议和试探结果

对教学目标的建议：食物，颜色，电影，电视节目，运动，节日，数字，超级英雄 / 角色，饮料，玩具
试探结果（已掌握目标）：

目标	基线 %	开始日期	达标日期	消退程序		
				维持阶段	自然环境下教学开始日期	归档日期
1. 目标 1：						
2. 目标 2：						

续表

目标	基线 %	开始日期	达标日期	消退程序		
				维持阶段	自然环境下教学开始日期	归档日期
3. 目标 1 和 2：随机转换						
4. 目标 3：						
5. 目标 4：						
6. 已达成的目标：随机转换						
7. 目标 5：						
8. 目标 6：						
9. 已达成的目标：随机转换						
10. 不同环境下的技能泛化，环境 1：						
11. 不同环境下的技能泛化，环境 2：						
12. 维持阶段：在不同环境下进行评估				2W 1W M		

实施该任务分析的具体建议：

- 确保受训者已经学会了相关准备技能。例如，适用于“抽象概念：最喜欢的”的准备技能包括：掌握本套教程前两册中的关于类别的接受性和表达性语言技能的相关课程（见本套教程第二分册），根据类别分类（见本套教程的第一分册），回答简单的关于“什么”的问题（见本套教程第二分册）。
- 如果受训者存在语言障碍，可通过手语、书写、图片交换沟通系统或辅助沟通设备回答问题。
- 如果受训者给出的答案是单个的词语，如“比萨”，训练师要引导受训者给出一个完整语句的答案：“我最喜欢的食物是比萨”。

抽象概念：真实与虚构

等级：□ 1 □ 2 □ 3

S^D： A. 说“给我讲述一个（真实 / 虚构）的……”（例如，“给我讲述一个真实存在的人”或者“给我讲述一个虚构出来的动物”） B. 讲述一个故事然后提问“这个故事是真实的还是虚构的”及“为什么”	**反应：** A. 受训者能够回答出关于什么是真实与虚构这类问题（“消防队员是真实的”或“独角兽是虚构的”） B. 受训者能够用“真实”或“虚构”回答问题并且陈述原因
数据收集：技能习得	**目标标准：**在 2 位训练师的交叉教学中连续 3 天反应正确率达到 80% 或 80% 以上
材料：强化物	

消退程序

维持标准：2W= 连续 4 次反应正确率 100%；1W= 连续 4 次反应正确率 100%；M= 连续 3 次反应正确率 100%	**自然环境标准：**目标行为可在自然环境下泛化到 3 种新的自然发生的活动中	**归档标准：**教学目标、维持标准和自然环境标准全部达标

目标列表

对教学目标的建议和试探结果

对教学目标的建议：

S^D A：真实人物：爸爸，妈妈，医生；虚构人物：蝙蝠侠，海绵宝宝，芭比娃娃。真实动物：老鼠，鸭子，猫；虚构动物：米妮，唐老鸭，加菲猫。真实地点：红杉森林，纽约，中央大街；虚构地点：舍伍德森林，梦幻岛，芝麻街。真实物品：篮球，手电筒，宇宙飞船；虚构物品：水晶球，神灯，魔毯

S^D B：真实的：感恩节的来历，911 事件的原委，本杰明 · 富兰克林发现电力的故事。虚构的：《三只小猪》《灰姑娘》《彼得 · 潘》

［译者注：此为原著内容，训练者可参考或自行确定合适的目标］

试探结果（已掌握目标）：

目标	基线 %	开始日期	达标日期	消退程序		
				维持阶段	自然环境下教学开始日期	归档日期
1. S^D A：目标 1（真实 / 虚构的人物）：						
2. S^D A：目标 2（真实 / 虚构的动物）：						
3. 已达成的目标：随机转换						
4. S^D A：目标 3（真实 / 虚构的地点）：						
5. S^D A：目标 4（真实 / 虚构的物品）：						
6. 已达成的目标：随机转换						
7. S^D B：目标 5（真实故事 / 虚构故事）：						
8. S^D B：目标 6（真实故事 / 虚构故事）：						
9. 已达成的目标：随机转换						
10. 不同环境下的技能泛化，环境 1：						
11. 不同环境下的技能泛化，环境 2：						
12. 维持阶段：在不同环境下进行评估				2W 1W M		

实施该任务分析的具体建议：

- 确保受训者已经学会了相关准备技能。例如，适用于“抽象概念：真实与虚构”的准备技能包括：掌握接受性和表达性语言技能的相关课程（见本套教程前两分册），根据类别分类（见本套教程第一分册），回答简单的关于“谁”的问题（见本套教程第二分册）。
- 如果受训者存在语言障碍，可通过手语、书写、图片交换沟通系统或是辅助沟通设备回答问题。
- 在进行此任务分析之前，要传授给受训者真实与虚构的恰当的定义。定义应包含下列内容：真实的事物具有存在性，我们可以通过视觉、听觉、感觉、味觉、触觉感受到它们。虚构的事物是魔幻的、虚假的且永远不会实现的。
- 此任务分析意在传授给受训者真实与虚构之间的区别，不要将它演变成历史课。在进行 S^D B 的时候，如果受训者不了解包括真实事件在内的故事 / 目标项（例如，本杰明 · 富兰克林发现电力的故事），那么就用他们知道的事情代替，例如他们或他们父母亲身经历的事情。

抽象概念：昨天、今天和明天

等级：□ 1 □ 2 □ 3

S^D： “请讲一讲你做了 / 将要做什么［昨天 / 今天 / 明天］？”	**反应：** 受训者能够正确运用“昨天”“今天”“明天”在一个完整句子中描述一项活动（例如，“昨天，我……”“今天，我……”或者“明天，我将……”）
数据收集：技能习得	**目标标准：**在 2 位训练师的交叉教学中连续 3 天反应正确率达到 80% 或 80% 以上
材料：可视图表（记录日常活动的日程表）和强化物	

消退程序

维持标准：2W= 连续 4 次反应正确率 100%；1W= 连续 4 次反应正确率 100%；M= 连续 3 次反应正确率 100%	**自然环境标准：**目标行为可在自然环境下泛化到 3 种新的自然发生的活动中	**归档标准：**教学目标、维持标准和自然环境标准全部达标

目标列表

对教学目标的建议和试探结果

对教学目标的建议：日常活动：打棒球，游泳，上舞蹈课，和家庭成员共进午餐，去动物园，看（电影），（朋友）来访，骑单车，玩（玩具），完成（活动）
试探结果（已掌握目标）：

目标	基线 %	开始日期	达标日期	消退程序		
				维持阶段	自然环境下教学开始日期	归档日期
1. 目标 1：含可视图表的今日活动项目						

续表

目标	基线 %	开始日期	达标日期	消退程序		
				维持阶段	自然环境下教学开始日期	归档日期
2. 目标 2：含可视图表的昨日活动项目						
3. 目标 1 和目标 2：随机转换						
4. 目标 3：含可视图表的明日活动项目						
5. 已达成的目标：随机转换						
6. 目标 5：无可视图表的今日活动项目						
7. 目标 6：无可视图表的昨日活动项目						
8. 已达成的目标：随机转换						
9. 目标 7：含可视图表的明日活动项目						
10. 已达成的目标：随机转换						
11. 不同环境下的技能泛化，环境 1：						
12. 不同环境下的技能泛化，环境 2：						
13. 维持阶段：在不同环境下进行评估				2W 1W M		

实施该任务分析的具体建议：

- 确保受训者已经学会了相关准备技能。例如，适用于“抽象概念：昨天、今天和明天”的准备技能包括：能够回答关于‘什么’的问题及回答简单的关于‘谁’的问题（见本套教程第二分册），还要掌握回顾信息（见本分册）。
- 如果受训者很难掌握这个概念，训练师应设法把难度降为 1 个类别，然后逐渐扩展到 2 个类别。
- 在进行表达训练之前，训练师应预先带领受训者回顾他们参与或即将参与的活动，以保证受训者精确记忆。
- 可视图表有两种样式可供选择，可以是以文字的形式呈现受训者所参与活动的日程表，还可以是以活动图片的形式呈现的日程表，但是要在空白处标明昨天、今天或明天的字样。

回答复杂的社交问题

等级：□ 1 □ 2 □ 3

S^D： 询问受训者各种社交问题（例如，“最近过得怎么样”）	**反应：** 受训者能够正确地（即口头地，通过图片交换沟通系统或者手语）回答问题
数据收集：技能习得	**目标标准：**在 2 位训练师的交叉教学中连续 3 天反应正确率达到 80% 或 80% 以上
材料：强化物	

消退程序

维持标准：2W= 连续 4 次反应正确率 100%；1W= 连续 4 次反应正确率 100%；M= 连续 3 次反应正确率 100%	**自然环境标准：**目标行为可在自然环境下泛化到 3 种新的自然发生的活动中	**归档标准：**教学目标、维持标准和自然环境标准全部达标

目标列表

对教学目标的建议和试探结果

对教学目标的建议：你的地址是什么？你祖母住在哪里？今天天气怎么样？你这周末都做什么了？你一直在忙些什么？昨天晚饭你吃了什么？事情进展得怎么样？学校生活怎么样？一切都充满新鲜感吗？最近过得怎么样？
试探结果（已掌握目标）：

目标	基线 %	开始日期	达标日期	消退程序		
				维持阶段	自然环境下教学开始日期	归档日期
1. 目标 1：						
2. 目标 2：						

续表

目标	基线 %	开始日期	达标日期	消退程序		
				维持阶段	自然环境下教学开始日期	归档日期
3. 目标 1 和 2：随机转换						
4. 目标 3：						
5. 目标 4：						
6. 已达成的目标：随机转换						
7. 目标 5：						
8. 目标 6：						
9. 已达成的目标：随机转换						
10. 目标 7：						
11. 目标 8：						
12. 已达成的目标：随机转换						
13. 目标 9：						
14. 目标 10：						
15. 已达成的目标：随机转换						
16. 不同环境下的技能泛化，环境 1：						
17. 不同环境下的技能泛化，环境 2：						
18. 维持阶段：在不同环境下进行评估				2W 1W M		

实施该任务分析的具体建议：

- 确保受训者已经学会了相关准备技能。例如，适用于“回答复杂的社交问题”的准备技能包括：掌握本套教程第一分册中的回答简单的社交问题课程，以及第二分册中的回答社交问题课程。
- 如果受训受训者存在语言障碍，可通过手语、书写等辅助沟通方式进行交流，或是运用辅助沟通设备如受训者按下正确答案的图标回答问题。

回答关于“如何”的问题

等级：□ 1 □ 2 □ 3

S^D： 询问受训者各种各样关于“如何”的问题（例如，“你如何建造火车轨道”）	**反应：** 受训者能够正确地（即口头地，通过图片交换沟通系统或者手语）回答问题
数据收集：技能习得	**目标标准：**在 2 位训练师的交叉教学中连续 3 天反应正确率达到 80% 或 80% 以上
材料：强化物	

消退程序

维持标准：2W= 连续 4 次反应正确率 100%；1W= 连续 4 次反应正确率 100%；M= 连续 3 次反应正确率 100%	**自然环境标准：**目标行为可在自然环境下泛化到 3 种新的自然发生的活动中	**归档标准：**教学目标、维持标准和自然环境标准全部达标

目标列表

对教学目标的建议和试探结果

对教学目标的建议：你如何建造火车轨道？你如何制作花生酱和果冻三明治？你如何刷牙？你如何堆雪人？你如何捕捉萤火虫？你如何洗手？你如何在单杠上玩耍？你如何建造沙滩城堡？你如何骑单车？你如何玩电脑游戏？
试探结果（已掌握目标）：

目标	基线 %	开始日期	达标日期	消退程序		
				维持阶段	自然环境下教学开始日期	归档日期
1. 目标 1：						
2. 目标 2：						

续表

目标	基线 %	开始日期	达标日期	消退程序		
				维持阶段	自然环境下教学开始日期	归档日期
3. 已达成的目标：随机转换						
4. 目标 3：						
5. 目标 4：						
6. 已达成的目标：随机转换						
7. 目标 5：						
8. 目标 6：						
9. 已达成的目标：随机转换						
10. 目标 7：						
11. 目标 8：						
12. 已达成的目标：随机转换						
13. 目标 9：						
14. 目标 10：						
15. 已达成的目标：随机转换						
16. 不同环境下的技能泛化，环境 1：						
17. 不同环境下的技能泛化，环境 2：						
18. 维持阶段：在不同环境下进行评估				2W 1W M		

实施该任务分析的具体建议：

- 确保受训者已经学会了相关准备技能。例如，适用于“回答关于‘如何’的问题”的准备技能包括：掌握本套教程第二分册中的回答简单的关于“什么”“何时”“何处”“哪一个”“谁”等问题的相关课程。
- 当受训者作答时，确保每一位执行此项目的训练师所预期的答案是一致的，这是因为每一个问题都可能会出现不同答案。例如，如果目标项是“如何洗手”，确保每个训练师的预期答案遵循一致的步骤为原则，答案可以这样给出：打开水龙头，双手擦肥皂，冲洗然后擦干双手。如果每个训练师之间的预期答案不一致，那么当有受训者给出的答案中没有“关闭水龙头”这一步骤时，就可能被计为错误答案。答案的措辞不用非常精确，但是整个活动过程的步骤顺序需要是相似的。

根据对话回答相关问题

等级：□ 1 □ 2 □ 3

S^D： 询问受训者其正在听的一段对话的有关问题（例如，“他们刚刚在谈论什么”）	**反应：** 受训者能够正确地（即口头地，通过图片交换沟通系统或者手语）回答问题
数据收集：技能习得	**目标标准：**在 2 位训练师的交叉教学中连续 3 天反应正确率达到 80% 或 80% 以上
材料：强化物	

消退程序

维持标准：2W= 连续 4 次反应正确率 100%；1W= 连续 4 次反应正确率 100%；M= 连续 3 次反应正确率 100%	**自然环境标准：**目标行为可在自然环境下泛化到 3 种新的自然发生的活动中	**归档标准：**教学目标、维持标准和自然环境标准全部达标

目标列表

对教学目标的建议和试探结果

对教学目标的建议：他们刚刚在讨论什么？他们刚刚在谈论谁？他们何时说了……？是谁说了……？他们要去哪里？听他们说了什么？当他们说……，你觉得他们是什么意思？当他说……时，你觉得他感受到了什么？他们刚才说发生了什么？他们说……会发生什么事？
试探结果（已掌握目标）：

目标	基线 %	开始日期	达标日期	消退程序		
				维持阶段	自然环境下教学开始日期	归档日期
1. 目标 1：						
2. 目标 2：						

续表

目标	基线 %	开始日期	达标日期	消退程序		
				维持阶段	自然环境下教学开始日期	归档日期
3. 目标 1 和目标 2：随机转换						
4. 目标 3：						
5. 目标 4：						
6. 已达成的目标：随机转换						
7. 目标 5：						
8. 目标 6：						
9. 已达成的目标：随机转换						
10. 目标 7：						
11. 目标 8：						
12. 已达成的目标：随机转换						
13. 目标 9：						
14. 目标 10：						
15. 已达成的目标：随机转换						
16. 不同环境下的技能泛化，环境 1：						
17. 不同环境下的技能泛化，环境 2：						
18. 维持阶段：在不同环境下进行评估				2W 1W M		

实施该任务分析的具体建议：

- 确保受训者已经学会了相关准备技能。例如，适用于“根据对话回答相关问题”的准备技能包括：掌握本套教程第二分册中的回答简单的关于“什么”“何时”“何处”“哪一个”“谁”等问题的相关课程，以及本册书中回答关于‘如何’的问题的课程。
- 观看不同的电视节目中各种各样的情景，或者设计一个两人正在对话的情景。

回答有关其他人的社交问题

等级：□ 1 □ 2 □ 3

S^D： 询问受训者各种各样有关其他人的问题（例如，“你妈妈最喜欢的颜色是什么”）	**反应：** 受训者能够正确地（即口头地，通过图片交换沟通系统或者手语）回答问题
数据收集：技能习得	**目标标准：**在 2 位训练师的交叉教学中连续 3 天反应正确率达到 80% 或 80% 以上
材料：强化物	

消退程序

维持标准：2W= 连续 4 次反应正确率 100%；1W= 连续 4 次反应正确率 100%；M= 连续 3 次反应正确率 100%	**自然环境标准：**目标行为可在自然环境下泛化到 3 种新的自然发生的活动中	**归档标准：**教学目标、维持标准和自然环境标准全部达标

目标列表

对教学目标的建议和试探结果

对教学目标的建议：你妈妈最喜欢的颜色是什么？你爸爸喜欢看什么电视节目？你的（兄弟姐妹）喜欢玩什么？你和（朋友）喜欢一起玩什么？（朋友）喜欢吃什么？你的（父母）在哪里长大的？（认识的人）在哪里工作？你的（兄弟姐妹）多大了？你的（兄弟姐妹）做什么运动？（朋友）最喜欢的……是什么？

试探结果（已掌握目标）：

目标	基线 %	开始日期	达标日期	消退程序		
				维持阶段	自然环境下教学开始日期	归档日期
1. 目标 1：						
2. 目标 2：						

续表

目标	基线 %	开始日期	达标日期	消退程序		
				维持阶段	自然环境下教学开始日期	归档日期
3. 目标 1 和目标 2：随机转换						
4. 目标 3：						
5. 目标 4：						
6. 已达成的目标：随机转换						
7. 目标 5：						
8. 目标 6：						
9. 已达成的目标：随机转换						
10. 目标 7：						
11. 目标 8：						
12. 已达成的目标：随机转换						
13. 目标 9：						
14. 目标 10：						
15. 已达成的目标：随机转换						
16. 不同环境下的技能泛化，环境 1：						

续表

目标	基线 %	开始日期	达标日期	消退程序		
				维持阶段	自然环境下教学开始日期	归档日期
17. 不同环境下的技能泛化，环境 2：						
18. 维持阶段：在不同环境下进行评估				2W 1W M		

实施该任务分析的具体建议：

- 确保受训者已经学会了相关准备技能。例如，适用于“回答有关其他人的社交问题”的准备技能包括：掌握本套教程第一分册中的回答简单的社交问题课程，以及第二分册书中回答简单的关于“什么”“何时”“何处”“哪一个”“谁”等问题课程和回答社交问题的相关课程。

回答关于“为什么”的问题

等级：□ 1 □ 2 □ 3

S^D： 询问受训者各种各样有关“为什么”的问题（例如，“我们为什么去睡觉”）	**反应：** 受训者能够正确地（即口头地，通过图片交换沟通系统或者手语）回答问题
数据收集：技能习得	**目标标准：**在 2 位训练师的交叉教学中连续 3 天反应正确率达到 80% 或 80% 以上
材料：强化物	

消退程序

维持标准：2W= 连续 4 次反应正确率 100%；1W= 连续 4 次反应正确率 100%；M= 连续 3 次反应正确率 100%	**自然环境标准：**目标行为可在自然环境下泛化到 3 种新的自然发生的活动中	**归档标准：**教学目标、维持标准和自然环境标准全部达标

目标列表

对教学目标的建议和试探结果

对教学目标的建议：我们为什么吃饭？我们为什么喝水？我们为什么睡觉？我们为什么去看医生？我们为什么洗澡？我们为什么做操？人们为什么去学校？天为什么下雨？人们为什么去教堂？我们为什么刷牙？

试探结果（已掌握目标）：

目标	基线 %	开始日期	达标日期	消退程序		
				维持阶段	自然环境下教学开始日期	归档日期
1. 目标 1：						
2. 目标 2：						

续表

目标	基线 %	开始日期	达标日期	消退程序		
				维持阶段	自然环境下教学开始日期	归档日期
3. 已达成的目标：随机转换						
4. 目标 3：						
5. 目标 4：						
6. 已达成的目标：随机转换						
7. 目标 5：						
8. 目标 6：						
9. 已达成的目标：随机转换						
10. 目标 7：						
11. 目标 8：						
12. 已达成的目标：随机转换						
13. 目标 9：						
14. 目标 10：						
15. 已达成的目标：随机转换						
16. 不同环境下的技能泛化，环境 1：						

续表

目标	基线 %	开始日期	达标日期	消退程序		
				维持阶段	自然环境下教学开始日期	归档日期
17. 不同环境下的技能泛化，环境 2：						
18. 维持阶段：在不同环境下进行评估				2W 1W M		

实施该任务分析的具体建议：

- 确保受训者已经学会了相关准备技能。例如，适用于“回答关于‘为什么’的问题”的准备技能包括：掌握本套教程第二分册中回答简单的关于“什么”“何时”“何处”“哪一个”“谁”等问题的相关课程。
- 如果受训者存在语言障碍，可通过手语、书写、图片交换沟通系统等辅助沟通方式进行交流，或运用辅助沟通设备。

根据陈述询问后续问题

等级：□ 1 □ 2 □ 3

S^D： 说一句需要补充很多细节的话（例如，“我昨天受伤了”或者“我今天去了商店”）	**反应**： 受训者能够提出与评论有关的后续问题（例如，“发生了什么事”）
数据收集：技能习得	**目标标准**：在 2 位训练师的交叉教学中连续 3 天反应正确率达到 80% 或 80% 以上
材料：强化物	

消退程序

维持标准：2W= 连续 4 次反应正确率达到 100%；1W= 连续 4 次反应正确率 100%；M= 连续 3 次反应正确率 100%	**自然环境标准**：目标行为可在自然环境下泛化到 3 种新的自然发生的活动中	**归档标准**：教学目标、维持标准和自然环境标准全部达标

目标列表

对教学目标的建议和试探结果

对教学目标的建议：我妈妈要去买我想要的生日礼物。（你想要什么生日礼物？）昨天我受伤了。（发生了什么事？）我要去熊宝宝工作坊。（你什么时候去？）我想买一个新的电视游戏。（你想买什么样的电视游戏？）我明天不想去学校。（为什么不去呢？）我多希望我正坐在海滩上。（为什么？）我去了杂货店。（你买了什么？）昨天晚上我看了一场不错的电影。（你看了什么电影？）我有一天看见她了。（你看见了谁？）我得到了一款新游戏。（你得到了什么游戏？）
试探结果（已掌握目标）：

目标	基线 %	开始日期	达标日期	消退程序		
				维持阶段	自然环境下教学开始日期	归档日期
1. 目标 1：						
2. 目标 2：						

续表

目标	基线 %	开始日期	达标日期	消退程序		
				维持阶段	自然环境下教学开始日期	归档日期
3. 已达成的目标：随机转换						
4. 目标 3：						
5. 目标 4：						
6. 已达成的目标：随机转换						
7. 目标 5：						
8. 目标 6：						
9. 已达成的目标：随机转换						
10. 目标 7：						
11. 目标 8：						
12. 已达成的目标：随机转换						
13. 目标 9：						
14. 目标 10：						
15. 已达成的目标：随机转换						
16. 不同环境下的技能泛化，环境 1：						

续表

目标	基线 %	开始日期	达标日期	消退程序		
				维持阶段	自然环境下教学开始日期	归档日期
17. 不同环境下的技能泛化，环境 2：						
18. 维持阶段：在不同环境下进行评估				2W 1W M		

实施该任务分析的具体建议：

- 确保受训者已经学会了相关准备技能。例如，适用于“根据陈述询问后续问题”的准备技能包括：使用问题表达简单的需求课程（见本套教程第二分册）。

提问“你要去哪里”来获得信息

等级：□ 1 □ 2 □ 3

S^D： 训练师尝试在 ABA 授课过程中的不同时间离开教室并且说一句将要离开的话（“我必须得离开”）	**反应：** 受训者询问“你要去哪里？”
数据收集：技能习得	**目标标准：**在 2 位训练师的交叉教学中连续 3 天反应正确率达到 80% 或 80% 以上
材料：强化物	

消退程序

维持标准：2W= 连续 4 次反应正确率 100%；1W= 连续 4 次反应正确率 100%；M= 连续 3 次反应正确率 100%	**自然环境标准：**目标行为可在自然环境下泛化到 3 种新的自然发生的活动中	**归档标准：**教学目标、维持标准和自然环境标准全部达标

目标列表

对教学目标的建议和试探结果

对教学目标的建议：训练师尝试在 ABA 授课中途离开教室；训练师说“天呐，我迟到了”，然后起身离开；训练师在授课期间说“我必须得走了”；训练师说“请等我一分钟”并且试图离开教室；训练师一句话说一半停下来然后离开教室；训练师假装听到了什么事情，说“你们听到了吗”并且试图离开；训练师抓起一张纸然后尝试离开去把它扔掉；训练师马上要离开并且说“我等不及了”；训练师说“去那里我很兴奋”；训练师说“这是我第一次去那里”

试探结果（已掌握目标）：

目标	基线 %	开始日期	达标日期	消退程序		
				维持阶段	自然环境下教学开始日期	归档日期
1. 目标 1：						
2. 目标 2：						

续表

目标	基线 %	开始日期	达标日期	消退程序		
				维持阶段	自然环境下教学开始日期	归档日期
3. 已达成的目标：随机转换						
4. 目标 3：						
5. 目标 4：						
6. 已达成的目标：随机转换						
7. 目标 5：						
8. 目标 6：						
9. 已达成的目标：随机转换						
10. 目标 7：						
11. 目标 8：						
12. 已达成的目标：随机转换						
13. 目标 9：						
14. 目标 10：						
15. 已达成的目标：随机转换						
16. 不同环境下的技能泛化，环境 1：						

续表

目标	基线 %	开始日期	达标日期	消退程序		
				维持阶段	自然环境下教学开始日期	归档日期
17. 不同环境下的技能泛化，环境 2：						
18. 维持阶段：在不同环境下进行评估				2W 1W M		

实施该任务分析的具体建议：

- 确保受训者已经学会了相关准备技能。例如，适用于“提问‘你要去哪里’来获得信息”的准备技能包括：使用问题表达简单的需求课程（见本套教程第二分册）。

提问“那是什么”和“那是谁”来获得信息

等级：□ 1 □ 2 □ 3

S^D： A. 向受训者呈现3个一组的图片或物品：其中的2个是受训者认识的，1个不认识。给受训者下达指令“告诉我你看到了什么”，指导受训者按从左到右的顺序命名图片或物品。在第三张图片或物品（不认识的一项）处，用手指出此图片或物品 B. 向受训者呈现3个一组的人物图片：其中的2个是受训者熟悉的，1个不熟悉。给受训者下达指令“告诉我你看到了谁”，指导受训者按从左到右的顺序命名图片中的人物。在第三张不熟悉的人物图片处，用手指出此图片或物品	**反应：** A. 当出现不认识的物品或物品的图片时，受训者将询问“那是什么”（即口头地，通过图片交换沟通系统或者手语） B. 当出现不熟悉人物图片时，受训者将询问“那是谁”（即口头地，通过图片交换沟通系统或者手语）
数据收集：技能习得	**目标标准：**在2位训练师的交叉教学中连续3天反应正确率达到80%或80%以上
材料：物品的图片（认识的和不认识的），人物图片（熟悉的和不熟悉的），以及强化物（图片可于附赠的DVD中获取）	

消退程序

维持标准：2W=连续4次反应正确率100%；1W=连续4次反应正确率100%；M=连续3次反应正确率100%	**自然环境标准：**目标行为可在自然环境下泛化到3种新的自然发生的活动中	**归档标准：**教学目标、维持标准和自然环境标准全部达标

目标列表

目标	基线 %	开始日期	达标日期	消退程序		
				维持阶段	自然环境下教学开始日期	归档日期
“那是什么”						
1. 目标1：						
2. 目标2：						

续表

目标	基线 %	开始日期	达标日期	消退程序		
				维持阶段	自然环境下教学开始日期	归档日期
3. 目标 3：						
4. 目标 4：						
5. 目标 5：						
“那是谁”						
6. 目标 6：						
7. 目标 7：						
8. 目标 8：						
9. 目标 9：						
10. 目标 10：						
11. “那是什么”和“那是谁”随机转换						
12. 不同环境下的技能泛化，环境 1：						
13. 不同环境下的技能泛化，环境 2：						
14. 维持阶段：在不同环境下进行评估				2W 1W M		

实施该任务分析的具体建议：

- 确保受训者已经学会了相关准备技能。例如，适用于“提问‘那是什么’和‘那是谁’来获得信息”的准备技能包括：命名物品、命名熟悉的人物课程（见本套教程第一分册）。
- 如果受训者对大多数物品和（或）人物的名称很熟悉，那么当遇到不认识的物品或人物时，训练师不要立刻讲出该物品或人物的名称，这样做是为保证教学目标能够顺利进行。一些受训者能够很快地学会不认识的物品或人物，这就增加了训练师授课的难度，因为，受训者被告知了物品或人物的名称并且掌握了该物品或人物后，他们就没有进行提问的需求了。恰当的做法是，当受训者提问“那是什么”或“那是谁”时，训练师可以给出类似这样的陈述：“让我们一起合作讨论这个问题”或“我过几分钟再回答你”，这样不认识的物品或人物就可以再次出现在目标项里。值得注意的是，如果受训者再一次对同一事物提出疑问，训练师就必须给出正确的答案，然后找出一个新的大家不认识的物品或人物来继续进行教学任务。

向其他人询问社交问题

等级：□ 1 □ 2 □ 3

S^D： 下达指令“向……提出和他 / 她有关的问题”（例如，“向妈妈提出和她有关的问题”）（例如，“你好吗？”或“你最喜欢什么颜色？”）	**反应：** 受训者能够向其他人询问与他们自身有关的问题（即口头地，通过图片交换沟通系统或者手语）
数据收集：技能习得	**目标标准：**在 2 位训练师的交叉教学中连续 3 天反应正确率达到 80% 或 80% 以上
材料：强化物，可供选择的各种社交问题的列表	

消退程序

维持标准：2W= 连续 4 次反应正确率 100%；1W= 连续 4 次反应正确率 100%；M= 连续 3 次反应正确率 100%	**自然环境标准：**目标行为可在自然环境下泛化到 3 种新的自然发生的活动中	**归档标准：**教学目标、维持标准和自然环境标准全部达标

目标列表

对教学目标的建议和试探结果

对教学目标的建议：你好吗？你最喜欢的颜色是什么？你养宠物了吗？你叫什么名字？你几岁了？你在做什么？你怎么了？你喜欢玩……吗？你喜欢看电视节目吗？你喜欢什么运动？
试探结果（已掌握目标）：

目标	基线 %	开始日期	达标日期	消退程序		
				维持阶段	自然环境下教学开始日期	归档日期
1. 目标 1：						
2. 目标 2：						

续表

目标	基线 %	开始日期	达标日期	消退程序		
				维持阶段	自然环境下教学开始日期	归档日期
3. 目标 1 和目标 2：随机转换						
4. 目标 3：						
5. 目标 4：						
6. 已达成的目标：随机转换						
7. 目标 5：						
8. 目标 6：						
9. 已达成的目标：随机转换						
10. 目标 7：						
11. 目标 8：						
12. 已达成的目标：随机转换						
13. 目标 9：						
14. 目标 10：						
15. 已达成的目标：随机转换						
16. 不同环境下的技能泛化，环境 1：						
17. 不同环境下的技能泛化，环境 2：						
18. 维持阶段：在不同环境下进行评估				2W 1W M		

实施该任务分析的具体建议：

- 确保受训者已经学会了相关准备技能。例如，适用于“向其他人询问社交问题”的准备技能包括：掌握本套教程第一分册回答简单的社交问题课程和第二分册中的回答社交问题课程。
- 为询问各种社交问题提供视觉辅助是十分有帮助的。你可以展示给受训者一个问题清单，鼓励他们用不同问题提问。当某个问题被问到了，你就要把此问题从清单上移除，这样做是为了辅助受训者提出更多不同的问题。
- 此项目可与各交互评论项目同时进行（例如，第二分册中“互换信息”或本册中的“回应小伙伴发起的对话”）。

闲谈

等级：□ 1 □ 2 □ 3

S^D： 提问普通问题或进行一般性的陈述（例如，“天气怎么样”）	**反应：** 受训者能够就日常问题或一般性陈述进行聊天（例如，“今天天气真好，比昨天好多了”）
数据收集：技能习得	**目标标准：**在 2 位训练师的交叉教学中连续 3 天零辅助作出正确反应
材料：强化物，可供选择的各种社交问题的列表	

消退程序

维持标准：2W= 连续 4 次反应正确率 100%；1W= 连续 4 次反应正确率 100%；M= 连续 3 次反应正确率 100%	**自然环境标准：**目标行为可在自然环境下泛化到 3 种新的自然发生的活动中	**归档标准：**教学目标、维持标准和自然环境标准全部达标

目标列表

对教学目标的建议和试探结果

对教学目标的建议：你今天过得怎么样？我喜欢这种天气。我今天太累了。假期准备得怎么样了？一想到周末我就很激动。你去过（新开的商店或季节性节日）吗？我喜欢你的装备。你听说（新闻里的某件事）了吗？假期 / 暑期你做了什么特别的事情吗？
试探结果（已掌握目标）：

目标	基线：辅助次数与类型	开始日期	达标日期	消退程序		
				维持阶段	自然环境下教学开始日期	归档日期
1. 目标 1：						
2. 目标 2：						

续表

目标	基线：辅助次数与类型	开始日期	达标日期	消退程序		
				维持阶段	自然环境下教学开始日期	归档日期
3. 目标 1 和目标 2：随机转换						
4. 目标 3：						
5. 目标 4：						
6. 已达成的目标：随机转换						
7. 目标 5：						
8. 目标 6：						
9. 已达成的目标：随机转换						
10. 目标 7：						
11. 目标 8：						
12. 已达成的目标：随机转换						
13. 目标 9：						
14. 目标 10：						
15. 已达成的目标：随机转换						
16. 不同环境下的技能泛化，环境 1：						

续表

目标	基线：辅助次数与类型	开始日期	达标日期	消退程序		
				维持阶段	自然环境下教学开始日期	归档日期
17. 不同环境下的技能泛化，环境 2：						
18. 维持阶段：在不同环境下进行评估				2W 1W M		

实施该任务分析的具体建议：

- 确保受训者已经学会了相关准备技能。例如，适用于“闲谈”的准备技能包括：掌握回答简单的社交问题课程（见本套教程第一分册），回答社交问题和回答关于“什么”的问题相关课程（见本套教程第二分册）。
- 在教授此课程目标时，可以考虑进行角色扮演，把训练师想象成不熟悉的人（例如，杂货店的店员、邮递员、其他班级的训练师等）。
- 考虑把此课程与本章的“适宜地结束对话”相结合进行教学；授课的方式是把自然地结束对话技能融入闲谈技能中。

回应小伙伴发起的对话

等级：□ 1 □ 2 □ 3

S^D： 一个小伙伴向受训者发起一段对话（训练师可能需要辅助小伙伴向受训者提问或作出评论）	**反应：** 受训者能够给出恰当的（与主题相关）的回应
数据收集：辅助数据（辅助次数与类型）	**目标标准：**在 2 位训练师的交叉教学中连续 3 天零辅助作出正确反应
材料：强化物	

消退程序

维持标准：2W= 连续 4 次反应正确率 100%；1W= 连续 4 次反应正确率 100%；M= 连续 3 次反应正确率 100%	**自然环境标准：**目标行为可在自然环境下泛化到 3 种新的自然发生的活动中	**归档标准：**教学目标、维持标准和自然环境标准全部达标

目标列表

对教学目标的建议和试探结果

对教学目标的建议：你今天过得怎么样？我喜欢这种天气。我今天太累了。假期准备得怎么样了？一想到周末我就很激动。你去过（新开的商店或季节性节日）吗？我喜欢你的装备。你听说（新闻里的某件事）了吗？假期 / 暑期你做了什么特别的事情吗？
试探结果（已掌握目标）：

目标	基线：辅助次数与类型	开始日期	达标日期	消退程序		
				维持阶段	自然环境下教学开始日期	归档日期
1. 目标 1：1 条与主题相关的回应						
2. 目标 2：2 条与主题相关的回应						

续表

目标	基线：辅助次数与类型	开始日期	达标日期	消退程序		
				维持阶段	自然环境下教学开始日期	归档日期
3. 泛化到不同的小伙伴						
4. 不同环境下的技能泛化，环境 1：						
5. 不同环境下的技能泛化，环境 2：						
6. 维持阶段：在不同环境下进行评估				2W 1W M		

实施该任务分析的具体建议：

- 确保在受训者之间开展此技能训练；为技能泛化提供一个可选择的环境。

赞美

等级：□ 1 □ 2 □ 3

S^D： A. 对受训者在一项活动中的表现给出称赞，可以称赞他们的粗大动作技能或他们的个人物品（例如，“你的绘画真是太棒了”） B. 完成一项活动，做一个动作或者展示一件个人物品（例如，“看看我的新衬衫”）	**反应：** A. 受训者能够针对某活动、粗大运动技能或个人物品进行交互式赞美 B. 受训者能够针对某活动、粗大运动技能或个人物品发起一次赞美
数据收集：技能习得	**目标标准：**在 2 位训练师的交叉教学中连续 3 天反应正确率达到 80% 或 80% 以上
材料：强化物	

消退程序

维持标准：2W= 连续 4 次反应正确率 100%；1W= 连续 4 次反应正确率 100%；M= 连续 3 次反应正确率 100%	**自然环境标准：**目标行为可在自然环境下泛化到 3 种新的自然发生的活动中	**归档标准：**教学目标、维持标准和自然环境标准全部达标

目标列表

对教学目标的建议和试探结果

对教学目标的建议：出色的……；我喜欢你的……；你很擅长……；哇，你跳得真高；你长得真好看；你真是太擅长……了；你真有趣；你有漂亮的……；对于……你干得非常好
试探结果（已掌握目标）：

目标	基线 %	开始日期	达标日期	消退程序		
				维持阶段	自然环境下教学开始日期	归档日期
1. S^D A：目标 1：针对 1 项活动互相赞美						
2. S^D A：目标 2：针对 1 件个人物品互相赞美						

续表

目标	基线 %	开始日期	达标日期	消退程序		
				维持阶段	自然环境下教学开始日期	归档日期
3. S^D A：目标 3：针对 1 项运动技能互相赞美						
4. 已达成的目标：随机转换						
5. 不同环境下的技能泛化，环境 1：						
6. 不同环境下的技能泛化，环境 2：						
7. S^D B：目标 1：针对 1 项活动发起一次赞美						
8. S^D B：目标 2：针对 1 件个人物品发起一次赞美						
9. S^D B：目标 3：针对 1 项运动技能发起一次赞美						
10. S^D B：已达成的目标：随机转换						
11. 不同环境下的技能泛化，环境 1：						
12. 不同环境下的技能泛化，环境 2：						
13. 维持阶段：在不同环境下进行评估				2W 1W M		

实施该任务分析的具体建议：

- 确保受训者已经学会了相关准备技能。例如，适用于“赞美”的准备技能包括：掌握本套教程前两册中关于打招呼和告别的技能，扩展句子长度相关任务分析，扩展句子开头和互换信息课程（见本套教程第二分册）。
- 应使用与受训者年龄相适应的赞美（例如，一个 3 岁左右的受训者不可能做出类似“太震撼了”这样的赞美）。

以不感兴趣的话题展开对话

等级：□ 1 □ 2 □ 3

S^D： 给受训者一个不感兴趣的话题的陈述（例如，“昨天晚上我有好多作业”）	**反应：** 受训者能够根据主题提出后续问题，维持会话以及适时地结束对话
数据收集：辅助数据（辅助次数与类型）	**目标标准：**在 2 位训练师的交叉教学中连续 3 天零辅助作出正确反应
材料：强化物	

消退程序

维持标准：2W= 连续 4 次反应正确率 100%；1W= 连续 4 次反应正确率 100%；M= 连续 3 次反应正确率 100%	**自然环境标准：**目标行为可在自然环境下泛化到 3 种新的自然发生的活动中	**归档标准：**教学目标、维持标准和自然环境标准全部达标

目标列表

对教学目标的建议和试探结果

对教学目标的建议：另一受训者的兴趣 / 爱好，时政要闻，发生在家人 / 朋友圈的大事，别人刚刚在做的一件事，受训者不感兴趣的事情（例如，烹饪、购物、父母的工作等）
试探结果（已掌握目标）：

目标	基线：辅助次数与类型	开始日期	达标日期	消退程序		
				维持阶段	自然环境下教学开始日期	归档日期
1 分钟						
1. 目标 1：						
2. 目标 2：						

续表

目标	基线：辅助次数与类型	开始日期	达标日期	消退程序		
				维持阶段	自然环境下教学开始日期	归档日期
3. 目标 1 和目标 2：随机转换						
4. 目标 3：						
5. 目标 4：						
6. 已达成的目标：随机转换						
2 分钟						
7. 目标 1：						
8. 目标 2：						
9. 目标 1 和目标 2：随机转换						
10. 目标 3：						
11. 目标 4：						
12. 已达成的目标：随机转换						
3 分钟						
13. 目标 1：						
14. 目标 2：						

续表

目标	基线：辅助次数与类型	开始日期	达标日期	消退程序		
				维持阶段	自然环境下教学开始日期	归档日期
15. 目标 1 和目标 2：随机转换						
16. 目标 3：						
17. 目标 4：						
18. 已达成的目标：随机转换						
19. 不同环境下的技能泛化，环境 1：						
20. 不同环境下的技能泛化，环境 2：						
21. 维持阶段：在不同环境下进行评估				2W 1W M		

实施该任务分析的具体建议：

- 确保受训者已经学会了相关准备技能。例如，适用于“以不感兴趣的话题展开对话”的准备技能包括：掌握打招呼和告别方面的技能（见本套教程第一分册），掌握回答关于“什么”“何时”“何处”的问题方面的技能（见本套教程第二分册），以及掌握常识与推理方面的技能，回答关于“如何”和“为什么”的问题的技能，根据陈述询问后续问题以及维持一段对话方面的技能（见本分册）。

名词描述

等级：□ 1 □ 2 □ 3

S^D： “（名词）是什么样子的”或者“描述（名词）”（例如，“妈妈长什么样子”或者“描述一所学校”）	**反应：** 受训者能够给出至少 2 条属性来描述指定名词
数据收集：技能习得	**目标标准：**在 2 位训练师的交叉教学中连续 3 天反应正确率达到 80% 或 80% 以上
材料：强化物，备选材料：受训者要尝试描述的名词的图片（图片可于附赠的 DVD 中获取）	

消退程序

维持标准：2W= 连续 4 次反应正确率 100%；1W= 连续 4 次反应正确率 100%；M= 连续 3 次反应正确率 100%	**自然环境标准：**目标行为可在自然环境下泛化到 3 种新的自然发生的活动中	**归档标准：**教学目标、维持标准和自然环境标准全部达标

目标列表

对教学目标的建议和试探结果

对教学目标的建议：猫，狗，奶牛，拼图，球，风景，生日派对，晚餐，受训者认识的人，游乐园
试探结果（已掌握目标）：

目标	基线 %	开始日期	达标日期	消退程序		
				维持阶段	自然环境下教学开始日期	归档日期
1. 目标 1：						
2. 目标 2：						

续表

目标	基线 %	开始日期	达标日期	消退程序		
				维持阶段	自然环境下教学开始日期	归档日期
3. 目标 1 和 2：随机转换						
4. 目标 3：						
5. 目标 4：						
6. 已达成的目标：随机转换						
7. 目标 5：						
8. 目标 6：						
9. 已达成的目标：随机转换						
10. 目标 7：						
11. 目标 8：						
12. 已达成的目标：随机转换						
13. 目标 9：						
14. 目标 10：						
15. 已达成的目标：随机转换						
16. 不同环境下的技能泛化，环境 1：						

续表

目标	基线 %	开始日期	达标日期	消退程序		
				维持阶段	自然环境下教学开始日期	归档日期
17. 不同环境下的技能泛化，环境 2：						
18. 维持阶段：在不同环境下进行评估				2W 1W M		

实施该任务分析的具体建议：

- 确保受训者已经学会了相关准备技能。例如，适用于“名词描述”的准备技能包括：掌握命名人物、场所和物品的技能（见本套教程第一分册）。
- 如果使用图片作为辅助物，就要逐步消退提示以确保受训者能够学会在零辅助下回答问题。
- 如果受训者可以理解更复杂的口头刺激指令，也可以使用类似“给我讲一讲你妈妈的两个特征”这样的指令。

描述一项日常活动的步骤

等级：□ 1 □ 2 □ 3

S^D： “你如何（做一项日常活动）”（例如，“你如何洗手”）	**反应**： 受训者能够在无视觉提示下说明各步骤的顺序，列出至少3个步骤（“首先……，然后……，最后……”）
数据收集：辅助数据（辅助次数与类型）	**目标标准**：在2位训练师的交叉教学中连续3天零辅助作出正确反应
材料：强化物	

消退程序

维持标准：2W=连续4次零辅助完成技能；1W=连续4次零辅助完成技能；M=连续3次零辅助完成技能	**自然环境标准**：目标行为可在自然环境下泛化到3种新的自然发生的活动中	**归档标准**：教学目标、维持标准和自然环境标准全部达标

目标列表

对教学目标的建议和试探结果

对教学目标的建议：洗手，穿衣服，穿睡衣，刷牙，骑单车（即来到户外，带上安全帽，坐到单车上，踩脚踏板，等等），玩……游戏（搭建积木、拼图、棋盘游戏），手工制作（雕刻一个南瓜、画一幅画），堆雪人
试探结果（已掌握目标）：

目标	基线：辅助次数与类型	开始日期	达标日期	消退程序		
				维持阶段	自然环境下教学开始日期	归档日期
1. 目标1：						
2. 目标2：						

续表

目标	基线：辅助次数与类型	开始日期	达标日期	消退程序		
				维持阶段	自然环境下教学开始日期	归档日期
3. 目标 1 和 2：随机转换						
4. 目标 3：						
5. 目标 4：						
6. 已达成的目标：随机转换						
7. 目标 5：						
8. 目标 6：						
9. 已达成的目标：随机转换						
10. 目标 7：						
11. 目标 8：						
12. 已达成的目标：随机转换						
13. 目标 9：						
14. 目标 10：						
15. 已达成的目标：随机转换						
16. 不同环境下的技能泛化，环境 1：						

续表

目标	基线：辅助次数与类型	开始日期	达标日期	消退程序		
				维持阶段	自然环境下教学开始日期	归档日期
17. 不同环境下的技能泛化，环境 2：						
18. 维持阶段：在不同环境下进行评估				2W 1W M		

实施该任务分析的具体建议：

- 确保受训者已经学会了相关准备技能。例如，适用于“描述一项日常活动的步骤”的准备技能包括：掌握命名动作、场所和物品的技能（见本套教程第一分册）。

区分左和右

等级：□ 1 □ 2 □ 3

S^D： 指出特定的身体部位、服装种类或个人物品，并说"这是什么（物品）"	**反应：** 受训者能够分清"左/右（物品）"
数据收集：技能习得	**目标标准：**在 2 位训练师的交叉教学中连续 3 天反应正确率达到 80% 或 80% 以上
材料：各种训练师和受训者的服装和物品，强化物	

消退程序

维持标准：2W= 连续 4 次反应正确率 100%；1W= 连续 4 次反应正确率 100%；M= 连续 3 次反应正确率 100%	**自然环境标准：**目标行为可在自然环境下泛化到 3 种新的自然发生的活动中	**归档标准：**教学目标、维持标准和自然环境标准全部达标

目标列表

对教学目标的建议和试探结果

对教学目标的建议：左/右手，左/右脚，左/右耳，左/右眼，左/右鞋，左/右手肘，左/右肩膀，左/右膝盖，在受训者左/右边的衣物或物品
试探结果（已掌握目标）：

目标	基线 %	开始日期	达标日期	消退程序		
				维持阶段	自然环境下教学开始日期	归档日期
1. 目标 1：						
2. 目标 2：						

续表

目标	基线 %	开始日期	达标日期	消退程序		
				维持阶段	自然环境下教学开始日期	归档日期
3. 目标 1 和 2：随机转换						
4. 目标 3：						
5. 目标 4：						
6. 已达成的目标：随机转换						
7. 目标 5：						
8. 目标 6：						
9. 已达成的目标：随机转换						
10. 目标 7：						
11. 目标 8：						
12. 已达成的目标：随机转换						
13. 目标 9：						
14. 目标 10：						
15. 已达成的目标：随机转换						
16. 不同环境下的技能泛化，环境 1：						

续表

目标	基线 %	开始日期	达标日期	消退程序		
				维持阶段	自然环境下教学开始日期	归档日期
17. 不同环境下的技能泛化，环境 2：						
18. 维持阶段：在不同环境下进行评估				2W 1W M		

实施该任务分析的具体建议：

- 确保受训者已经学会了相关准备技能。例如，适用于“区分左和右”的准备技能包括：掌握命名身体部位和命名物品的技能（见本套教程第一分册），以及掌握上一章区分左和右的技能（见本套教程第二分册）。

感同身受的陈述或询问

等级：□ 1 □ 2 □ 3

指令： 做一个陈述，这个陈述要尽量引出受训者感同身受的回应或询问。例如“哎哟，好疼啊！”	**反应：** 受训者能够给出同情地回应或询问
数据收集：技能习得	**目标标准：**在 2 位训练师的交叉教学中连续 3 天反应正确率达到 80% 或 80% 以上
材料：强化物	

消退程序

维持标准：2W= 连续 4 次反应正确率 100%；1W= 连续 4 次反应正确率 100%；M= 连续 3 次反应正确率 100%	**自然环境标准：**目标行为可在自然环境下泛化到 3 种新的自然发生的活动中	**归档标准：**教学目标、维持标准和自然环境标准全部达标

目标列表

对教学目标的建议和试探结果

对教学目标的建议：

能够引出一个感同身受表达的论述：哎哟，我感觉很不好；哦，不；哦，天呐；好疼；我病了；我很难过；我害怕尝试；昨天是糟糕的一天；我的……受伤了

训练师尝试引出或教授的论述：你还好吗；一定有不对劲的；事情进展得很好，不用担心，一切都会很顺利的；一切都好吗；你感觉怎么样；事情会解决的；你为什么［行动］；我会一直陪着你；发生了什么事；我感到遗憾

试探结果（已掌握目标）：

目标	基线 %	开始日期	达标日期	消退程序		
				维持阶段	自然环境下教学开始日期	归档日期
1. 目标 1：						

续表

目标	基线 %	开始日期	达标日期	消退程序		
				维持阶段	自然环境下教学开始日期	归档日期
2. 目标 2：						
3. 目标 1 和 2：随机转换						
4. 目标 3：						
5. 目标 4：						
6. 已达成的目标：随机转换						
7. 目标 5：						
8. 目标 6：						
9. 已达成的目标：随机转换						
10. 目标 7：						
11. 目标 8：						
12. 已达成的目标：随机转换						
13. 目标 9：						
14. 目标 10：						
15. 已达成的目标：随机转换						

续表

目标	基线 %	开始日期	达标日期	消退程序		
				维持阶段	自然环境下教学开始日期	归档日期
16. 不同环境下的技能泛化，环境 1：						
17. 不同环境下的技能泛化，环境 2：						
18. 维持阶段：在不同环境下进行评估				2W 1W M		

实施该任务分析的具体建议：

- 确保受训者已经学会了相关准备技能。例如，适用于“感同身受的陈述或询问”的准备技能包括：见本套教程第二分册关于情感的接受性和表达性语言技能，以及掌握本册教程中的后续技能，包括：评论方面的技能，复杂的情绪的接受性和表达性语言技能，以及考虑自己和考虑他人的课程。

适宜地结束对话

等级：□ 1 □ 2 □ 3

S^D： 使受训者参与对话	**反应：** 受训者能够参与对话并且适宜地结束对话
数据收集：辅助数据（辅助次数与类型）	**目标标准：**在 2 位训练师的交叉教学中连续 3 天反应正确率达到 80% 或 80% 以上
材料：强化物	

消退程序

维持标准：2W= 连续 4 次零辅助完成技能；1W= 连续 4 次零辅助完成技能；M= 连续 3 次零辅助完成技能	**自然环境标准：**目标行为可在自然环境下泛化到 3 种新的自然发生的活动中	**归档标准：**教学目标、维持标准和自然环境标准全部达标

目标列表

对教学目标的建议和试探结果

对教学目标的建议：和你聊天真是太愉快了；我也很高兴与你聊天；拜拜；一会儿见；再见；我得走了；不好意思，我得马上走了；一会儿再聊；很高兴见到你
试探结果（已掌握目标）：

目标	基线：辅助次数与类型	开始日期	达标日期	消退程序		
				维持阶段	自然环境下教学开始日期	归档日期
1. 目标 1：						
2. 目标 2：						

续表

目标	基线：辅助次数与类型	开始日期	达标日期	消退程序		
				维持阶段	自然环境下教学开始日期	归档日期
3. 已达成的目标：随机转换						
4. 目标 3：						
5. 目标 4：						
6. 已达成的目标：随机转换						
7. 目标 5：						
8. 目标 6：						
9. 已达成的目标：随机转换						
10. 目标 7：						
11. 目标 8：						
12. 已达成的目标：随机转换						
13. 目标 9：						
14. 目标 10：						
15. 已达成的目标：随机转换						
16. 不同环境下的技能泛化，环境 1：						

续表

目标	基线：辅助次数与类型	开始日期	达标日期	消退程序		
				维持阶段	自然环境下教学开始日期	归档日期
17. 不同环境下的技能泛化，环境 2：						
18. 维持阶段：在不同环境下进行评估				2W 1W M		

实施该任务分析的具体建议：

- 确保受训者已经学会了相关准备技能。例如，适用于“适宜地结束对话”的准备技能包括：打招呼和告别技能（见本套教程第一分册），以及短语的口头模仿技能（见本套教程第二分册）。
- 目标项可以单独或分组进行（例如，目标 1：拜，拜拜，再见）。
- 在进行对话前，复习如何结束对话（即使用对话查阅列表）。
- 在受训者第一次被要求结束对话时记录数据。
- 建议受训者练习结束对话技能按照下列顺序进行（成人，同一集体中的同龄人，自然环境中的同龄人）。
- 为了丰富教学内容，在教学过程中可以包含游戏、习题册和角色扮演等形式。

根据动作命名社会服务人员

等级：□ 1 □ 2 □ 3

S^D： A. 询问“谁做（描述一位社会服务人员的动作）”，例如，“谁灭火”或“谁照顾病人” B. 询问“（某社会服务人员）做什么”，例如，“消防员做什么”	**反应：** A. 受训者能够说出社会服务人员的名称 B. 受训者能够识别社会服务人员的动作
数据收集：技能习得	**目标标准：**在 2 位训练师的交叉教学中连续 3 天反应正确率达到 80% 或 80% 以上
材料：社会服务人员的图片（作为视觉提示来使用）和强化物（图片可于附赠的 DVD 中获取）	

消退程序

维持标准：2W= 连续 4 次反应正确率 100%；1W= 连续 4 次反应正确率 100%；M= 连续 3 次反应正确率 100%	**自然环境标准：**目标行为可在自然环境下泛化到 3 种新的自然发生的活动中	**归档标准：**教学目标、维持标准和自然环境标准全部达标

目标列表

对教学目标的建议和试探结果

对教学目标的建议：谁来帮助生病的人？（医生。）在学校谁帮助你学习？（老师。）谁能驾驶飞机？（飞行员。）谁来灭火？（消防员。）你会去找谁给你清洁牙齿？（牙医。）谁来维持公共安全？（警察。）谁负责投递邮件？（邮递员。）谁协助医生照顾病人？（护士。）谁管理图书馆？（图书管理员。）谁乘坐火箭前往外太空？（宇航员。）谁种植蔬菜饲养动物？（农民。）

试探结果（已掌握目标）：

目标	基线 %	开始日期	达标日期	消退程序		
				维持阶段	自然环境下教学开始日期	归档日期
1. S^D A：目标 1：						
2. S^D A：目标 2：						

续表

目标	基线 %	开始日期	达标日期	消退程序		
				维持阶段	自然环境下教学开始日期	归档日期
3. 目标 1 和目标 2：随机转换						
4. S^D A：目标 3：						
5. S^D A：目标 4：						
6. 已达成的目标：随机转换						
7. S^D A：目标 5：						
8. S^D A：目标 6：						
9. 已达成的目标：随机转换						
10. S^D A：目标 7：						
11. S^D A：目标 8：						
12. 已达成的目标：随机转换						
13. S^D A：目标 9：						
14. S^D A：目标 10：						
15. 已达成的目标：随机转换						
16. 不同环境下的技能泛化，环境 1：						
17. 不同环境下的技能泛化，环境 2：						

续表

目标	基线 %	开始日期	达标日期	消退程序		
				维持阶段	自然环境下教学开始日期	归档日期
18. 维持阶段：在不同环境下进行评估				2W 1W M		
19. S^D B：目标 1：						
20. S^D B：目标 2：						
21. 目标 1 和目标 2：随机转换						
22. S^D B：目标 3：						
23. S^D B：目标 4：						
24. 已达成的目标：随机转换						
25. S^D B：目标 5：						
26. S^D B：目标 6：						
27. 已达成的目标：随机转换						
28. S^D B：目标 7：						
29. S^D B：目标 8：						
30. 已达成的目标：随机转换						
31. S^D B：目标 9：						
32. S^D B：目标 10：						

续表

目标	基线 %	开始日期	达标日期	消退程序		
				维持阶段	自然环境下教学开始日期	归档日期
33. 已达成的目标：随机转换						
34. 不同环境下的技能泛化，环境 1：						
35. 不同环境下的技能泛化，环境 2：						
36. 维持阶段：在不同环境下进行评估				2W 1W M		

命名复杂的类别

等级：□ 1 □ 2 □ 3

S^D： “说出（某个类别）的名称”（例如，“说出生活在农场的动物”或“说说你在夏天穿的衣服”）	**反应：** 受训者能够在指定类别中说出 4~5 件事物名称
数据收集：技能习得	**目标标准：**在 2 位训练师的交叉教学中连续 3 天反应正确率达到 80% 或 80% 以上
材料：强化物	

消退程序

维持标准：2W= 连续 4 次反应正确率 100%；1W= 连续 4 次反应正确率 100%；M= 连续 3 次反应正确率 100%	**自然环境标准：**目标行为可在自然环境下泛化到 3 种新的自然发生的活动中	**归档标准：**教学目标、维持标准和自然环境标准全部达标

目标列表

对教学目标的建议和试探结果

对教学目标的建议：说出生活在农场的动物的名称，说出生活在海洋中的动物的名称，说出你早餐所吃的食物名称，说出你晚餐所吃的食物名称，说出你卧室里家具的名称，说出你度假地的风景名称，说出不同种类的甜点，说出冰淇淋的不同口味，说出在路上行驶的交通工具，说出不在路上行驶的交通工具
试探结果（已掌握目标）：

目标	基线 %	开始日期	达标日期	消退程序		
				维持阶段	自然环境下教学开始日期	归档日期
1. 目标 1：						
2. 目标 2：						

续表

目标	基线 %	开始日期	达标日期	消退程序		
				维持阶段	自然环境下教学开始日期	归档日期
3. 目标 1 和 2：随机转换						
4. 目标 3：						
5. 目标 4：						
6. 已达成的目标：随机转换						
7. 目标 5：						
8. 目标 6：						
9. 已达成的目标：随机转换						
10. 目标 7：						
11. 目标 8：						
12. 已达成的目标：随机转换						
13. 目标 9：						
14. 目标 10：						
15. 已达成的目标：随机转换						
16. 不同环境下的技能泛化，环境 1：						

续表

目标	基线 %	开始日期	达标日期	消退程序		
				维持阶段	自然环境下教学开始日期	归档日期
17. 不同环境下的技能泛化，环境 2：						
18. 维持阶段：在不同环境下进行评估				2W 1W M		

实施该任务分析的具体建议：

- 确保受训者已经学会了相关准备技能。例如，适用于“命名复杂的类别”的准备技能包括：根据类别分类技能（见本套教程第一分册），以及根据功能分类物品和图片技能（见本套教程第二分册）。
- 如果受训者在区分指定的类别上有困难，可以采取这样的教学策略：使用根据类别分类（见本套教程第一分册）课程中的图片 / 材料，让受训者把这些图片归入各个类别中，然后把分好后的图片作为视觉辅助使用。一旦受训者可以分清某一类别的事物，训练师应该撤销视觉辅助。
- 在训练过程中经常变换图片，避免受训者出现死记硬背的情况。

命名复杂的情绪

等级：□ 1 □ 2 □ 3

S^D： 呈现给受训者一张绘有特定情景下的某种情绪的图片，询问"他 / 她有什么样的感受"或"他 / 她感觉怎样"（例如，领奖的男孩正在微笑——他是自豪的）	**反应：** 受训者能够说出图片中描绘的情绪
数据收集：技能习得	**目标标准：**在 2 位训练师的交叉教学中连续 3 天反应正确率达到 80% 或 80% 以上
材料：绘有各种各样情绪的人物图片和强化物；替代材料：观看显现人物情绪的视频（图片可于附赠的 DVD 中获取）	

消退程序

维持标准：2W= 连续 4 次反应正确率 100%；1W= 连续 4 次反应正确率 100%；M= 连续 3 次反应正确率 100%	**自然环境标准：**目标行为可在自然环境下泛化到 3 种新的自然发生的活动中	**归档标准：**教学目标、维持标准和自然环境标准全部达标

目标列表

对教学目标的建议和试探结果

对教学目标的建议：焦虑，沮丧，尴尬，紧张，兴奋，无聊，担心，疑惑，骄傲，嫉妒
试探结果（已掌握目标）：

目标	基线 %	开始日期	达标日期	消退程序		
				维持阶段	自然环境下教学开始日期	归档日期
1. 目标 1：						
2. 目标 2：						

续表

目标	基线 %	开始日期	达标日期	消退程序		
				维持阶段	自然环境下教学开始日期	归档日期
3. 已达成的目标：随机转换						
4. 目标 3：						
5. 目标 4：						
6. 已达成的目标：随机转换						
7. 目标 5：						
8. 目标 6：						
9. 已达成的目标：随机转换						
10. 目标 7：						
11. 目标 8：						
12. 已达成的目标：随机转换						
13. 目标 9：						
14. 目标 10：						
15. 已达成的目标：随机转换						
16. 不同环境下的技能泛化，环境 1：						

续表

目标	基线 %	开始日期	达标日期	消退程序		
				维持阶段	自然环境下教学开始日期	归档日期
17. 不同环境下的技能泛化，环境 2：						
18. 维持阶段：在不同环境下进行评估				2W 1W M		

实施该任务分析的具体建议：

- 确保受训者已经学会了相关准备技能。例如，适用于“命名复杂的情绪”的准备技能包括：掌握关于各种情感的接受性和表达性语言技能（见本套教程第二分册），以及辨别复杂的情绪技能（见本分册）。
- 课程中使用的图片应该绘有某种社交情景（例如，一个领奖的小男孩正在微笑——他是自豪的），这样，受训者可以从自然线索中更好地理解图片中人物的感受。

命名各种材料构成

等级：□ 1 □ 2 □ 3

S^D： 呈现给受训者一件物品的图片并且询问"……是用什么材料做成的"，例如，"水槽是由什么材料做成的"或"原木是由什么材料做成的"	**反应：** 受训者能够命名图片中物品的材料构成
数据收集：技能习得	**目标标准：**在 2 位训练师的交叉教学中连续 3 天反应正确率达到 80% 或 80% 以上
材料：由不同材料组成的物品图片和强化物（图片可于附赠的 DVD 中获取）	

消退程序

维持标准：2W= 连续 4 次反应正确率 100%；1W= 连续 4 次反应正确率 100%；M= 连续 3 次反应正确率 100%	**自然环境标准：**目标行为可在自然环境下泛化到 3 种新的自然发生的活动中	**归档标准：**教学目标、维持标准和自然环境标准全部达标

目标列表

对教学目标的建议和试探结果

对教学目标的建议：木材，纸张，玻璃，塑料，金属，布料，皮革，石材，水泥，砖头
试探结果（已掌握目标）：

目标	基线 %	开始日期	达标日期	消退程序		
				维持阶段	自然环境下教学开始日期	归档日期
1. 目标 1：						
2. 目标 2：						

续表

目标	基线 %	开始日期	达标日期	消退程序		
				维持阶段	自然环境下教学开始日期	归档日期
3. 目标 1 和目标 2：随机转换						
4. 目标 3：						
5. 目标 4：						
6. 已达成的目标：随机转换						
7. 目标 5：						
8. 目标 6：						
9. 已达成的目标：随机转换						
10. 目标 7：						
11. 目标 8：						
12. 已达成的目标：随机转换						
13. 目标 9：						
14. 目标 10：						
15. 已达成的目标：随机转换						
16. 不同环境下的技能泛化，环境 1：						

续表

目标	基线 %	开始日期	达标日期	消退程序		
				维持阶段	自然环境下教学开始日期	归档日期
17. 不同环境下的技能泛化，环境 2：						
18. 维持阶段：在不同环境下进行评估				2W 1W M		

实施该任务分析的具体建议：

- 确保受训者已经学会了相关准备技能。例如，适用于“命名各种材料构成”的准备技能包括：掌握本套教程前两分册中的接受性语言技能相关课程内容，掌握回答简单的关于“什么”的问题技能（见本套教程第二分册），以及辨别各种材料构成技能（见本分册）。

根据描述命名物品

等级：□ 1 □ 2 □ 3

S^D： 用 2~3 个属性描述一件物品，询问“它是什么”，例如，“它是圆形的而且具有弹性，它是什么？”（球）	**反应：** 受训者能够命名被描述的物品
数据收集：技能习得	**目标标准：**在 2 位训练师的交叉教学中连续 3 天反应正确率达到 80% 或 80% 以上
材料：强化物	

消退程序

维持标准：2W= 连续 4 次反应正确率 100%；1W= 连续 4 次反应正确率 100%；M= 连续 3 次反应正确率 100%	**自然环境标准：**目标行为可在自然环境下泛化到 3 种新的自然发生的活动中	**归档标准：**教学目标、维持标准和自然环境标准全部达标

目标列表

对教学目标的建议和试探结果

对教学目标的建议：它是圆形的且有弹性（球）；它是红色的且长在树上（苹果）；它是白色的、蓬松的且在天上飘（云朵）；它会变热，你用它来烹饪和烤火（火炉）；你可以坐在它上面，踩它的脚踏板，并且它可以载你去你想去的地方（自行车）；它有毛发，可以是大型的也可以是小型的，且它喜欢骨头（狗）；它有四个轮子，在轨道上行驶并且需要有人驾驶它（火车）；你把果汁倒在它的里面，然后用它来喝果汁（杯子）；它有四条腿，有长长的脖子和周身的斑点（长颈鹿）；它有翅膀，可以飞行并发出啾啾的叫声（鸟）；它们有着丰富的色彩且你用它们着色（蜡笔）

试探结果（已掌握目标）：

目标	基线 %	开始日期	达标日期	消退程序		
				维持阶段	自然环境下教学开始日期	归档日期
1. 目标 1：						

续表

目标	基线 %	开始日期	达标日期	消退程序		
				维持阶段	自然环境下教学开始日期	归档日期
2. 目标 2：						
3. 目标 1 和目标 2：随机转换						
4. 目标 3：						
5. 目标 4：						
6. 已达成的目标：随机转换						
7. 目标 5：						
8. 目标 6：						
9. 已达成的目标：随机转换						
10. 目标 7：						
11. 目标 8：						
12. 已达成的目标：随机转换						
13. 目标 9：						
14. 目标 10：						
15. 已达成的目标：随机转换						

续表

目标	基线 %	开始日期	达标日期	消退程序		
				维持阶段	自然环境下教学开始日期	归档日期
16. 不同环境下的技能泛化，环境 1：						
17. 不同环境下的技能泛化，环境 2：						
18. 维持阶段：在不同环境下进行评估				2W 1W M		

实施该任务分析的具体建议：

- 确保受训者已经学会了相关准备技能。例如，适用于“根据描述命名物品”的准备技能包括：掌握对物品、食物、动物、交通工具和自然环境中物品的接受性与表达性语言技能训练（见本套教程第一分册），掌握属性和功能性物品的接受性与表达性语言技能（见本套教程第二分册）。

根据描述命名地点

等级：□ 1 □ 2 □ 3

S^D： 用 2~3 个属性描述一个地点，询问“它是哪里”，例如，“你到这里来学习而且这里有许多不同的班级，它是哪里”（学校）	**反应：** 受训者能够命名被描述的地点
数据收集：技能习得	**目标标准：**在 2 位训练师的交叉教学中连续 3 天反应正确率达到 80% 或 80% 以上
材料：强化物	

消退程序

维持标准：2W= 连续 4 次反应正确率 100%；1W= 连续 4 次反应正确率 100%；M= 连续 3 次反应正确率 100%	**自然环境标准：**目标行为可在自然环境下泛化到 3 种新的自然发生的活动中	**归档标准：**教学目标、维持标准和自然环境标准全部达标

目标列表

对教学目标的建议和试探结果

对教学目标的建议：充满阳光还有成片的沙子的地方（海滩）；许多孩子在这个地方玩旋转木马和滑滑梯（操场）；你能够学习，并且有许多不同的班级（学校）；你可以祷告并且了解圣经 / 律法的地方（教堂）；你可以购买食物和饮品的地方（食杂店）；你可以参观长颈鹿、猴子、熊等动物的地方（动物园）；当你生病了可能会去的地方，这里有许多医生和护士（医院）；当你想要吃鸡块、汉堡或炸薯条时你能去的地方（快餐店）；当你要旅行时你可以乘坐飞机的地方（机场）；有床并且你可以在晚上睡觉或打盹儿的地方（卧室）
试探结果（已掌握目标）：

目标	基线 %	开始日期	达标日期	消退程序		
				维持阶段	自然环境下教学开始日期	归档日期
1. 目标 1：						
2. 目标 2：						

续表

目标	基线 %	开始日期	达标日期	消退程序		
				维持阶段	自然环境下教学开始日期	归档日期
3. 目标 1 和目标 2：随机转换						
4. 目标 3：						
5. 目标 4：						
6. 已达成的目标：随机转换						
7. 目标 5：						
8. 目标 6：						
9. 已达成的目标：随机转换						
10. 目标 7：						
11. 目标 8：						
12. 已达成的目标：随机转换						
13. 目标 9：						
14. 目标 10：						
15. 已达成的目标：随机转换						
16. 不同环境下的技能泛化，环境 1：						

续表

目标	基线 %	开始日期	达标日期	消退程序		
				维持阶段	自然环境下教学开始日期	归档日期
17. 不同环境下的技能泛化，环境 2：						
18. 维持阶段：在不同环境下进行评估				2W 1W M		

实施该任务分析的具体建议：

- 确保受训者已经学会了相关准备技能。例如，适用于“根据表述命名地点”的准备技能包括：掌握对物品、食物、动物、交通工具和自然环境中物品的接受性与表达性语言技能（见本套教程第一分册），掌握属性、功能性物品的接受性与表达性语言技能（见本套教程第二分册）。

将来时态

等级：□ 1 □ 2 □ 3

S^D： A. 呈现给受训者一组图片，并询问“他 / 她接下来要去做什么” B. 呈现给受训者一个可视时间表，并询问“你要去哪里” C. 呈现给受训者一组人物图片或讨论一群人将要去做什么，并询问“这些人接下来要去做什么” D. 呈现给受训者一组图片，并询问“他 / 她将要去哪里”	**反应：** A. 受训者能够用正确的动词时态回答问题（例如，“她 / 他将要去池塘潜水”） B. 受训者能够用正确的动词时态回答问题（例如，“我要去图书馆”） C. 受训者能够用正确的动词时态回答问题（例如，“他们将要去吃晚餐”） D. 受训者能够用正确的动词时态回答问题（例如，“她 / 他将要去图书馆”）
数据收集：技能习得	**目标标准：**在 2 位训练师的交叉教学中连续 3 天反应正确率达到 80% 或 80% 以上
材料：3 个步骤组成的图片，可视时间表（图片或文字形式），以及强化物（图片可于附赠的 DVD 中获取）	

消退程序

维持标准：2W= 连续 4 次反应正确率 100%；1W= 连续 4 次反应正确率 100%；M= 连续 3 次反应正确率 100%	**自然环境标准：**目标行为可在自然环境下泛化到 3 种新的自然发生的活动中	**归档标准：**教学目标、维持标准和自然环境标准全部达标

目标列表

对教学目标的建议和试探结果

对教学目标的建议： S^DA 和 S^DC：将要做：喝，骑，写，吃，做……；玩，睡，工作，剪 S^DB 和 S^DD：将要去：杂货店，图书馆，学校，快餐店，教室，浴室，动物园，厨房等
试探结果（已掌握目标）：

目标	基线 %	开始日期	达标日期	消退程序		
				维持阶段	自然环境下教学开始日期	归档日期
S^D A:“要做……”						
1. S^D A: 目标 1:						
2. S^D A: 目标 2:						
3. S^D A: 目标 1 和目标 2: 随机转换						
4. S^D A: 目标 3:						
5. S^D A: 目标 4:						
6. S^D A: 已达成的目标: 随机转换						
7. S^D A: 目标 5:						
8. S^D A: 目标 6:						
9. S^D A: 已达成的目标: 随机转换						
10. S^D A: 目标 7:						
11. S^D A: 目标 8:						
12. S^D A: 已达成的目标: 随机转换						
13. S^D A: 目标 9:						
14. S^D A: 目标 10:						

续表

目标	基线 %	开始日期	达标日期	消退程序		
				维持阶段	自然环境下教学开始日期	归档日期
15. S^D A：已达成的目标：随机转换						
16. 不同环境下的技能泛化，环境 1：						
17. 不同环境下的技能泛化，环境 2：						
S^D B：“将要去……”						
18. S^D B：目标 1：						
19. S^D B：目标 2：						
20. S^D B：目标 1 和目标 2：随机转换						
21. S^D B：目标 3：						
22. S^D B：目标 4：						
23. S^D B：已达成的目标：随机转换						
24. S^D B：目标 5：						
25. S^D B：目标 6：						
26. S^D B：已达成的目标：随机转换						
27. S^D B：目标 7：						
28. S^D B：目标 8：						

续表

目标	基线 %	开始日期	达标日期	消退程序		
				维持阶段	自然环境下教学开始日期	归档日期
29. S^D B：已达成的目标：随机转换						
30. S^D B：目标 9：						
31. S^D B：目标 10：						
32. S^D B：已达成的目标：随机转换						
33. 不同环境下的技能泛化，环境 1：						
34. 不同环境下的技能泛化，环境 2：						
S^D C："环眼下要去……"						
35. S^D C：目标 1：						
36. S^D C：目标 2：						
37. S^D C：目标 1 和目标 2：随机转换						
38. S^D C：目标 3：						
39. S^D C：目标 4：						
40. S^D C：已达成的目标：随机转换						
41. S^D C：目标 5：						
42. S^D C：目标 6：						

续表

目标	基线 %	开始日期	达标日期	消退程序		
				维持阶段	自然环境下教学开始日期	归档日期
43. S^D C：已达成的目标：随机转换						
44. S^D C：目标 7：						
45. S^D C：目标 8：						
46. S^D C：已达成的目标：随机转换						
47. S^D C：目标 9：						
48. S^D C：目标 10：						
49. S^D C：已达成的目标：随机转换						
50. 不同环境下的技能泛化，环境 1：						
51. 不同环境下的技能泛化，环境 2：						
S^D D："还将要去……"						
52. S^D D：目标 1：						
53. S^D D：目标 2：						
54. S^D D：目标 1 和目标 2：随机转换						
55. S^D D：目标 3：						

续表

目标	基线 %	开始日期	达标日期	消退程序		
				维持阶段	自然环境下教学开始日期	归档日期
56. S^D D：目标 4：						
57. S^D D：已达成的目标：随机转换						
58. S^D D：目标 5：						
59. S^D D：目标 6：						
60. S^D D：已达成的目标：随机转换						
61. S^D D：目标 7：						
62. S^D D：目标 8：						
63. S^D D：已达成的目标：随机转换						
64. S^D D：目标 9：						
65. S^D D：目标 10：						
66. S^D D：已达成的目标：随机转换						
67. 不同环境下的技能泛化，环境 1：						
68. 不同环境下的技能泛化，环境 2：						
69. 维持阶段：在不同环境下进行评估				2W 1W M		

实施该任务分析的具体建议：

- 确保受训者已经学会了相关准备技能。例如，适用于“将来时态”的准备技能包括：掌握过去时态的动词和不规则过去时态的动词技能（见本套教程第二分册）。
- 为了帮助泛化技能，应当使用受训者在自然对话或与日常生活相关的动词作为目标。

常识与推理

等级：□ 1 □ 2 □ 3

S^D： A. 说“……想要去吃饭，他 / 她感觉……”（例如，“这个男孩想要去吃饭，他感觉……”或“这个女人想要去睡觉，她觉得……”） B.“当你……的时候，你会做什么”（例如，“当你口渴的时候你会做什么”）	**反应：** A. 受训者将合适的感觉 / 表述填入空格内（例如，“饥饿”或“他感到很饿”） B. 受训者能够口头说明他们想要做什么（例如，“喝水”或“我想要喝水”）
数据收集：技能习得	**目标标准：**在 2 位训练师的交叉教学中连续 3 天反应正确率达到 80% 或 80% 以上
材料：强化物	

消退程序

维持标准：2W= 连续 4 次反应正确率 100%；1W= 连续 4 次反应正确率 100%；M= 连续 3 次反应正确率 100%	**自然环境标准：**目标行为可在自然环境下泛化到 3 种新的自然发生的活动中	**归档标准：**教学目标、维持标准和自然环境标准全部达标

目标列表

对教学目标的建议和试探结果

对教学目标的建议：饥饿，喝，累，冷，热，恶心，困，疼
试探结果（已掌握目标）：

目标	基线 %	开始日期	达标日期	消退程序		
				维持阶段	自然环境下教学开始日期	归档日期
1. S^D A：目标 1：						
2. S^D A：目标 2：						

续表

目标	基线 %	开始日期	达标日期	消退程序		
				维持阶段	自然环境下教学开始日期	归档日期
3. 已达成的目标：随机转换						
4. S^D A：目标 3：						
5. S^D A：目标 4：						
6. 已达成的目标：随机转换						
7. S^D A：目标 5：						
8. S^D A：目标 6：						
9. 已达成的目标：随机转换						
10. S^D A：目标 7：						
11. S^D A：目标 8：						
12. 已达成的目标：随机转换						
13. 不同环境下的技能泛化，环境 1：						
14. 不同环境下的技能泛化，环境 2：						
15. S^D B：目标 1：						
16. S^D B：目标 2：						
17. 已达成的目标：随机转换						

续表

目标	基线 %	开始日期	达标日期	消退程序		
				维持阶段	自然环境下教学开始日期	归档日期
18. S^D B：目标 3：						
19. S^D B：目标 4：						
20. S^D B：已达成的目标：随机转换						
21. S^D B：目标 5：						
22. S^D B：目标 6：						
23. 已达成的目标：随机转换						
24. S^D B：目标 7：						
25. S^D B：目标 8：						
26. 已达成的目标：随机转换						
27. 不同环境下的技能泛化，环境 1：						
28. 不同环境下的技能泛化，环境 2：						
29. 维持阶段：在不同环境下进行评估				2W 1W M		

实施该任务分析的具体建议：

- 确保受训者已经学会了相关准备技能。例如，适用于“常识与推理”的准备技能包括：掌握回答简单的关于“什么”“谁”“何处”的问题的技能训练（见本套教程前两分册）。

常识与推理：图片中的荒谬处

等级：□ 1 □ 2 □ 3

S^D： 展示一张包含一处荒谬的图片并询问“这张图片里缺少了什么”或者“这张图片有什么错误”或者“这张图片有什么愚蠢的地方”	**反应：** 受训者能够说出图片的缺失 / 错误 / 愚蠢的部分
数据收集：技能习得	**目标标准：**在 2 位训练师的交叉教学中连续 3 天反应正确率达到 80% 或 80% 以上
材料：包含荒谬的图片和强化物（图片可于附赠的 DVD 中获取）	

消退程序

维持标准：2W= 连续 4 次正确率达到 100%；1W= 连续 4 次正确率达到 100%；M= 连续 3 次正确率达到 100%	自然环境标准：目标行为可泛化到 3 种新的自然发生的活动中	归档标准：目标、维持和自然环境 3 个标准全部达标

目标列表

对教学目标的建议和试探结果

对教学目标的建议：没有嘴的狗，没有搭扣或扣眼的腰带，没有鞋带的鞋子，没有尾巴的猪，在地面上的云和太阳，穿过沙地的过山车，键盘上没有字母的电脑，球衣上没有号码的足球队，没有出口的迷宫
试探结果（已掌握目标）：

目标	基线 %	开始日期	达标日期	消退程序		
				维持阶段	自然环境下教学开始日期	归档日期
1. 目标 1：						
2. 目标 2：						

续表

目标	基线 %	开始日期	达标日期	消退程序		
				维持阶段	自然环境下教学开始日期	归档日期
3. 目标 1 和目标 2：随机转换						
4. 目标 3：						
5. 目标 4：						
6. 已达成的目标：随机转换						
7. 目标 5：						
8. 目标 6：						
9. 已达成的目标：随机转换						
10. 目标 7：						
11. 目标 8：						
12. 已达成的目标：随机转换						
13. 目标 9：						
14. 目标 10：						
15. 已达成的目标：随机转换						
16. 不同环境下的技能泛化，环境 1：						

续表

目标	基线 %	开始日期	达标日期	消退程序		
				维持阶段	自然环境下教学开始日期	归档日期
17. 不同环境下的技能泛化，环境 2：						
18. 维持阶段：在不同环境下进行评估				2W 1W M		

实施该任务分析的具体建议：

- 确保受训者已经学会了相关准备技能。例如，适用于“常识与推理：图片中的荒谬处”的准备技能包括：掌握对物品、学校设施、动物、服装、自然环境中地物品、休闲物品和字母的接受性与表达性语言技能训练（见本套教程第一分册）。

常识与推理：无法达到的动作

等级：□ 1 □ 2 □ 3

S^D： 询问受训者关于一件做不到的事情的相关问题；当受训者回答“不能”时，询问“为什么不能”。例如，“你能跑得比火箭快吗？”“不能。”“为什么不能？”	**反应：** 受训者能够口头说明一个动作无法完成的原因
数据收集：技能习得	**目标标准：**在 2 位训练师的交叉教学中连续 3 天反应正确率达到 80% 或 80% 以上
材料：强化物	

消退程序

维持标准：2W= 连续 4 次反应正确率 100%；1W= 连续 4 次反应正确率 100%；M= 连续 3 次反应正确率 100%	**自然环境标准：**目标行为可在自然环境下泛化到 3 种新的自然发生的活动中	**归档标准：**教学目标、维持标准和自然环境标准全部达标

目标列表

对教学目标的建议和试探结果

对教学目标的建议：你能飞到月亮上吗，为什么不能；你能摸到那栋楼的顶部吗，为什么不能；你可以跑得比火箭快吗，为什么不能；你可以变成苹果吗，为什么不能；你可以一次吃 10 个比萨吗，为什么不能；你可以回到过去吗，为什么不能；你可以跳得比树高吗，为什么不能；你可以变成青蛙吗，为什么不能；你的牙齿上可以长头发吗，为什么不能；你可以在水面上滑雪橇吗，为什么不能
试探结果（已掌握目标）：

目标	基线 %	开始日期	达标日期	消退程序		
				维持阶段	自然环境下教学开始日期	归档日期
1. 目标 1：						
2. 目标 2：						

续表

目标	基线 %	开始日期	达标日期	消退程序		
				维持阶段	自然环境下教学开始日期	归档日期
3. 目标 1 和目标 2：随机转换						
4. 目标 3：						
5. 目标 4：						
6. 已达成的目标：随机转换						
7. 目标 5：						
8. 目标 6：						
9. 已达成的目标：随机转换						
10. 目标 7：						
11. 目标 8：						
12. 已达成的目标：随机转换						
13. 目标 9：						
14. 目标 10：						
15. 已达成的目标：随机转换						
16. 不同环境下的技能泛化，环境 1：						
17. 不同环境下的技能泛化，环境 2：						
18. 维持阶段：在不同环境下进行评估				2W 1W M		

实施该任务分析的具体建议：

- 确保受训者已经学会了相关准备技能。例如，适用于“常识与推理：无法达到的动作”的准备技能包括：掌握本套教程前两册中的接受性与表达性语言技能训练，以及掌握回答关于“为什么”的问题的技能（见本分册）。
- 当执行此项目时，仅在受训者恰当地回答“为什么不能”这一问题时收集数据即可。

对赞美作出回应

等级：□ 1 □ 2 □ 3

S^D： 对受训者赞美并要求受训者给出后续回应（例如，"我喜欢你的衬衫"）	**反应：** 受训者能够作出一个后续评论（例如，"谢谢你"）
数据收集：技能习得	**目标标准：**在 2 位训练师的交叉教学中连续 3 天反应正确率达到 80% 或 80% 以上
材料：强化物	

消退程序

维持标准：2W= 连续 4 次反应正确率 100%；1W= 连续 4 次反应正确率 100%；M= 连续 3 次反应正确率 100%	**自然环境标准：**目标行为可在自然环境下泛化到 3 种新的自然发生的活动中	**归档标准：**教学目标、维持标准和自然环境标准全部达标

目标列表

对教学目标的建议和试探结果

对教学目标的建议：我喜欢你的……（谢谢你）；谢谢你了不起的……（不客气）；你用……做了如此伟大的工作；你赚得了……（太酷了）；太酷了，干得太漂亮了（谢谢）；你有……，那是我最喜欢的（我也是）；你有一个超酷的……（是的，没错）；你在……方面很擅长（谢谢）；有如此了不起的……；你真是太幸运了（是的，没错）；因为你……，你得到了……（太棒了）；你真幽默（你也是）
试探结果（已掌握目标）：

目标	基线 %	开始日期	达标日期	消退程序		
				维持阶段	自然环境下教学开始日期	归档日期
1. 目标 1：						
2. 目标 2：						

续表

目标	基线 %	开始日期	达标日期	消退程序		
				维持阶段	自然环境下教学开始日期	归档日期
3. 已达成的目标：随机转换						
4. 目标 3：						
5. 目标 4：						
6. 已达成的目标：随机转换						
7. 目标 5：						
8. 目标 6：						
9. 已达成的目标：随机转换						
10. 目标 7：						
11. 目标 8：						
12. 已达成的目标：随机转换						
13. 目标 9：						
14. 目标 10：						
15. 已达成的目标：随机转换						
16. 不同环境下的技能泛化，环境 1：						

续表

目标	基线 %	开始日期	达标日期	消退程序		
				维持阶段	自然环境下教学开始日期	归档日期
17. 不同环境下的技能泛化，环境 2：						
18. 维持阶段：在不同环境下进行评估				2W 1W M		

实施该任务分析的具体建议：

- 此任务分析与本册书中的“赞美”一节有一些区别。不是用一个赞美去回复赞美，而是要指导受训者用一句话回应赞美。这有助于避免死记硬背的回复，并且要教会受训者对于一个赞美可以给出多样性的回复。

维持一段对话

等级：□ 1 □ 2 □ 3

S^D： A. 使受训者参与到一段对话中；受训者选择话题进行讨论 B. 使受训者参与到一段对话中；对话伙伴选择话题进行讨论	**反应：** 受训者能够通过提出后续问题或者作出与话题有关的评论维持要求次数的轮换 / 交换对话
数据收集：辅助数据（辅助次数与类型）	**目标标准：**在 2 位训练师的交叉教学中连续 3 天反应正确率达到 80% 或 80% 以上
材料：强化物	

消退程序

维持标准：2W= 连续 4 次零辅助完成技能；1W= 连续 4 次零辅助完成技能；M= 连续 3 次零辅助完成技能	**自然环境标准：**目标行为可在自然环境下泛化到 3 种新的自然发生的活动中	**归档标准：**教学目标、维持标准和自然环境标准全部达标

目标列表

目标	基线：辅助次数与类型	开始日期	达标日期	消退程序		
				维持阶段	自然环境下教学开始日期	归档日期
1. S^D A：目标 1：1 次轮换						
2. S^D A：目标 2：2 次轮换						
3. S^D A：目标 3：3 次轮换						
4. S^D A：目标 4：4 次轮换						
5. 不同环境下的技能泛化，环境 1：						
6. 不同环境下的技能泛化，环境 2：						

续表

目标	基线：辅助次数与类型	开始日期	达标日期	消退程序		
				维持阶段	自然环境下教学开始日期	归档日期
7. S^D B：目标 1：1 次轮换						
8. S^D B：目标 2：2 次轮换						
9. S^D B：目标 3：3 次轮换						
10. S^D B：目标 4：4 次轮换						
11. 不同环境下的技能泛化，环境 1：						
12. 不同环境下的技能泛化，环境 2：						
13. 维持阶段：在不同环境下进行评估				2W 1W M		

实施该任务分析的具体建议：

- 确保受训者已经学会了相关准备技能。例如，适用于"维持一段对话"的准备技能包括：掌握本套教程第一册的回答简单的社交问题。从本教程第二分册中掌握下列任务分析：回答简单的关于"什么""何时""哪一个""谁"的问题以及回答简单的是否问题，回答社交问题，以及互换信息课程。此外，受训者应该掌握本册书中的下列任务分析：回答关于"如何"和"为什么"的问题，回答有关其他人的社交问题，根据陈述询问后续问题，提问来获得信息，以及以不感兴趣的话题展开对话的课程。
- 确保泛化此技能到同龄人中。

提供帮助

等级：□ 1 □ 2 □ 3

S^D： 设计一个情景，在这个情景中训练师需要得到帮助（例如，“我打不开这个零食袋”）	**反应：** 受训者能够提供口头的（即“你需要帮助吗”）或者非口头的（给他们需要的蜡笔）帮助
数据收集：技能习得	**目标标准：**在 2 位训练师的交叉教学中连续 3 天反应正确率达到 80% 或 80% 以上
材料：强化物	

消退程序

维持标准：2W= 连续 4 次反应正确率 100%；1W= 连续 4 次反应正确率 100%；M= 连续 3 次反应正确率 100%	自然环境标准：目标行为可在自然环境下泛化到 3 种新的自然发生的活动中	归档标准：教学目标、维持标准和自然环境标准全部达标

目标列表

对教学目标的建议和试探结果

对教学目标的建议：掉落一件物品 / 受训者把它拾起来；手里拿着许多东西朝门走去 / 受训者帮忙开门；说“我似乎做不了这件事” / 受训者问“你需要帮助吗”；想要拿到受训者附近的某样物品 / 受训者递过所需要的材料；设定材料做一件手工艺品或建造某样东西，但说你不知道如何去操作 / 受训者说“我可以演示给你”；假装找东西 / 受训者说“它在那儿”；在受训者附近放置纸巾盒，假装打喷嚏 / 受训者递来纸巾；携带许多材料 / 受训者帮忙拿一些；弄洒一杯水 / 通过受训者获取纸巾；试图拽开被卡住的东西 / 受训者提供帮助尝试打开它
试探结果（已掌握目标）：

目标	基线 %	开始日期	达标日期	消退程序		
				维持阶段	自然环境下教学开始日期	归档日期
1. 目标 1：						
2. 目标 2：						

续表

目标	基线 %	开始日期	达标日期	消退程序		
				维持阶段	自然环境下教学开始日期	归档日期
3. 目标 1 和目标 2：随机转换						
4. 目标 3：						
5. 目标 4：						
6. 已达成的目标：随机转换						
7. 目标 5：						
8. 目标 6：						
9. 已达成的目标：随机转换						
10. 目标 7：						
11. 目标 8：						
12. 已达成的目标：随机转换						
13. 目标 9：						
14. 目标 10：						
15. 已达成的目标：随机转换						
16. 不同环境下的技能泛化，环境 1：						

续表

目标	基线 %	开始日期	达标日期	消退程序		
				维持阶段	自然环境下教学开始日期	归档日期
17. 不同环境下的技能泛化，环境 2：						
18. 维持阶段：在不同环境下进行评估				2W 1W M		

实施该任务分析的具体建议：

- 确保受训者已经学会了相关准备技能。例如，适用于“提供帮助”的准备技能包括：掌握考虑自己和考虑他人的任务分析（见本分册）。

在校园环境下抗议

等级：□ 1 □ 2 □ 3

S^D： A. 在 ABA 课堂上设计一个情景，在这个情景中受训者必须适当地抗议（例如，戳受训者，他 / 她说“请停止”） B. 受训者在学校被牵涉到一个情景中，他 / 她必须使用恰当的评论去抗议（例如，同龄人在一个测试中哼唱歌曲）	**反应：** 受训者能够通过一个相关的评论恰当地抗议（例如，“请停止”）
数据收集：辅助数据（辅助次数与类型）	**目标标准：**在 2 位训练师的交叉教学中连续 3 天零辅助作出正确反应
材料：强化物	

消退程序

维持标准：2W= 连续 4 次零辅助完成技能；1W= 连续 4 次零辅助完成技能；M= 连续 3 次零辅助完成技能	**自然环境标准：**目标行为可在自然环境下泛化到 3 种新的自然发生的活动中	**归档标准：**教学目标、维持标准和自然环境标准全部达标

目标列表

对教学目标的建议和试探结果

对教学目标的建议： 设计情景：哼唱，反复拍打桌子，追逐受训者，戳受训者，挡受训者的路，反复要求受训者做一些事情，一遍又一遍地重复同样的问题，一直碰撞受训者，从受训者手里抢东西，阻碍受训者尝试取回强化物 学习目标：请停止，让我一人待一会儿，请走开，我不想去，我不喜欢那样，你能停止那样吗，那样不好，我能把那个拿回来吗
试探结果（已掌握目标）：

目标	基线：辅助次数与类型	开始日期	达标日期	消退程序		
				维持阶段	自然环境下教学开始日期	归档日期
1. S^DA：目标 1：						
2. S^DA：目标 2：						
3. 已达成的目标：随机转换						
4. S^DA：目标 3：						
5. S^DA：目标 4：						
6. 已达成的目标：随机转换						
7. S^DA：目标 5：						
8. S^DA：目标 6：						
9. 已达成的目标：随机转换						
10. S^DB：目标 1：						
11. S^DB：目标 2：						
12. S^DB：目标 3：						
13. S^DB：目标 4：						
14. S^DB：目标 5：						
15. S^DB：目标 6：						

续表

目标	基线：辅助次数与类型	开始日期	达标日期	消退程序		
				维持阶段	自然环境下教学开始日期	归档日期
16. 不同环境下的技能泛化，环境 1：						
17. 不同环境下的技能泛化，环境 2：						
18. 维持阶段：在不同环境下进行评估				2W 1W M		

实施该任务分析的具体建议：

- 角色扮演对传授正确的反应可能会有帮助。
- 对于 S^DB，使用自然环境教学教受训者及时、适当的应答。
- 运行此项目要以需要为基础，并且要注意到受训者在情景中可能产生的焦虑。

回顾信息

等级：□ 1 □ 2 □ 3

S^D： 根据与受训者有关的过去事件的具体信息，询问受训者关于此事件的问题	**反应：** 受训者能够正确地回答问题
数据收集：技能习得	**目标标准：**在 2 位训练师的交叉教学中连续 3 天反应正确率达到 80% 或 80% 以上
材料：目标问题的答案和强化物	

消退程序

维持标准：2W= 连续 4 次反应正确率 100%；1W= 连续 4 次反应正确率 100%；M= 连续 3 次反应正确率 100%	**自然环境标准：**目标行为可在自然环境下泛化到 3 种新的自然发生的活动中	**归档标准：**教学目标、维持标准和自然环境标准全部达标

目标列表

对教学目标的建议和试探结果

对教学目标的建议：今天你在学校玩什么了，在你的……测试上你是如何做的，昨天你看了什么电视节目，……的时候（例如，第一次骑自行车）你多大，……年你在哪儿度假，在……上你做了什么，昨天你晚餐吃了什么，今天你午餐吃了什么，你和谁做了……，你什么时候做……

试探结果（已掌握目标）：

目标	基线 %	开始日期	达标日期	消退程序		
				维持阶段	自然环境下教学开始日期	归档日期
1. 目标 1：						
2. 目标 2：						

续表

目标	基线 %	开始日期	达标日期	消退程序		
				维持阶段	自然环境下教学开始日期	归档日期
3. 目标 1 和目标 2：随机转换						
4. 目标 3：						
5. 目标 4：						
6. 已达成的目标：随机转换						
7. 目标 5：						
8. 目标 6：						
9. 已达成的目标：随机转换						
10. 目标 7：						
11. 目标 8：						
12. 已达成的目标：随机转换						
13. 目标 9：						
14. 目标 10：						
15. 已达成的目标：随机转换						
16. 不同环境下的技能泛化，环境 1：						

续表

目标	基线 %	开始日期	达标日期	消退程序		
				维持阶段	自然环境下教学开始日期	归档日期
17. 不同环境下的技能泛化，环境 2：						
18. 维持阶段：在不同环境下进行评估				2W 1W M		

实施该任务分析的具体建议：

- 确保受训者已经学会了相关准备技能。例如，适用于“回顾信息”的准备技能包括：掌握回答关于“什么”“何处”“谁”“何时”的问题，及动词的过去时态相关的表达性语言技能课程（见本套教程第二分册）。

音量

等级：□ 1 □ 2 □ 3

S^D： 受训者低声说话；训练师给出提高音量的暗示（例如，说“啊”或者“你说了什么”）	**反应：** 受训者能够用提高的音量重复答案
数据收集：技能习得	**目标标准：**在 2 位训练师的交叉教学中连续 3 天反应正确率达到 80% 或 80% 以上
材料：强化物，替代材料；麦克风和一个显示声音标准的视觉辅助物（分贝仪）	

消退程序

维持标准：2W= 连续 4 次反应正确率 100%；1W= 连续 4 次反应正确率 100%；M= 连续 3 次反应正确率 100%	**自然环境标准：**目标行为可在自然环境下泛化到 3 种新的自然发生的活动中	**归档标准：**教学目标、维持标准和自然环境标准全部达标

目标列表

对教学目标的建议和试探结果

对教学目标的建议：大声点儿；我听不清；我没听清，什么；你说了什么；抱歉；我没听明白；（或者做个手势，把手放在耳边）
试探结果（已掌握目标）：

目标	基线 %	开始日期	达标日期	消退程序		
				维持阶段	自然环境下教学开始日期	归档日期
1. 目标 1：						
2. 目标 2：						

续表

目标	基线 %	开始日期	达标日期	消退程序		
				维持阶段	自然环境下教学开始日期	归档日期
3. 目标 1 和目标 2：随机转换						
4. 目标 3：						
5. 目标 4：						
6. 已达成的目标：随机转换						
7. 目标 5：						
8. 目标 6：						
9. 已达成的目标：随机转换						
10. 目标 7：						
11. 目标 8：						
12. 已达成的目标：随机转换						
13. 目标 9：						
14. 目标 10：						
15. 已达成的目标：随机转换						
16. 不同环境下的技能泛化，环境 1：						

续表

目标	基线 %	开始日期	达标日期	消退程序		
				维持阶段	自然环境下教学开始日期	归档日期
17. 不同环境下的技能泛化，环境 2：						
18. 维持阶段：在不同环境下进行评估				2W 1W M		

实施该任务分析的具体建议：

- 确保受训者已经学会了相关准备技能。例如，适用于“音量”的准备技能包括：掌握接受一步指令和言语模仿技能，模仿的精度、强度和速度应当更加熟练。（见本套教程第一分册）
- 训练师应该使用口头辅助（示范），示范夸张、大声地说话。受训者重复此示范。
- 如果受训者不能自觉地改变他们的音量，你可以通过麦克风使受训者说话的音量提高。
- 在教学和练习此技能过程中，分贝仪的使用有可能带来帮助。

第 13 章

学习技能的任务分析

- 类比
- 回答常识性问题
- 美术技能：画画
- 美术技能：多步手工制作
- 听力理解
- 日历
- 估计
- 推理
- 数学：从 1 数到 50
- 数学：数物品
- 数学：从大量物品里面数出特定物品
- 数学：用模板数数
- 数学：间隔数数
- 部分与整体的关系Ⅱ
- 阅读：为图片配对短语和句子
- 阅读：常见字
- 阅读：平舌音和翘舌音
- 相同和不同
- 拼写：2 个字母组成的单词
- 拼写：3 个字母组成的单词
- 拼写：4 个字母组成的单词
- 使用拼插玩具拼字
- 时间关系：之前和之后
- 词汇：表达性技能
- 词汇：接受性技能
- 天气
- 书写：抄写黑板上的字
- 书写：使用拼插玩具拼小写字母
- 书写：使用拼插玩具拼数字
- 书写：使用拼插玩具拼大写字母
- 书写：大写字母
- 书写：小写字母
- 书写：人名
- 书写：数字 1~10
- 书写：简单的词语

类比

等级：□ 1 □ 2 □ 3

S^D： A. 在纸上呈现一个选项填空，有 1~3 个选项；指导受训者填空（如大象是大的，老鼠是 ____） B. 口头陈述一个类比，留下第二个物体不说（例，大象是大的，老鼠是 ____）	**反应：** A. 受训者能够填写空白 B. 受训者能够正确填写空白（即口头、通过图片交换沟通或书写完成）
数据收集：技能习得	**目标标准：**在 2 位训练师的交叉教学中连续 3 天反应正确率达到 80% 或 80% 以上
材料：类比工作表，词库和分心词，以及强化物	

消退程序

维持标准：2W= 连续 4 次反应正确率 100%；1W= 连续 4 次反应正确率 100%；M= 连续 3 次反应正确率 100%	**自然环境标准：**目标行为可在自然环境下泛化到 3 种新的自然发生的活动中	**归档标准：**教学目标、维持标准和自然环境标准全部达标

目标列表

对教学目标的建议和试探结果

对教学目标的建议：长颈鹿是高的，龟是 ______；象是大的，老鼠是 ______；手套是手，袜子是 ______；太阳是热的，冰是 ______；苹果是红色的，香蕉是 ______；母亲就是妈妈，父亲就是 ______；汽车的速度是快的，自行车的速度是 ______；鲨鱼是水里的，牛是 ______；猴子是动物园的，马是 ______；泳池是用来游泳的，自行车是用来 ________
试探结果（已掌握目标）：

目标	基线 %	开始日期	达标日期	消退程序		
				维持阶段	自然环境下教学开始日期	归档日期
接受性						
1. S^D A：目标 1（1 个选项）：						

续表

目标	基线 %	开始日期	达标日期	消退程序		
				维持阶段	自然环境下教学开始日期	归档日期
2. S^DA：目标 1:（FO2/ 目标和干扰项）						
3. S^DA：目标 1:（FO3/ 目标和 2 个干扰项）						
4. S^DA：目标 2（1 个选项）:						
5. S^DA：目标 2:（FO2/ 目标和干扰项）						
6. S^DA：目标 2:（FO3/ 目标和 2 个干扰项）						
7. 已达成的目标：随机转换						
8. S^DA：目标 3（1 个选项）:						
9. S^DA：目标 3:（FO2/ 目标和干扰项）						
10. S^DA：目标 3:（FO3/ 目标和 2 个干扰项）						
11. S^DA：目标 4（1 个选项）:						
12. S^DA：目标 4:（FO2/ 目标和干扰项）						
13. S^DA：目标 4:（FO3/ 目标和 2 个干扰项）						
14. 已达成的目标：随机转换						
15. S^DA：目标 5（1 个选项）:						
16. S^DA：目标 5:（FO2/ 目标和干扰项）						

续表

目标	基线 %	开始日期	达标日期	消退程序		
				维持阶段	自然环境下教学开始日期	归档日期
17. S^D A：目标 5：（FO3/ 目标和 2 个干扰项）						
18. S^D A：目标 6（1 个选项）：						
19. S^D A：目标 6：（FO2/ 目标和干扰项）						
20. S^D A：目标 6：（FO3/ 目标和 2 个干扰项）						
21. 已达成的目标：随机转换						
22. S^D A：目标 7（1 个选项）：						
23. S^D A：目标 7：（FO2/ 目标和干扰项）						
24. S^D A：目标 7：（FO3/ 目标和 2 个干扰项）						
25. S^D A：目标 8（1 个选项）：						
26. S^D A：目标 8：（FO2/ 目标和干扰项）						
27. S^D A：目标 8：（FO3/ 目标和 2 个干扰项）						
28. 已达成的目标：随机转换						
29. S^D A：目标 9（1 个选项）：						
30. S^D A：目标 9：（FO2/ 目标和干扰项）						
31. S^D A：目标 9：（FO3/ 目标和 2 个干扰项）						

续表

目标	基线 %	开始日期	达标日期	消退程序		
				维持阶段	自然环境下教学开始日期	归档日期
32. S^D A：目标 10（1 个选项）：						
33. S^D A：目标 10：（FO2/ 目标和干扰项）						
34. S^D A：目标 10：（FO3/ 目标和 2 个干扰项）						
35. 已达成的目标：随机转换						
36. 不同环境下的技能泛化，环境 1：						
37. 不同环境下的技能泛化，环境 2：						
表达性						
38. S^D B：目标 1：						
39. S^D B：目标 2：						
40. S^D B：目标 1 和 2：随机转换						
41. S^D B：目标 3						
42. S^D B：目标 4						
43. 已达成的目标：随机转换						
44. S^D B：目标 5						
45. S^D B：目标 6						

续表

目标	基线 %	开始日期	达标日期	消退程序		
				维持阶段	自然环境下教学开始日期	归档日期
46. 已达成的目标：随机转换						
47. S^D B：目标 7						
48. S^D B：目标 8						
49. 已达成的目标：随机转换						
50. S^D B：目标 9						
51. S^D B：目标 10						
52. 已达成的目标：随机转换						
53. 不同环境下的技能泛化，环境 1：						
54. 不同环境下的技能泛化，环境 2：						
55. 维持阶段：在不同环境下进行评估				2W 1W M		

实施该任务分析的具体建议：

- 确保受训者已经掌握预备技能，包括掌握反义词的接受性与表达性语言技能（见本套教程第二分册）。
- 受训者也可以完成相反的类比（如大的是大象，小的是 _____）。你也可以改变类比的顺序（小的是老鼠，大的是 _____）。

回答常识性问题

等级：□ 1 □ 2 □ 3

S^D： 问受训者各种话题的常识性问题（例如，圣诞节在哪个月，什么季节会下雪）	**反应：** 受训者能够正确回答（即口头、通过图片交换沟通或书写）这个问题
数据收集：技能习得	**目标标准：**在 2 位训练师的交叉教学中连续 3 天反应正确率达到 80% 或 80% 以上
材料：强化物	

消退程序

维持标准：2W= 连续 4 次反应正确率 100%；1W= 连续 4 次反应正确率 100%；M= 连续 3 次反应正确率 100%	**自然环境标准：**目标行为可在自然环境下泛化到 3 种新的自然发生的活动中	**归档标准：**教学目标、维持标准和自然环境标准全部达标

目标列表

对教学目标的建议和试探结果

对教学目标的建议： 节日：圣诞节是几月？万圣节是几月？什么节日在 2 月？ 11 月有什么节日？ 季节：四季是什么？下雪的季节是什么？什么季节树叶变颜色？在夏天告诉我你做的一个活动。 日历：一年有多少个月？一个星期有多少天？说一说一周几天，周末是哪几天？ 环境：你晚上在天空中看到什么？雨是从哪里来的？你看到下雨时，太阳在同一时间吗？
试探结果（已掌握目标）：

目标	基线 %	开始日期	达标日期	消退程序		
				维持阶段	自然环境下教学开始日期	归档日期
关于假期的问题						
1. 目标 1：						
2. 目标 2：						
3. 已达成的目标：随机转换						
4. 目标 3：						
5. 目标 4：						
6. 已达成的目标：随机转换						
关于季节的问题						
7. 目标 5：						
8. 目标 6：						
9. 已达成的目标：随机转换						
10. 目标 7：						
11. 目标 8：						
12. 已达成的目标：随机转换						

续表

目标	基线 %	开始日期	达标日期	消退程序		
				维持阶段	自然环境下教学开始日期	归档日期
关于日历的问题						
13. 目标 9：						
14. 目标 10：						
15. 已达成的目标：随机转换						
16. 目标 11：						
17. 目标 12：						
18. 已达成的目标：随机转换						
关于环境的问题						
19. 目标 13：						
20. 目标 14：						
21. 已达成的目标：随机转换						
22. 目标 15：						
23. 目标 16：						

续表

目标	基线 %	开始日期	达标日期	消退程序		
				维持阶段	自然环境下教学开始日期	归档日期
24. 已达成的目标：随机转换						
25. 不同环境下的技能泛化，环境 1：						
26. 不同环境下的技能泛化，环境 2：						
27. 维持阶段：在不同环境下进行评估				2W 1W M		

实施该任务分析的具体建议：

- 确保受训者已经掌握预备技能，例如回答问题的技能，包括回答“什么”“何时”“何处”“哪一个”“谁”等问题（见本套教程第二分册）。
- 受训者同时给出多个相关答案也是正确的。例如，如果询问“你晚上在天空中能看到什么”，回答星星、月亮、云等都是正确的。

美术技能：画画

等级：□ 1 □ 2 □ 3

S^D： 向受训者呈现一张图片，并给他画笔，说“画这个”（如彩虹）	**反应：** 受训者将按图片画画
数据收集：辅助数据（辅助次数与类型）	**目标标准：**在 2 位训练师的交叉教学中连续 3 天零辅助作出正确反应
材料：铅笔、蜡笔、记号笔、纸张，以及强化物（图片可于附赠的 CD 中获取）	

消退程序

维持标准：2W= 连续 4 次反应正确率 100%；1W= 连续 4 次反应正确率 100%；M= 连续 3 次反应正确率 100%	**自然环境标准：**目标行为可在自然环境下泛化到 3 种新的自然发生的活动中	**归档标准：**教学目标、维持标准和自然环境标准全部达标

目标列表

对教学目标的建议和试探结果

对教学目标的建议：快乐的脸，国旗，彩虹，猪，火车，人，狗，雪人，房子，车，树
试探结果（已掌握目标）：

目标	基线：辅助次数与类型	开始日期	达标日期	消退程序		
				维持阶段	自然环境下教学开始日期	归档日期
1. 目标 1：						
2. 目标 2：						

续表

目标	基线：辅助次数与类型	开始日期	达标日期	消退程序		
				维持阶段	自然环境下教学开始日期	归档日期
3. 目标 1 和 2：随机转换						
4. 目标 3：						
5. 目标 4：						
6. 已达成的目标：随机转换						
7. 目标 5：						
8. 目标 6：						
9. 已达成的目标：随机转换						
10. 目标 7：						
11. 目标 8：						
12. 已达成的目标：随机转换						
13. 目标 9：						
14. 目标 10：						
15. 已达成的目标：随机转换						
16. 不同环境下的技能泛化，环境 1：						

续表

目标	基线：辅助次数与类型	开始日期	达标日期	消退程序		
				维持阶段	自然环境下教学开始日期	归档日期
17. 不同环境下的技能泛化，环境 2：						
18. 维持阶段：在不同环境下进行评估				2W 1W M		

实施该任务分析的具体建议：

- 确保受训者已经掌握预备技能，包括掌握写字前具备的技能（见本套教程第一分册）。

美术技能：多步手工制作

等级：□ 1 □ 2 □ 3

S^D： 向受训者呈现一个成品，然后提供相关制作材料，说“做这个”	**反应：** 受训者能够独立完成作品
数据收集：辅助数据（辅助次数与类型）	**目标标准：**在 2 位训练师的交叉教学中连续 3 天零辅助作出正确反应
材料：艺术材料（例如蜡笔 / 记号笔、剪刀、胶棒、胶水瓶，以及图画用纸等）和强化物	

消退程序

维持标准：2W= 连续 4 次正确率达到 100%；1W= 连续 4 次正确率达到 100%；M= 连续 3 次正确率达到 100%	**自然环境标准：**目标行为可泛化到 3 种新的自然发生的活动中	**归档标准：**教学目标、维持标准和自然环境标准全部达标

目标列表

对教学目标的建议和试探结果

对教学目标的建议： 两步项目：剪纸 / 粘贴，涂色 / 粘贴，剪 / 涂色，画画 / 涂色，涂色 / 贴纸，上墨 / 剪，贴纸 / 剪 三步项目：涂色 / 切 / 粘贴、切 / 粘贴 / 涂色，剪 / 贴 / 涂，剪 / 贴 / 涂，剪 / 贴 / 装饰，画 / 剪 / 贴 建议做什么：面具，纸袋木偶，拼贴，雪花，装饰的岩石，特殊的盒子，纸花，卡片，装饰锅，松果，纸巾做的动物
试探结果（已掌握目标）：

目标	基线 %	开始日期	达标日期	消退程序		
				维持阶段	自然环境下教学开始日期	归档日期
1. 目标 1：						

续表

目标	基线 %	开始日期	达标日期	消退程序		
				维持阶段	自然环境下教学开始日期	归档日期
2. 目标 2：						
3. 目标 1 和 2：随机转换						
4. 目标 3：						
5. 目标 4：						
6. 已达成的目标：随机转换						
7. 目标 5：						
8. 目标 6：						
9. 已达成的目标：随机转换						
10. 目标 7：						
11. 目标 8：						
12. 已达成的目标：随机转换						
13. 目标 9：						
14. 目标 10：						
15. 已达成的目标：随机转换						

续表

目标	基线 %	开始日期	达标日期	消退程序		
				维持阶段	自然环境下教学开始日期	归档日期
16. 不同环境下的技能泛化，环境 1：						
17. 不同环境下的技能泛化，环境 2：						
18. 维持阶段：在不同环境下进行评估				2W 1W M		

实施该任务分析的具体建议：

- 确保受训者已经掌握预备技能，包括掌握物品操作类精细动作、写字前具备的技能和涂颜色（见本套教程第一分册）。此外，受训者应该已经掌握了剪切、绘画、粘贴和上胶（见本套教程第一分册）。
- 如果受训者做这个项目有困难，你可以为其另外准备一套美术材料和要做的东西。

听力理解

等级：□ 1 □ 2 □ 3

S^D： 给受训者大声读一个句子（句子包含 5 个或 5 个以上词汇），然后问关于这个句子的各种问题	**反应：** 受训者能够正确回答问题
数据收集：技能习得	**目标标准：**在 2 位训练师的交叉教学中连续 3 天反应正确率达到 80% 或者零辅助作出正确反应
材料：强化物	

消退程序

维持标准：2W= 连续 4 次反应正确率 100%；1W= 连续 4 次反应正确率 100%；M= 连续 3 次反应正确率 100%	**自然环境标准：**目标行为可在自然环境下泛化到 3 种新的自然发生的活动中	**归档标准：**教学目标、维持标准和自然环境标准全部达标

目标列表

对教学目标的建议和试探结果

对教学目标的建议：①约翰和杰克去码头钓鱼。约翰和杰克做了什么呢？谁去钓鱼？约翰和杰克去哪里钓鱼了？②黄色的恐龙和它的妈妈吃晚饭。恐龙在做什么？恐龙是什么颜色的？它和谁一起吃饭？③爸爸把玩具放在衣柜抽屉里。谁把玩具收起来？爸爸把玩具放在哪里？抽屉坐落在哪里？
试探结果（已掌握目标）：

目标	基线 %	开始日期	达标日期	消退程序		
				维持阶段	自然环境下教学开始日期	归档日期
1. 目标 1：						

续表

目标	基线 %	开始日期	达标日期	消退程序		
				维持阶段	自然环境下教学开始日期	归档日期
2. 目标 2：						
3. 目标 1 和 2：随机转换						
4. 目标 3：						
5. 目标 4：						
6. 已达成的目标：随机转换						
7. 目标 5：						
8. 目标 6：						
9. 已达成的目标：随机转换						
10. 目标 7：						
11. 目标 8：						
12. 已达成的目标：随机转换						
13. 目标 9：						
14. 目标 10：						
15. 已达成的目标：随机转换						

续表

目标	基线 %	开始日期	达标日期	消退程序		
				维持阶段	自然环境下教学开始日期	归档日期
16. 不同环境下的技能泛化，环境 1：						
17. 不同环境下的技能泛化，环境 2：						
18. 维持阶段：在不同环境下进行评估				2W 1W M		

实施该任务分析的具体建议：

- 确保受训者已经掌握预备技能，包括在第二册书中回答简单的“何处”“何时”“谁”“什么”“哪一个”等问题。
- 如果受训者在区分问题形式上存在困难，你可以用特定的问题形式进行教授（如“什么”“谁”“什么时候”等）。
- 除去创建自己的句子读给受训者听并提问问题，还可以考虑从一本书中读句子和问问题。如果你这样做的话，选择一本受训者不熟悉的书。
- 在重复回合的时候你应该改变部分句子，以避免受训者出现机械反应。例如，约翰和杰克去钓鱼，杰瑞和杰克去钓鱼，约翰和杰克去打高尔夫球，等等。

日历

等级：□ 1 □ 2 □ 3

S^D： 向受训者呈现一个日历，并说“我们来做日历活动”，然后询问下表中正向链接列出的有关问题	**反应：** 受训者能够说正确的星期、月、日和年
数据收集：辅助数据（辅助次数与类型）	**目标标准：**在 2 位训练师的交叉教学中连续 3 天零辅助作出正确反应
材料：日历和强化物	

消退程序

维持标准：2W= 连续 4 次反应正确率 100%；1W= 连续 4 次反应正确率 100%；M= 连续 3 次反应正确率 100%	**自然环境标准：**目标行为可在自然环境下泛化到 3 种新的自然发生的活动中	**归档标准：**教学目标、维持标准和自然环境标准全部达标

目标列表

对教学目标的建议和试探结果

目标	基线：辅助次数与类型	开始日期	达标日期	消退程序		
				维持阶段	自然环境下教学开始日期	归档日期
正向链接式教学						
1. 目标 1：受训者能够背出一周有几天						
2. 目标 2：受训者能够背出一年有几个月						
3. 目标 3：受训者能够说出现在是周几						
4. 目标 4：受训者能够说出现在是几月份						

续表

目标	基线：辅助次数与类型	开始日期	达标日期	消退程序		
				维持阶段	自然环境下教学开始日期	归档日期
5. 目标 5：受训者能够说出现在是几月几号						
6. 目标 6：受训者能够说出现在是哪一年						
7. 目标 7：受训者能够说出现在的年、月、日						
8. 目标 8：受训者能够说出今天是几号						
9. 目标 9：受训者能够说出昨天是几号						
10. 目标 10：受训者能够说出明天是几号						
11. 不同环境下的技能泛化，环境 1：						
12. 不同环境下的技能泛化，环境 2：						
13. 维持阶段：在不同环境下进行评估				2W 1W M		

实施该任务分析的具体建议：

- 确保受训者已经掌握预备技能，包括接受一步指令和言语模仿（见本套教程第一分册），在学校活动中恰当就座（见本套教程第二分册）。

估计

等级：□ 1 □ 2 □ 3

S^D： 向受训者展示一个装有一些小物品的小容器（例如装有 100 个硬币的小杯子），并告诉受训者有多少硬币在小容器中。然后向受训者展示一个更大的容器，里面放有更多数量的物品（如在牛奶罐中的 250 个硬币），说“猜一猜较大的容器里面有多少个硬币？”	**反应：** 受训者将物品的数量估计在高于或低于正确数值的 10~20 的范围内
数据收集：技能习得	**目标标准：**在 2 位训练师的交叉教学中连续 3 天反应正确率达到 80% 或 80% 以上或者在零辅助下作出正确反应
材料：要数的物品、袋 / 容器，以及强化物	

消退程序

维持标准：2W= 连续 4 次反应正确率 100%；1W= 连续 4 次反应正确率 100%；M= 连续 3 次反应正确率 100%	**自然环境标准：**目标行为可在自然环境下泛化到 3 种新的自然发生的活动中	**归档标准：**教学目标、维持标准和自然环境标准全部达标

目标列表

对教学目标的建议和试探结果

对教学目标的建议：岩石 / 罐子里，硬币 / 储蓄罐里，饼干 / 盘子里，玻璃球 / 花瓶里，积木 / 盒子里，纸夹 / 包里，芯片 / 袋子里，糖果 / 罐子里，棉花球 / 罐子里，巧克力豆 / 袋子里
试探结果（已掌握目标）：

目标	基线 %	开始日期	达标日期	消退程序		
				维持阶段	自然环境下教学开始日期	归档日期
1. 目标 1：						

续表

目标	基线 %	开始日期	达标日期	消退程序		
				维持阶段	自然环境下教学开始日期	归档日期
2. 目标 2：						
3. 已达成的目标：随机转换						
4. 目标 3：						
5. 目标 4：						
6. 已达成的目标：随机转换						
7. 目标 5：						
8. 目标 6：						
9. 已达成的目标：随机转换						
10. 目标 7：						
11. 目标 8：						
12. 已达成的目标：随机转换						
13. 目标 9：						
14. 目标 10：						
15. 已达成的目标：随机转换						

续表

目标	基线 %	开始日期	达标日期	消退程序		
				维持阶段	自然环境下教学开始日期	归档日期
16. 不同环境下的技能泛化，环境 1：						
17. 不同环境下的技能泛化，环境 2：						
18. 维持阶段：在不同环境下进行评估				2W 1W M		

实施该任务分析的具体建议：

- 确保受训者已经掌握预备技能，包括“数学：从 1 数到 50”的技能课程（见本分册）。

推理

等级：□ 1 □ 2 □ 3

S^D： 向受训者讲述或写一个社会场景，然后让受训者进行推理	**反应：** 受训者能够推断出这个场景接下来会发生什么
数据收集：技能习得	**目标标准：**在 2 位训练师的交叉教学中连续 3 天反应正确率达到 80% 或 80% 以上或者零辅助作出正确反应
材料：强化物、替代材料：工作表、书籍，以及照片推断	

消退程序

维持标准：2W= 连续 4 次反应正确率 100%；1W= 连续 4 次反应正确率 100%；M= 连续 3 次反应正确率 100%	**自然环境标准：**目标行为可在自然环境下泛化到 3 种新的自然发生的活动中	**归档标准：**教学目标、维持标准和自然环境标准全部达标

目标列表

对教学目标的建议和试探结果

对教学目标的建议：约翰喜欢冰淇淋，莎拉喜欢汉堡。你认为谁会去快餐店？约翰喜欢小丑。他昨天去了一个马戏团。你认为他玩得开心吗？为什么？约翰第一次潜水，他看到很多色彩斑斓的鱼。他不停地谈论着鱼。你认为他还会再次潜水吗？为什么？杰克早早醒来，看着窗外。太阳很热。杰克的爸爸对杰克说："这是完美的一天，别忘了带一条毛巾！"他们要去哪里？约翰想在商店里买一些玩具，但他把钱忘在家里了。你认为接下来会发生什么？珍妮爬梯子到树屋时听到一句"中计了！"你认为接下来会发生什么？亨利等待了整整一个星期，要去操场。他已经准备好了，然而他的妈妈说："我有一个坏消息。"你认为接下来会发生什么？男孩在学校打开盒子，盒子里是他妈妈早上为其准备的食物。他正在做什么？狗的皮毛蓬松，散发出阵阵香味。这是为什么？他喂鸡、挤牛奶、牧马。他是谁？
试探结果（已掌握目标）：

目标	基线 %	开始日期	达标日期	消退程序		
				维持阶段	自然环境下教学开始日期	归档日期
1. 目标 1：						
2. 目标 2：						
3. 目标 1 和 2：随机转换						
4. 目标 3：						
5. 目标 4：						
6. 已达成的目标：随机转换						
7. 目标 5：						
8. 目标 6：						
9. 已达成的目标：随机转换						
10. 目标 7：						
11. 目标 8：						
12. 已达成的目标：随机转换						
13. 目标 9：						
14. 目标 10：						
15. 已达成的目标：随机转换						

续表

目标	基线 %	开始日期	达标日期	消退程序		
				维持阶段	自然环境下教学开始日期	归档日期
16. 不同环境下的技能泛化，环境 1：						
17. 不同环境下的技能泛化，环境 2：						
18. 维持阶段：在不同环境下进行评估				2W 1W M		

实施该任务分析的具体建议：

- 确保受训者已经掌握预备技能，包括掌握简单回答“什么”“为什么”“何处”和“谁”的问题（见本套教程第二分册）。
- 如果受训受训者存在语言障碍，可通过手语、书写、图片交换沟通系统或辅助沟通设备回答问题。

数学：从 1 数到 50

等级：□ 1 □ 2 □ 3

S^D： 说："数到……"	**反应：** 受训者能够从 1 数到 50 以内的任何数字
数据收集：技能习得	**目标标准：**在 2 位训练师的交叉教学中连续 3 天反应正确率达到 80% 或 80% 以上或者零辅助作出正确反应
材料：强化物	

消退程序

维持标准：2W= 连续 4 次反应正确率 100%；1W= 连续 4 次反应正确率 100%；M= 连续 3 次反应正确率 100%	**自然环境标准：**目标行为可在自然环境下泛化到 3 种新的自然发生的活动中	**归档标准：**教学目标、维持标准和自然环境标准全部达标

目标列表

目标	基线 %	开始日期	达标日期	消退程序		
				维持阶段	自然环境下教学开始日期	归档日期
1. 目标 1：数到 10						
2. 目标 2：数到 20						
3. 目标 1 和 2：随机转换						
4. 目标 3：数到 25						
5. 目标 4：数到 30						
6. 已达成的目标：随机转换						

续表

目标	基线 %	开始日期	达标日期	消退程序		
				维持阶段	自然环境下教学开始日期	归档日期
7. 目标 5：数到 35						
8. 目标 6：数到 40						
9. 已达成的目标：随机转换						
10. 目标 7：数到 45						
11. 目标 8：数到 50						
12. 已达成的目标：随机转换						
13. 目标 9：任何给定的数字计数到 50						
14. 不同环境下的技能泛化，环境 1：						
15. 不同环境下的技能泛化，环境 2：						
16. 维持阶段：在不同环境下进行评估				2W 1W M		

实施该任务分析的具体建议：

- 确保受训者已经掌握预备技能，包括数数和听指令找到相应的数字（见本套教程第一分册）。

数学：数物品

等级：□ 1 □ 2 □ 3

S^D： 展示给受训者一些物品，说："数数吧！"	**反应：** 受训者能够数出有几个物品
数据收集：技能习得	**目标标准：**在 2 位训练师的交叉教学中连续 3 天反应正确率达到 80% 或 80% 以上或者零辅助作出正确反应
材料：用于计数的物品和强化物	

消退程序

维持标准：2W= 连续 4 次反应正确率 100%；1W= 连续 4 次反应正确率 100%；M= 连续 3 次反应正确率 100%	**自然环境标准：**目标行为可在自然环境下泛化到 3 种新的自然发生的活动中	**归档标准：**教学目标、维持标准和自然环境标准全部达标

目标列表

对教学目标的建议和试探结果

对教学目标的建议：1~50 数量的物品。用于数数的物品：硬币、吸管、回形针、螺栓、珠子、玩具、勺子、积木、乐高玩具、书籍
试探结果（已掌握目标）：

目标	基线 %	开始日期	达标日期	消退程序		
				维持阶段	自然环境下教学开始日期	归档日期
1. 目标 1：						
2. 目标 2：						

续表

目标	基线 %	开始日期	达标日期	消退程序		
				维持阶段	自然环境下教学开始日期	归档日期
3. 已达成的目标：随机转换						
4. 目标 3：						
5. 目标 4：						
6. 已达成的目标：随机转换						
7. 目标 5：						
8. 目标 6：						
9. 已达成的目标：随机转换						
10. 目标 7：						
11. 目标 8：						
12. 已达成的目标：随机转换						
13. 目标 9：						
14. 目标 10：						
15. 已达成的目标：随机转换						
16. 目标 11：						

续表

目标	基线 %	开始日期	达标日期	消退程序		
				维持阶段	自然环境下教学开始日期	归档日期
17. 目标 12：						
18. 已达成的目标：随机转换						
19. 目标 13：						
20. 目标 14：						
21. 已达成的目标：随机转换						
22. 目标 15：						
23. 目标 16：						
24. 已达成的目标：随机转换						
25. 目标 17：						
26. 目标 18：						
27. 已达成的目标：随机转换						
28. 目标 19：						
29. 目标 20：						
30. 已达成的目标：随机转换						

续表

目标	基线 %	开始日期	达标日期	消退程序		
				维持阶段	自然环境下教学开始日期	归档日期
31. 不同环境下的技能泛化，环境 1：						
32. 不同环境下的技能泛化，环境 2：						
33. 维持阶段：在不同环境下进行评估				2W 1W M		

实施该任务分析的具体建议：

- 在运行这一任务时，您可以利用视觉辅助（数字线、数字卡片等）来帮助受训者数到指定的数字。
- 另一个可能有用的教学策略是进行粗大运动（鼓掌、跳跃、拍球），帮助受训者控制数数速度。

数学：从大量物品里面数出特定物品

等级：□ 1 □ 2 □ 3

S^D： 给受训者一堆物品（5~30 个），然后说："给我……个"	**反应：** 受训者能够在大量物品里数出正确的物品
数据收集：技能习得	**目标标准：**在 2 位训练师的交叉教学中连续 3 天反应正确率达到 80% 或 80% 以上或者零辅助作出正确反应
材料：物品和强化物	

消退程序

维持标准：2W= 连续 4 次反应正确率 100%；1W= 连续 4 次反应正确率 100%；M= 连续 3 次反应正确率 100%	**自然环境标准：**目标行为可在自然环境下泛化到 3 种新的自然发生的活动中	**归档标准：**教学目标、维持标准和自然环境标准全部达标

目标列表

对教学目标的建议和试探结果

对教学目标的建议：目标是数字 5~30。用于数数的物品：硬币、吸管、回形针、螺栓、珠子、玩具、勺子、积木、乐高玩具、书籍
试探结果（已掌握目标）：

目标	基线 %	开始日期	达标日期	消退程序		
				维持阶段	自然环境下教学开始日期	归档日期
1. 目标 1：						
2. 目标 2：						

续表

目标	基线 %	开始日期	达标日期	消退程序		
				维持阶段	自然环境下教学开始日期	归档日期
3. 目标 1 和 2：随机转换						
4. 目标 3：						
5. 目标 4：						
6. 已达成的目标：随机转换						
7. 目标 5：						
8. 目标 6：						
9. 已达成的目标：随机转换						
10. 目标 7：						
11. 目标 8：						
12. 已达成的目标：随机转换						
13. 目标 9：						
14. 目标 10：						
15. 已达成的目标：随机转换						
16. 不同环境下的技能泛化，环境 1：						

续表

目标	基线 %	开始日期	达标日期	消退程序		
				维持阶段	自然环境下教学开始日期	归档日期
17. 不同环境下的技能泛化，环境 2：						
18. 维持阶段：在不同环境下进行评估				2W 1W M		

实施该任务分析的具体建议：

- 确保受训者已经掌握预备技能，包括数数（见本套教程第一分册）和数物品（见本分册）。
- 在受训者从大量物品里数出特定物品时收集数据，而不是待其将物品交给老师时收集。

数学：用模板数数

等级：□ 1 □ 2 □ 3

S^D： 给受训者一个颜色标记的计数模板，以及相应颜色的卡片和一组物品，并说“数数”	**反应：** 受训者能够从计数模板中，数出相应数量的物品
数据收集：技能习得	**目标标准：**在 2 位训练师的交叉教学中连续 3 天反应正确率达到 80% 或 80% 以上或者零辅助作出正确反应
材料：计数模板、颜色卡片，以及各种功能性的可以计数的物品（零食袋、要摆放到桌上的镀银餐具、需要端给大家的饮料数、受训者数完后能吃的糖果）	

消退程序

维持标准：2W= 连续 4 次反应正确率 100%；1W= 连续 4 次反应正确率 100%；M= 连续 3 次反应正确率 100%	**自然环境标准：**目标行为可在自然环境下泛化到 3 种新的自然发生的活动中	**归档标准：**教学目标、维持标准和自然环境标准全部达标

目标列表

目标	基线 %	开始日期	达标日期	消退程序		
				维持阶段	自然环境下教学开始日期	归档日期
1. 目标 1：1						
2. 目标 2：2						
3. 已达成的目标：随机转换						
4. 目标 3：3						
5. 目标 4：4						
6. 已达成的目标：随机转换						

续表

目标	基线 %	开始日期	达标日期	消退程序		
				维持阶段	自然环境下教学开始日期	归档日期
7. 目标 5:5						
8. 目标 6:6						
9. 已达成的目标:随机转换						
10. 目标 7:7						
11. 目标 8:8						
12. 已达成的目标:随机转换						
13. 目标 9:9						
14. 目标 10:10						
15. 达到标准:随机转换						
16. 达到标准:随机转换消退模板上的颜色和数字						
17. 不同环境下的技能泛化,环境 1:						
18. 不同环境下的技能泛化,环境 2:						
19. 维持阶段:在不同环境下进行评估				2W 1W M		

实施该任务分析的具体建议:

- 确保受训者已经掌握预备技能,包括字母的表达性和接受性语言技能、数数、使用物品进行精细动作模仿和配对数字(见本套教程第一分册)。
- 如果受训者数模板上所有的数字有困难,那么建议系统地增加模板上方框的数量,让受训者掌握该任务分析步骤。

数学：间隔数数

等级：□ 1 □ 2 □ 3

S^D： “间隔 2/5/10/20，数到指定数字”（例如间隔 2 个数数到 20）	**反应：** 受训者能够按间隔数到指定数字
数据收集：技能习得	**目标标准：**在 2 位训练师的交叉教学中连续 3 天反应正确率达到 80% 或 80% 以上或者零辅助作出正确反应
材料：强化物，替代材料：1~100 的数字图表和数字卡片	

消退程序

维持标准：2W= 连续 4 次反应正确率 100%；1W= 连续 4 次反应正确率 100%；M= 连续 3 次反应正确率 100%	**自然环境标准：**目标行为可在自然环境下泛化到 3 种新的自然发生的活动中	**归档标准：**教学目标、维持标准和自然环境标准全部达标

目标列表

对教学目标的建议和试探结果

对教学目标的建议：间隔 2 数到 10、20、50；间隔 5 数到 20、50、80、100；间隔 10 数到 50、100；间隔 20 数到 100
试探结果（已掌握目标）：

目标	基线 %	开始日期	达标日期	消退程序		
				维持阶段	自然环境下教学开始日期	归档日期
1. 目标 1：						
2. 目标 2：						

续表

目标	基线 %	开始日期	达标日期	消退程序		
				维持阶段	自然环境下教学开始日期	归档日期
3. 已达成的目标：随机转换						
4. 目标 3：						
5. 目标 4：						
6. 已达成的目标：随机转换						
7. 目标 5：						
8. 目标 6：						
9. 已达成的目标：随机转换						
10. 目标 7：						
11. 目标 8：						
12. 已达成的目标：随机转换						
13. 目标 9：						
14. 目标 10：						
15. 已达成的目标：随机转换						
16. 不同环境下的技能泛化，环境 1：						

续表

目标	基线 %	开始日期	达标日期	消退程序		
				维持阶段	自然环境下教学开始日期	归档日期
17. 不同环境下的技能泛化，环境 2：						
18. 维持阶段：在不同环境下进行评估				2W 1W M		

实施该任务分析的具体建议：

- 确保受训者已经掌握预备技能，包括掌握命名数字和数数（见本套教程第一分册），按照系列或序列进行排列（见本套教程第二分册），数数和数物品（见本分册）。
- 你可以利用数轴或数字卡来帮助受训者间隔数数。这应该算作一个视觉辅助，需要在技能掌握之前消退。

部分与整体的关系 II

等级：□ 1 □ 2 □ 3

S^D： 向受训者展示 1~3 张代表不同部分的图片（例如 1/3）。说“触摸……”“给我……”或“指一指……”（如“给我 1/3 的馅饼的照片”）	**反应：** 受训者能够选出要求的图片
数据收集：技能习得	**目标标准：**在 2 位训练师的交叉教学中连续 3 天反应正确率达到 80% 或 80% 以上
材料：对称物体的图片和强化物（图片可于附赠的 CD 中获取）	

消退程序

维持标准：2W= 连续 4 次反应正确率 100%；1W= 连续 4 次反应正确率 100%；M= 连续 3 次反应正确率 100%	**自然环境标准：**目标行为可在自然环境下泛化到 3 种新的自然发生的活动中	**归档标准：**教学目标、维持标准和自然环境标准全部达标

目标列表

对教学目标的建议和试探结果

对教学目标的建议：1/3 和 1/4。对称的图片：派，人，比萨，蛋糕，蝴蝶，房子，脸，正方形，三角形，圆形
试探结果（已掌握目标）：

目标	基线 %	开始日期	达标日期	消退程序		
				维持阶段	自然环境下教学开始日期	归档日期
1. 目标 1（目标项）：5 张不同图片的 1/3						

续表

目标	基线 %	开始日期	达标日期	消退程序		
				维持阶段	自然环境下教学开始日期	归档日期
2. 目标 1（FO2/ 目标和干扰项）：5 张不同图片的 1/3						
3. 目标 1（FO3/ 目标和 2 个干扰项）：5 张不同图片的 1/3						
4. 目标 2（目标项）：5 张不同图片的 1/3						
5. 目标 2（FO2/ 目标和干扰项）：5 张不同图片的 1/3						
6. 目标 2（FO3/ 目标和 2 个干扰项）：5 张不同图片的 1/3						
7. 已达成的目标：1/3 的图片随机转换						
8. 目标 3（目标项）：5 张不同图片的 1/4						
9. 目标 3（FO2/ 目标和干扰项）：5 张不同图片的 1/4						
10. 目标 3（FO3/ 目标和 2 个干扰项）：5 张不同图片的 1/4						
11. 目标 4（目标项）：5 张不同图片的 1/4						

续表

目标	基线 %	开始日期	达标日期	消退程序		
				维持阶段	自然环境下教学开始日期	归档日期
12. 目标 4（FO2/ 目标和干扰项）：5 张不同图片的 1/4						
13. 目标 4（FO3/ 目标和 2 个干扰项）：5 张不同图片的 1/4						
14. 已达成的目标：1/4 图片随机转换						
15. 已达成的目标：随机转换步骤 7 和 14						
16. 不同环境下的技能泛化，环境 1：						
17. 不同环境下的技能泛化，环境 2：						
18. 维持阶段：在不同环境下进行评估				2W 1W M		

实施该任务分析的具体建议：

- 确保受训者已经掌握预备技能，包括掌握的物品、食物、形状和身体部位的接受性和表达性语言技能（见本套教程第一分册）和掌握部分与整体的关系（见本套教程第二分册）。
- 单独项是目标物品的一部分。FO2、FO3 包括的部分：一半、1/4、整张图片和阴影图片（表示没有）。
- 这些步骤应运行不同的随机转换；第一个随机转换应该在 10 张同一个目标（1/3）的照片间运行。第二个随机转换在 10 张第二目标（1/4）的照片间运行。最后一次随机转换应该在两个目标的部分图片间随机转换。

阅读：为图片配对短语和句子

等级：□ 1 □ 2 □ 3

S^D： A. 说“配对”然后指向 1 张图片和 2 个字的短语 B. 说“配对”然后指向 1 张图片和 3 个字的短语 C. 说“配对”然后指向 1 张图片和 5 个字的句子 D. 说“配对”然后指向 1 张图片和 7 个字的句子	**反应：** 受训者正确配对图片与相应的短语和句子
数据收集：技能习得	**目标标准：**在 2 位训练师的交叉教学中连续 3 天反应正确率达到 80% 或 80% 以上
材料：图片对应目标短语和强化物（图片可于附赠的 CD 中获取）	

消退程序

维持标准：2W= 连续 4 次反应正确率 100%；1W= 连续 4 次反应正确率 100%；M= 连续 3 次反应正确率 100%	**自然环境标准：**目标行为可在自然环境下泛化到 3 种新的自然发生的活动中	**归档标准：**教学目标、维持标准和自然环境标准全部达标

目标列表

对教学目标的建议和试探结果

对教学目标的建议：有着目标短语或句子描述的各种图片以及干扰项的短语或句子。例如，一幅火车的图片，目标短语可以是“正在行驶的火车”，而干扰项的短语可能是“停止的列车”
试探结果（已掌握目标）：

目标	基线 %	开始日期	达标日期	消退程序		
				维持阶段	自然环境下教学开始日期	归档日期
1. S^DA：目标 1：（FO2/ 目标和干扰项）：						

续表

目标	基线 %	开始日期	达标日期	消退程序		
				维持阶段	自然环境下教学开始日期	归档日期
2. S^DA：目标 2：（FO2/ 目标和干扰项）：						
3. 已达成的目标：随机转换						
4. S^DA：目标 3：（FO2/ 目标和干扰项）：						
5. S^DA：目标 4：（FO2/ 目标和干扰项）：						
6. 已达成的目标：随机转换						
7. S^DA：目标 5：（FO2/ 目标和干扰项）：						
8. S^DA：目标 6：（FO2/ 目标和干扰项）：						
9. 已达成的目标：随机转换						
10. S^DA：目标 7：（FO2/ 目标和干扰项）：						
11. S^DA：目标 8：（FO2/ 目标和干扰项）：						
12. 已达成的目标：随机转换						
13. S^DA：目标 9：（FO2/ 目标和干扰项）：						
14. S^DA：目标 10：（FO2/ 目标和干扰项）：						
15. 已达成的目标：随机转换						
16. S^DB：目标 1：（FO2/ 目标和干扰项）：						

续表

目标	基线 %	开始日期	达标日期	消退程序		
				维持阶段	自然环境下教学开始日期	归档日期
17. S^DB: 目标 2:(FO2/ 目标和干扰项):						
18. S^DB: 已达成的目标: 随机转换						
19. S^DB: 目标 3:(FO2/ 目标和干扰项):						
20. S^DB: 目标 4:(FO2/ 目标和干扰项):						
21. S^DB: 已达成的目标: 随机转换						
22. S^DB: 目标 5:(FO2/ 目标和干扰项):						
23. S^DB: 目标 6:(FO2/ 目标和干扰项):						
24. S^DB: 已达成的目标: 随机转换						
25. S^DB: 目标 7:(FO2/ 目标和干扰项):						
26. S^DB: 目标 8:(FO2/ 目标和干扰项):						
27. S^DB: 已达成的目标: 随机转换						
28. S^DB: 目标 9:(FO2/ 目标和干扰项):						
29. S^DB: 目标 10:(FO2/ 目标和干扰项):						
30. S^DB: 已达成的目标: 随机转换						
31. S^DC: 目标 1:(FO3/ 目标和 2 个干扰项):						

续表

目标	基线 %	开始日期	达标日期	消退程序		
				维持阶段	自然环境下教学开始日期	归档日期
32. S^DC：目标 2:（FO3/ 目标和 2 个干扰项）:						
33. S^DC：已达成的目标：随机转换						
34. S^DC：目标 3:（FO3/ 目标和 2 个干扰项）:						
35. S^DC：目标 4:（FO3/ 目标和 2 个干扰项）:						
36. S^DC：已达成的目标：随机转换						
37. S^DC：目标 5:（FO3/ 目标和 2 个干扰项）:						
38. S^DC：目标 6:（FO3/ 目标和 2 个干扰项）:						
39. S^DC：已达成的目标：随机转换						
40. S^DC：目标 7:（FO3/ 目标和 2 个干扰项）:						
41. S^DC：目标 8:（FO3/ 目标和 2 个干扰项）:						
42. S^DC：已达成的目标：随机转换						
43. S^DC：目标 9:（FO3/ 目标和 2 个干扰项）:						
44. S^DC：目标 10:（FO3/ 目标和 2 个干扰项）:						
45. S^DC：已达成的目标：随机转换						
46. S^DD：目标 1:（FO3/ 目标和 2 个干扰项）:						

续表

目标	基线 %	开始日期	达标日期	消退程序		
				维持阶段	自然环境下教学开始日期	归档日期
47. S^DD：目标 2：（FO3/ 目标和 2 个干扰项）：						
48. S^DD：已达成的目标：随机转换						
49. S^DD：目标 3：（FO3/ 目标和 2 个干扰项）：						
50. S^DD：目标 4：（FO3/ 目标和 2 个干扰项）：						
51. S^DD：已达成的目标：随机转换						
52. S^DD：目标 5：（FO3/ 目标和 2 个干扰项）：						
53. S^DD：目标 6：（FO3/ 目标和 2 个干扰项）：						
54. S^DD：已达成的目标：随机转换						
55. S^DD：目标 7：（FO3/ 目标和 2 个干扰项）：						
56. S^DD：目标 8：（FO2/ 目标和干扰项）：						
57. S^DD：已达成的目标：随机转换						
58. S^DD：目标 9：（FO3/ 目标和 2 个干扰项）：						
59. S^DD：目标 10：（FO3/ 目标和 2 个干扰项）：						
60. S^DD：已达成的目标：随机转换						
61. 不同环境下的技能泛化，环境 1：						

续表

目标	基线 %	开始日期	达标日期	消退程序		
				维持阶段	自然环境下教学开始日期	归档日期
62. 不同环境下的技能泛化，环境 2：						
63. 维持阶段：在不同环境下进行评估				2W 1W M		

实施该任务分析的具体建议：

- 确保受训者已经掌握预备技能，包括掌握字母的接受性和表达性语言技能，见本套教程第一册，阅读：将字母发音与相关图片配对，阅读：将文字与图片配对（见本套教程第二分册）以及阅读：常见字（见本分册）。
- 使用受训者感兴趣的图片和短语来增加受训者的动机，然后泛化到与其相似的物品上。例如，如果受训者对火车非常感兴趣，从火车有关的短语和照片开始，然后泛化到汽车、飞机和其他运输工具上。随着阅读能力的提高，目标的选择可涉及更多方面（涉及安全短语、日常生活技能、休闲项目，等等）。
- 干扰项的短语和句子与目标短语和句子的词义应当非常接近。

阅读：常见字

等级：□ 1 □ 2 □ 3

S^D： 向受训者呈现带字的卡片，然后说“读”	**反应：** 受训者正确读出卡片上的字
数据收集：技能习得	**目标标准：**在 2 位训练师的交叉教学中连续 3 天反应正确率达到 80% 或者零辅助作出正确反应
材料：带字图片和强化物	

消退程序

维持标准：2W= 连续 4 次反应正确率 100%；1W= 连续 4 次反应正确率 100%；M= 连续 3 次反应正确率 100%	**自然环境标准：**目标行为可在自然环境下泛化到 3 种新的自然发生的活动中	**归档标准：**教学目标、维持标准和自然环境标准全部达标

目标列表

对教学目标的建议和试探结果

对教学目标的建议：

学前高频词：a, and, away, big, blue, can, come, down, find, for, funny, go, help, here, I, in, is, it, jump, little, look, make, me, my, not, one, play, red, run, said, see, the, three, to, two, up, we, where, yellow, you

幼儿园高频词：all, am, are, at, ate, be, black, brown, but, came, did, do, eat, four, get, good, have, he, into, like, must, new, no, now, on, our, out, please, pretty, ran, ride, saw, say, she, so, soon, that, there, they, this, too, under, want, was, well, went, what, white, who, will, with, yes

一年级高频词：after, again, an, any, as, ask, by, could, every, fly, from, give, going, had, has, her, him, his, how, just, know, let-live, may, of, old, once, open, over, put, round, some, stop, take, thank, them, then, think, walk, were, when

二年级高频词：always, around, because, been, before, best, both, buy, call, cold, does, don’t, fast, first, five, found, gave, goes, green, its, made, many, off, or, pull, read, right, sing, sit, sleep, tell, their, these, those, upon, us, use, very, wash, which, why, wish, work, would, write, your

三年级高频词：about, better, bring, carry, clean, cut, done, draw, drink, eight, fall, far, full, got, grow, hold, hot, hurt, if, keep, kind, laugh, light, long, much, myself, never, only, own, pick, seven, shall, show, six, small, start, ten, today, together, try, war

高频词：apple, baby, back, ball, bear, bed, bell, bird, birthday, boat, box, boy, bread, brother, cake, car, cat, chair, chicken, children, Christmas, coat, corn, cow, day, doll, door, duck, egg, eye, farm, farmer, father, feet, fire, fish, floor, flower, game, garden, girl, good-bye, grass, ground, hand, head, hill, home, horse, house, kitty, leg, letter, man, men, milk, money, morning, mother, name, nest, night, paper, party, picture, pig, rabbit, rain, ring, robin, Santa Claus, school, seed, sheep, shoe, sister, snow, song, squirrel, stick, street, sun, table, thing, time, top, toy, tree, watch, water, way, wind, window, wood

[译者注：此为原著内容，训练者可参考或自行确定合适的目标]

试探结果（已掌握目标）：

目标	基线 %	开始日期	达标日期	消退程序		
				维持阶段	自然环境下教学开始日期	归档日期
1. 目标 1：						
2. 目标 2：						
3. 目标 1 和 2：随机转换						
4. 目标 3：						
5. 目标 4：						
6. 已达成的目标：随机转换						
7. 目标 5：						
8. 目标 6：						
9. 已达成的目标：随机转换						
10. 目标 7：						
11. 目标 8：						
12. 已达成的目标：随机转换						
13. 目标 9：						
14. 目标 10：						
15. 已达成的目标：随机转换						

续表

目标	基线 %	开始日期	达标日期	消退程序		
				维持阶段	自然环境下教学开始日期	归档日期
16. 不同环境下的技能泛化，环境 1：						
17. 不同环境下的技能泛化，环境 2：						
18. 维持阶段：在不同环境下进行评估				2W 1W M		

实施该任务分析的具体建议：

- 促进技能获取的潜在教学策略包括在开始训练时选择看起来不同的目标。
- 通过使用打印的字、铅笔写的字或蜡笔写的字的闪卡变化材料，以进行材料的泛化。您可以使用不同的字体。
- 您可能要打印此任务分析的多个副本，并多次进行训练，以教授超过 10 个目标。

阅读：平舌音和翘舌音

等级：□ 1 □ 2 □ 3

S^D： 向受训者呈现带字的卡片，这些字分别是平舌音和翘舌音，然后说："这个字怎么读？"	**反应：** 受训者正确读出卡片上的字
数据收集：技能习得	**目标标准：**在 2 位训练师的交叉教学中连续 3 天反应正确率达到 80% 或者零辅助作出正确反应
材料：带字图片和强化物	

消退程序

维持标准：2W= 连续 4 次反应正确率 100%；1W= 连续 4 次反应正确率 100%；M= 连续 3 次反应正确率 100%	**自然环境标准：**目标行为可在自然环境下泛化到 3 种新的自然发生的活动中	**归档标准：**教学目标、维持标准和自然环境标准全部达标

目标列表

对教学目标的建议和试探结果

对教学目标的建议：chew, chap, chat, chad, chit, chip, chin, chop; chain, chick, chalk, chore, chill, chirp, choke, child, cheat; chance, children, cheater, chopping, charts, checking; that, thin, thon, this; throw, thumb, there, thing, thick; thimble, thesis, thinner, thirsty, thwart; shoe, shin, shop, shun, ship; sheet, sheik, sheep, share, shore; sharks, shimmer, shining, shorter, shacks [译者注：此为原著内容，训练者可参考或自行确定合适的目标]
试探结果（已掌握目标）：

目标	基线 %	开始日期	达标日期	消退程序		
				维持阶段	自然环境下教学开始日期	归档日期
4 个字母的 CH 词语						
1. 目标 1：						

续表

目标	基线 %	开始日期	达标日期	消退程序		
				维持阶段	自然环境下教学开始日期	归档日期
2. 目标 2：						
3. 已达成的目标：随机转换						
4. 目标 3：						
5. 目标 4：						
6. 已达成的目标：随机转换						
5 个字母的 CH 词语						
7. 目标 1：						
8. 目标 2：						
9. 已达成的目标：随机转换						
10. 目标 3：						
11. 目标 4：						
12. 已达成的目标：随机转换						
6 个字母的 CH 词语						
13. 目标 1：						
14. 目标 2：						

续表

目标	基线 %	开始日期	达标日期	消退程序		
				维持阶段	自然环境下教学开始日期	归档日期
15. 已达成的目标：随机转换						
16. 目标 3：						
17. 目标 4：						
18. 已达成的目标：随机转换						
4 个字母的 TH 词语						
19. 目标 1：						
20. 目标 2：						
21. 已达成的目标：随机转换						
22. 目标 3：						
23. 目标 4：						
24. 已达成的目标：随机转换						
5 个字母的 TH 词语						
25. 目标 1：						
26. 目标 2：						

续表

目标	基线 %	开始日期	达标日期	消退程序		
				维持阶段	自然环境下教学开始日期	归档日期
27. 已达成的目标：随机转换						
28. 目标 3：						
29. 目标 4：						
30. 已达成的目标：随机转换						
6 个字母的 TH 词语						
31. 目标 1：						
32. 目标 2：						
33. 已达成的目标：随机转换						
34. 目标 3：						
35. 目标 4：						
36. 已达成的目标：随机转换						
4 个字母的 SH 词语						
37. 目标 1：						
38. 目标 2：						

续表

目标	基线 %	开始日期	达标日期	消退程序		
				维持阶段	自然环境下教学开始日期	归档日期
39. 已达成的目标：随机转换						
40. 目标 3：						
41. 目标 4：						
42. 已达成的目标：随机转换						
5 个字母的 SH 词语						
43. 目标 1：						
44. 目标 2：						
45. 已达成的目标：随机转换						
46. 目标 3：						
47. 目标 4：						
48. 已达成的目标：随机转换						
6 个字母的 SH 词语						
49. 目标 1：						
50. 目标 2：						

续表

目标	基线 %	开始日期	达标日期	消退程序		
				维持阶段	自然环境下教学开始日期	归档日期
51. 已达成的目标：随机转换						
52. 目标 3：						
53. 目标 4：						
54. 已达成的目标：随机转换						
55. 不同环境下的技能泛化，环境 1：						
56. 不同环境下的技能泛化，环境 2：						
57. 维持阶段：在不同环境下进行评估				2W 1W M		

实施该任务分析的具体建议：

- 确保受训者已经掌握预备技能。包括掌握字母发音的接受性和表达性语言技能（见本套教程第一分册）。

相同和不同

等级：□ 1 □ 2 □ 3

S^D： 向受训者呈现 2 张卡片，说“这两个卡片是相同还是不同呢”（如，呈现一只牛和一只狗的图片，并说“为什么它们是相同的”	**反应：** 受训者能够说出两张图片是否相同（如，它们都是动物）
数据收集：技能习得	**目标标准：**在 2 位训练师的交叉教学中连续 3 天反应正确率达到 80% 或者零辅助作出正确反应
材料：图片 / 物品和强化物（图片可于附赠的 CD 中获取）	

消退程序

维持标准：2W= 连续 4 次反应正确率 100%；1W= 连续 4 次反应正确率 100%；M= 连续 3 次反应正确率 100%	**自然环境标准：**目标行为可在自然环境下泛化到 3 种新的自然发生的活动中	**归档标准：**教学目标、维持标准和自然环境标准全部达标

目标列表

对教学目标的建议和试探结果

对教学目标的建议：类别（动物、衣服、食品、车辆、家具、饮料、树木、文具、玩具），颜色相同或不同的物体，特征（尾巴、条纹、轮子、面部表情、羽毛等）或功能（可以飞的、可以吃的、可以玩的、可以坐的、穿的）
试探结果（已掌握目标）：

目标	基线 %	开始日期	达标日期	消退程序		
				维持阶段	自然环境下教学开始日期	归档日期
1. 目标 1：相同的：（类别）						

续表

目标	基线 %	开始日期	达标日期	消退程序		
				维持阶段	自然环境下教学开始日期	归档日期
2. 目标 2：不同的：（类别）						
3. 已达成的目标：随机转换						
4. 目标 3：相同的：（颜色）						
5. 目标 4：不同的：（同一物品，不同的颜色）						
6. 已达成的目标：随机转换						
7. 目标 5：相同的（特征）						
8. 目标 6：不同的（特征）						
9. 已达成的目标：随机转换						
10. 目标 7：相同的（功能）						
11. 目标 8：不同的（功能）						
12. 已达成的目标：随机转换						
13. 已达成的目标：随机转换步骤 3，6，9，12						
14. 不同环境下的技能泛化，环境 1：						
15. 不同环境下的技能泛化，环境 2：						
16. 维持阶段：在不同环境下进行评估				2W 1W M		

实施该任务分析的具体建议：

- 确保受训者已经掌握预备技能，包括根据颜色分类物品，根据大小分类物品”“根据颜色分类物品，根据大小分类图片，根据类别分类（见本套教程第一分册），以及关于类别和功能的接受性和表达性语言技能（见本套教程第二分册）。
- 可以写下句子开头作为视觉提示帮助受训者扩展句子长度（即“他们都是 ______”“一个是 ______，而另一个是 ______”“______ 和 ______ 都 ______”“______ 和 ______ 的不同是因为 ______”）。

拼写：2 个字母组成的单词

等级：□ 1 □ 2 □ 3

S^D： 说："拼写……"	**反应：** 受训者将正确地拼写一个 2 个字母的字
数据收集：技能习得	**目标标准：**在 2 位训练师的交叉教学中连续 3 天反应正确率达到 80% 或者零辅助作出正确反应
材料：强化物，替代材料：纸、铅笔、电脑	

消退程序

维持标准：2W= 连续 4 次反应正确率 100%；1W= 连续 4 次反应正确率 100%；M= 连续 3 次反应正确率 100%	**自然环境标准：**目标行为可在自然环境下泛化到 3 种新的自然发生的活动中	**归档标准：**教学目标、维持标准和自然环境标准全部达标

目标列表

对教学目标的建议和试探结果

对教学目标的建议：go, in, is, it, me, my, to, up, we, am, at, be, do, he, no, on, so, an, as, by, of, or, us, if［译者注：此为原著内容，训练者可参考或自行确定合适的目标］

试探结果（已掌握目标）：

目标	基线 %	开始日期	达标日期	消退程序		
				维持阶段	自然环境下教学开始日期	归档日期
1. 目标 1：						
2. 目标 2：						

续表

目标	基线 %	开始日期	达标日期	消退程序		
				维持阶段	自然环境下教学开始日期	归档日期
3. 已达成的目标：随机转换						
4. 目标 3：						
5. 目标 4：						
6. 已达成的目标：随机转换						
7. 目标 5：						
8. 目标 6：						
9. 已达成的目标：随机转换						
10. 目标 7：						
11. 目标 8：						
12. 已达成的目标：随机转换						
13. 目标 9：						
14. 目标 10：						
15. 已达成的目标：随机转换						
16. 不同环境下的技能泛化，环境 1：						

续表

目标	基线 %	开始日期	达标日期	消退程序		
				维持阶段	自然环境下教学开始日期	归档日期
17. 不同环境下的技能泛化，环境 2:						
18. 维持阶段：在不同环境下进行评估				2W 1W M		

实施该任务分析的具体建议：

- 确保受训者已经掌握预备技能，包括字母的接受性和表达性语言技能，接受一步指令（见本套教程第一分册），理解和表达字母的初始发音（见本套教程第二分册）。
- 可以使用视觉辅助帮助受训者正确拼写单词；当受训者可以正确反应后，要消退该提示。

拼写：3 个字母组成的单词

等级：□ 1 □ 2 □ 3

S^D： 说"拼写……"	**反应：** 受训者将正确地拼写一个 3 个字母组成的单词
数据收集：技能习得	**目标标准：**在 2 位训练师的交叉教学中连续 3 天反应正确率达到 80% 或者零辅助作出正确反应
材料：强化物，替代材料：纸、铅笔、电脑	

消退程序

维持标准：2W= 连续 4 次反应正确率 100%；1W= 连续 4 次反应正确率 100%；M= 连续 3 次反应正确率 100%	**自然环境标准：**目标行为可在自然环境下泛化到 3 种新的自然发生的活动中	**归档标准：**教学目标、维持标准和自然环境标准全部达标

目标列表

对教学目标的建议和试探结果

对教学目标的建议：and, big, can, for, not, one, red, run, see, the, two, you, all, are, ate, but, did, eat, get, new, now, our, out, ran, saw, say, she, too, was, who, yes, any, ask, fly, had, has, her, him, his, how, let, may, old, put, buy, its, off, sit, use, why, cut, far, got, hot, own, six, ten, try, war, bed, box, boy, car, cat, cow, day, egg, eye, leg, man, men, pig, sun, top, toy, way［译者注：此为原著内容，训练者可参考或自行确定合适的目标］

试探结果（已掌握目标）：

目标	基线 %	开始日期	达标日期	消退程序		
				维持阶段	自然环境下教学开始日期	归档日期
1. 目标 1：						

续表

目标	基线 %	开始日期	达标日期	消退程序		
				维持阶段	自然环境下教学开始日期	归档日期
2. 目标 2：						
3. 已达成的目标：随机转换						
4. 目标 3：						
5. 目标 4：						
6. 已达成的目标：随机转换						
7. 目标 5：						
8. 目标 6：						
9. 已达成的目标：随机转换						
10. 目标 7：						
11. 目标 8：						
12. 已达成的目标：随机转换						
13. 目标 9：						
14. 目标 10：						
15. 已达成的目标：随机转换						
16. 不同环境下的技能泛化，环境 1：						

续表

目标	基线 %	开始日期	达标日期	消退程序		
				维持阶段	自然环境下教学开始日期	归档日期
17. 不同环境下的技能泛化，环境 2：						
18. 维持阶段：在不同环境下进行评估				2W 1W M		

实施该任务分析的具体建议：

- 确保受训者已经掌握预备技能，包括字母的接受性和表达性语言技能，接受一步指令（见本套教程第一分册），理解和表达字母的初始发音（见本套教程第二分册）。
- 可以使用视觉辅助帮助受训者正确拼写单词；当受训者可以正确反应后，要消退该提示。

拼写：4 个字母组成的单词

等级：□ 1 □ 2 □ 3

指令： 说“拼写……”	**反应：** 受训者将正确地拼写一个 4 个字母组成的单词
数据收集：技能习得	**目标标准：**在 2 位训练师的交叉教学中连续 3 天反应正确率达到 80% 或者零辅助作出正确反应
材料：强化物，替代材料：纸、铅笔、电脑	

消退程序

维持标准：2W= 连续 4 次反应正确率 100%；1W= 连续 4 次反应正确率 100%；M= 连续 3 次反应正确率 100%	**自然环境标准：**目标行为可在自然环境下泛化到 3 种新的自然发生的活动中	**归档标准：**教学目标、维持标准和自然环境标准全部达标

目标列表

对教学目标的建议和试探结果

对教学目标的建议：away, blue, come, down, find, help, here, jump, look, make, play, said, came, four, good, have, into, like, must, ride, soon, that, they, this, want, well, went, what, will, with, from, give, just, know, live, once, open, over, some, stop, take, them, then, walk, were, when, been, best, both, call, cold, does, don't, fast, five, gave, goes, made, many, pull, read, sing, tell, upon, very, wash, wish, work, your, done, draw, fall, full, grow, hold, hurt, keep, kind, long, much, only, pick, show, baby, back, ball, bear, bed, bell, bird, boat, cake, coat, corn, doll, door, duck, farm, feet, fire, fish, game, girl, hand, head, home, milk, name, nest, rain, ring, seed, shoe, snow, song, time, tree, wind, wood［译者注：此为原著内容，训练者可参考或自行确定合适的目标］
试探结果（已掌握目标）：

目标	基线 %	开始日期	达标日期	消退程序		
				维持阶段	自然环境下教学开始日期	归档日期
1. 目标 1：						
2. 目标 2：						
3. 已达成的目标：随机转换						
4. 目标 3：						
5. 目标 4：						
6. 已达成的目标：随机转换						
7. 目标 5：						
8. 目标 6：						
9. 已达成的目标：随机转换						
10. 目标 7：						
11. 目标 8：						
12. 已达成的目标：随机转换						
13. 目标 9：						
14. 目标 10：						
15. 已达成的目标：随机转换						

续表

目标	基线 %	开始日期	达标日期	消退程序		
				维持阶段	自然环境下教学开始日期	归档日期
16. 不同环境下的技能泛化，环境 1：						
17. 不同环境下的技能泛化，环境 2：						
18. 维持阶段：在不同环境下进行评估				2W 1W M		

实施该任务分析的具体建议：

- 确保受训者已经掌握预备技能，包括字母的接受性和表达性语言技能，接受一步指令（见本套教程第一分册），理解和表达字母的初始发音（见本套教程第二分册）。
- 可以使用视觉辅助帮助受训者正确拼写单词；当受训者可以正确反应后，要消退该提示。

使用拼插玩具拼字

等级：□ 1 □ 2 □ 3

S^D： 向受训者呈现拼插玩具（manipulatives），说："拼……字"	**反应：** 受训者能够使用教具正确拼字
数据收集：技能习得	**目标标准：**在 2 位训练师的交叉教学中连续 3 天反应正确率达到 80% 或者零辅助作出正确反应
材料：字母教具（即大写字母、字母拼图等）和强化物	

消退程序

维持标准：2W= 连续 4 次反应正确率 100%；1W= 连续 4 次反应正确率 100%；M= 连续 3 次反应正确率 100%	**自然环境标准：**目标行为可在自然环境下泛化到 3 种新的自然发生的活动中	**归档标准：**教学目标、维持标准和自然环境标准全部达标

目标列表

对教学目标的建议和试探结果

对教学目标的建议：名称、地址、安全标志，以及常见字
试探结果（已掌握目标）：

目标	基线 %	开始日期	达标日期	消退程序		
				维持阶段	自然环境下教学开始日期	归档日期
1. 目标 1：独立项						

续表

目标	基线 %	开始日期	达标日期	消退程序		
				维持阶段	自然环境下教学开始日期	归档日期
2. 目标 1：2 个选项 /1 个目标项和 1 个干扰项						
3. 目标 1：3 个选项 /1 个目标项和 2 个干扰项						
4. 目标 2：独立项						
5. 目标 2：2 个选项 /1 个目标项和 1 个干扰项						
6. 目标 2：3 个选项 /1 个目标项和 2 个干扰项						
7. 已达成的目标：随机转换干扰项						
8. 目标 3：独立项						
9. 目标 3：2 个选项 /1 个目标项和 1 个干扰项						
10. 目标 3：3 个选项 /1 个目标项和 2 个干扰项						
11. 目标 4：独立项						
12. 目标 4：2 个选项 /1 个目标项和 1 个干扰项						
13. 目标 4：3 个选项 /1 个目标项和 2 个干扰项						
14. 已达成的目标：随机转换干扰项						
15. 目标 5：独立项						

续表

目标	基线 %	开始日期	达标日期	消退程序		
				维持阶段	自然环境下教学开始日期	归档日期
16. 目标 5：2 个选项 /1 个目标项和 1 个干扰项						
17. 目标 5：3 个选项 /1 个目标项和 2 个干扰项						
18. 目标 6：独立项						
19. 目标 6：2 个选项 /1 个目标项和 1 个干扰项						
20. 目标 6：3 个选项 /1 个目标项和 2 个干扰项						
21. 已达成的目标：随机转换						
22. 目标 7：独立项						
23. 目标 7：2 个选项 /1 个目标项和 1 个干扰项						
24. 目标 7：3 个选项 /1 个目标项和 2 个干扰项						
25. 目标 8：独立项						
26. 目标 8：2 个选项 /1 个目标项和 1 个干扰项						
27. 目标 8：3 个选项 /1 个目标项和 2 个干扰项						
28. 已达成的目标：随机转换干扰项						
29. 目标 9：独立项						

续表

目标	基线 %	开始日期	达标日期	消退程序		
				维持阶段	自然环境下教学开始日期	归档日期
30. 目标 9：2 个选项 /1 个目标项和 1 个干扰项						
31. 目标 9：3 个选项 /1 个目标项和 2 个干扰项						
32. 目标 10：独立项						
33. 目标 10：2 个选项 /1 个目标项和 1 个干扰项						
34. 目标 10：3 个选项 /1 个目标项和 2 个干扰项						
35. 已达成的目标：随机转换干扰项						
36. 不同环境下的技能泛化，环境 1：						
37. 不同环境下的技能泛化，环境 2：						
38. 维持阶段：在不同环境下进行评估				2W 1W M		

实施该任务分析的具体建议：

- 确保受训者已经掌握预备技能，包括字母的接受性和表达性语言技能，接受一步指令（见本套教程第一分册），理解和表达字母的初始发音（见本套教程第二分册）。

时间关系：之前和之后

等级：□ 1 □ 2 □ 3

S^D： 问受训者关于“之前”和“之后”的问题（例如，“3 之前是几”）	**反应：** 受训者能够正确回答
数据收集：技能习得	**目标标准：**在 2 位训练师的交叉教学中连续 3 天反应正确率达到 80% 或者零辅助作出正确反应
材料：强化物	

消退程序

维持标准：2W= 连续 4 次反应正确率 100%；1W= 连续 4 次反应正确率 100%；M= 连续 3 次反应正确率 100%	**自然环境标准：**目标行为可在自然环境下泛化到 3 种新的自然发生的活动中	**归档标准：**教学目标、维持标准和自然环境标准全部达标

目标列表

对教学目标的建议和试探结果

对教学目标的建议：3 之前是几？星期三之前是星期几？六月之前是几月？ M 之前是什么字母？ 2013 之前是哪一年？春天过后是什么季节？星期六之后是星期几？ 2014 年后是哪一年？感恩节后是什么节日？ S 后是什么字母？
试探结果（已掌握目标）：

目标	基线 %	开始日期	达标日期	消退程序		
				维持阶段	自然环境下教学开始日期	归档日期
关于“之前”的问题						
1. 目标 1：						

续表

目标	基线 %	开始日期	达标日期	消退程序		
				维持阶段	自然环境下教学开始日期	归档日期
2. 目标 2：						
3. 已达成的目标：随机转换						
4. 目标 3：						
5. 目标 4：						
6. 已达成的目标：随机转换						
7. 目标 5：						
8. 目标 6：						
9. 已达成的目标：随机转换						
10. 目标 7：						
11. 目标 8：						
12. 已达成的目标：随机转换						
13. 目标 9：						
14. 目标 10：						
15. 已达成的目标：随机转换						
16. 不同环境下的技能泛化，环境 1：						

续表

目标	基线 %	开始日期	达标日期	消退程序		
				维持阶段	自然环境下教学开始日期	归档日期
17. 不同环境下的技能泛化，环境 2：						
关于“之后”的问题						
18. 目标 1：						
19. 目标 2：						
20. 已达成的目标：随机转换						
21. 目标 3：						
22. 目标 4：						
23. 已达成的目标：随机转换						
24. 目标 5：						
25. 目标 6：						
26. 已达成的目标：随机转换						
27. 目标 7：						
28. 目标 8：						
29. 已达成的目标：随机转换						
30. 目标 9：						

续表

目标	基线 %	开始日期	达标日期	消退程序		
				维持阶段	自然环境下教学开始日期	归档日期
31. 目标 10：						
32. 已达成的目标：随机转换						
33. 不同环境下的技能泛化，环境 1：						
34. 不同环境下的技能泛化，环境 2：						
35. 维持阶段：在不同环境下进行评估				2W 1W M		

实施该任务分析的具体建议：

- 确保受训者已经掌握预备技能，包括掌握序列模式扩展和按照系列或序列排序（见本套教程第二分册）。

词汇：表达性技能

等级：□ 1 □ 2 □ 3

指令： 向受训者展示各种词汇，并问"这个怎么定义"（例如："牛是什么"）	**反应：** 受训者能够正确解释给出的词汇
数据收集：技能习得	**目标标准：**在2位训练师的交叉教学中连续3天反应正确率达到80%或者零辅助作出正确反应
材料：强化物，替代材料：词汇图片	

消退程序

维持标准：2W=连续4次反应正确率100%；1W=连续4次反应正确率100%；M=连续3次反应正确率100%	**自然环境标准：**目标行为可在自然环境下泛化到3种新的自然发生的活动中	**归档标准：**教学目标、维持标准和自然环境标准全部达标

目标列表

对教学目标的建议和试探结果

对教学目标的建议：什么是牛？什么是自行车？什么是学校？什么是蜘蛛？什么是朋友？什么是狗？动物园是什么？什么是裤子？什么是鸟？什么是游泳池？
试探结果（已掌握目标）：

目标	基线%	开始日期	达标日期	消退程序		
				维持阶段	自然环境下教学开始日期	归档日期
1. 目标1：						
2. 目标2：						

续表

目标	基线 %	开始日期	达标日期	消退程序		
				维持阶段	自然环境下教学开始日期	归档日期
3. 目标 1 和 2：随机转换						
4. 目标 3：						
5. 目标 4：						
6. 已达成的目标：随机转换						
7. 目标 5：						
8. 目标 6：						
9. 已达成的目标：随机转换						
10. 目标 7：						
11. 目标 8：						
12. 已达成的目标：随机转换						
13. 目标 9：						
14. 目标 10：						
15. 已达成的目标：随机转换						
16. 不同环境下的技能泛化，环境 1：						

续表

目标	基线 %	开始日期	达标日期	消退程序		
				维持阶段	自然环境下教学开始日期	归档日期
17. 不同环境下的技能泛化，环境 2：						
18. 维持阶段：在不同环境下进行评估				2W 1W M		

实施该任务分析的具体建议：

- 确保受训者已经掌握预备技能，包括掌握物品、环境中的物品、玩具、车辆、食品和饮料、学校用品、衣物、动物和功能性物品的表达性技能（见本套教程第一分册）。
- 在定义不同词汇时确保让所有工作的老师知道，受训者的不同反应都可以算作正确的反应。当提供一个答案时，训练师应该期望相同数量的描述词。例如，如果目标是“牛是什么”，受训者可以回答“动物”或“哞哞叫的动物”。训练师应该定义这两个反应是否都是正确的，或者如果受训者应该给予每个词汇两个描述，那么第一个回答（“一个动物”）就不正确，因为它只包含一个描述词。
- 如果使用图片作为辅助，一定要消退这个辅助，以促使受训者学会没有图片辅助来回答这个问题。

词汇：接受性技能

等级：□ 1 □ 2 □ 3

S^D： 向受训者展示 1~3 张有定义的词汇并说"摸一摸定义为……的词，或者指出定义为……的词"	**反应：** 受训者能够指出正确的定义
数据收集：技能习得	**目标标准：**在 2 位训练师的交叉教学中连续 3 天反应正确率达到 80% 或者零辅助作出正确反应
材料：强化物	

消退程序

维持标准：2W= 连续 4 次反应正确率 100%；1W= 连续 4 次反应正确率 100%；M= 连续 3 次反应正确率 100%	**自然环境标准：**目标行为可在自然环境下泛化到 3 种新的自然发生的活动中	**归档标准：**教学目标、维持标准和自然环境标准全部达标

目标列表

对教学目标的建议和试探结果

对教学目标的建议：牛（哞哞叫的动物），自行车（可以骑着的，有两个轮子），学校（孩子们去学习的地方），蜘蛛（可以自己织网的），朋友（经常和你一起做事情的人），狗（汪汪叫的动物），动物园（动物生活的地方），裤子（你穿在腿上的衣服），鸟（会飞的啾啾叫的动物），游泳池（有很多水，人们在里面游泳）
试探结果（已掌握目标）：

目标	基线 %	开始日期	达标日期	消退程序		
				维持阶段	自然环境下教学开始日期	归档日期
1. 目标 1：						

续表

目标	基线 %	开始日期	达标日期	消退程序		
				维持阶段	自然环境下教学开始日期	归档日期
2. 目标 2：						
3. 目标 1 和 2：随机转换						
4. 目标 3：						
5. 目标 4：						
6. 已达成的目标：随机转换						
7. 目标 5：						
8. 目标 6：						
9. 已达成的目标：随机转换						
10. 目标 7：						
11. 目标 8：						
12. 已达成的目标：随机转换						
13. 目标 9：						
14. 目标 10：						
15. 已达成的目标：随机转换						

续表

目标	基线 %	开始日期	达标日期	消退程序		
				维持阶段	自然环境下教学开始日期	归档日期
16. 不同环境下的技能泛化，环境 1：						
17. 不同环境下的技能泛化，环境 2：						
18. 维持阶段：在不同环境下进行评估				2W 1W M		

实施该任务分析的具体建议：

- 确保受训者已经掌握预备技能，包括掌握物品、环境中的物品、玩具、车辆、食品和饮料、学校用品、衣物、动物和功能性物品的接受性技能（见本套教程第一分册）。

天气

等级：□ 1 □ 2 □ 3

S^D： 说“该查看天气了”	**反应：** 受训者能够独立完成任务分析中的步骤汇报天气
数据收集：辅助数据（辅助次数与类型）	**目标标准：**在 2 位训练师的交叉教学中连续 3 天零辅助作出正确反应
材料：天气图标（阳光、雨天、雪天、多云、有风的，等等），天气板或贴代币的地方，以及强化物（图片可于附赠的 CD 中获取）	

消退程序

维持标准：2W= 连续 4 次反应正确率 100%；1W= 连续 4 次反应正确率 100%；M= 连续 3 次反应正确率 100%	**自然环境标准：**目标行为可在自然环境下泛化到 3 种新的自然发生的活动中	**归档标准：**教学目标、维持标准和自然环境标准全部达标

目标列表

目标	基线：辅助次数与类型	开始日期	达标日期	消退程序		
				维持阶段	自然环境下教学开始日期	归档日期
1. 目标 1：受训者将会走到窗边						
2. 目标 2：受训者将会朝窗外看						
3. 目标 3：受训者将会指出天气						
4. 目标 4：受训者将会走到对应天气的图标处						
5. 目标 5：受训者将会选择正确的天气图标图片						
6. 目标 6：受训者将把选择的图标贴在板上						

续表

目标	基线：辅助次数与类型	开始日期	达标日期	消退程序		
				维持阶段	自然环境下教学开始日期	归档日期
7. 目标 7：受训者将说出：今天的天气是＿＿＿＿						
8. 目标 8：受训者将在座位坐下来						
9. 不同环境下的技能泛化，环境 1：						
10. 不同环境下的技能泛化，环境 2：						
11. 维持阶段：在不同环境下进行评估				2W 1W M		

实施该任务分析的具体建议：

- 确保受训者已经掌握预备技能，包括掌握接受一步指令（见本套教程第一分册）和在学校活动中恰当就座（见本套教程第二分册）。
- 这个任务分析使用正向链接程序进行教学，即按照自然发生的步骤，直到所有的步骤都独立完成。因此，对于目标 1，受训者展示目标行为，然后辅助完成剩下的步骤。对于目标 2，除去目标 1 和 2，所有步骤都辅助完成。对于目标 3，除去前面的目标 1、2 和 3，所有步骤都辅助完成。继续遵循这一过程，直到独立掌握整个技能。

书写：抄写黑板上的字

等级：□ 1 □ 2 □ 3

S^D： 在 30~150 厘米远的写字板 / 黑板上写字，对受训者说“抄黑板上的字”	**反应：** 受训者能够抄写黑板上的字，同时减少抄写的时间
数据收集：技能习得	**目标标准：**在 2 位训练师的交叉教学中连续 3 天反应正确率达到 80% 或者零辅助作出正确反应
材料：写作用具、纸张，以及强化物；可选材料：黑板、白板、电子白板	

消退程序

维持标准：2W= 连续 4 次反应正确率 100%；1W= 连续 4 次反应正确率 100%；M= 连续 3 次反应正确率 100%	**自然环境标准：**目标行为可在自然环境下泛化到 3 种新的自然发生的活动中	**归档标准：**教学目标、维持标准和自然环境标准全部达标

目标列表

对教学目标的建议和试探结果

对教学目标的建议：受训者的名字，适龄的常见字，会在教室黑板上出现的单词（即作业、课程、完成、页、书、日期、科学、英语、拼写，等等）
试探结果（已掌握目标）：

目标	基线 %	开始日期	达标日期	消退程序		
				维持阶段	自然环境下教学开始日期	归档日期
1. 目标 1：受训者从 30 厘米远的距离抄写 10 个不同的字						

续表

目标	基线 %	开始日期	达标日期	消退程序		
				维持阶段	自然环境下教学开始日期	归档日期
2. 目标 2：受训者从 90 厘米远的距离抄写 10 个不同的字						
3. 目标 3：受训者从 150 厘米远的距离抄写 10 个不同的字						
4. 目标 4：受训者在 2 分钟之内，从 150 厘米远的距离抄写 10 个不同的字						
5. 不同环境下的技能泛化，环境 1：						
6. 不同环境下的技能泛化，环境 2：						
7. 维持阶段：在不同环境下进行评估				2W 1W M		

实施该任务分析的具体建议：

- 确保受训者已经掌握预备技能，包括掌握听指令找到相应的字母（见本套教程第一分册），并掌握以下本册书中的任务分析：书写大写字母、小写字母、数字 1~10，以及简单的词语。

书写：使用拼插玩具拼小写字母

等级：□ 1 □ 2 □ 3

S^D： 给受训者拼插玩具（manipulatives），对受训者说“拼小写字母”	**反应：** 受训者能够正确拼出小写字母
数据收集：辅助数据（辅助次数与类型）	**目标标准：**在 2 位训练师的交叉教学中连续 3 天零辅助作出正确反应
材料：拼插玩具或替代物（如稻草、吸管、字符串、冰棒棍等），以及强化物	

消退程序

维持标准：2W= 连续 4 次反应正确率 100%；1W= 连续 4 次反应正确率 100%；M= 连续 3 次反应正确率 100%	**自然环境标准：**目标行为可在自然环境下泛化到 3 种新的自然发生的活动中	**归档标准：**教学目标、维持标准和自然环境标准全部达标

目标列表

目标	基线：辅助次数与类型	开始日期	达标日期	消退程序		
				维持阶段	自然环境下教学开始日期	归档日期
1. 目标 1：a						
2. 目标 2：b						
3. 目标 1 和 2：随机转换						
4. 目标 3：c						
5. 目标 4：d						
6. 已达成的目标：随机转换						

续表

目标	基线：辅助次数与类型	开始日期	达标日期	消退程序		
				维持阶段	自然环境下教学开始日期	归档日期
7. 目标 5：e						
8. 目标 6：f						
9. 已达成的目标：随机转换						
10. 目标 7：g						
11. 目标 8：h						
12. 已达成的目标：随机转换						
13. 目标 9：i						
14. 目标 10：j						
15. 已达成的目标：随机转换						
16. 目标 11：k						
17. 目标 12：l						
18. 已达成的目标：随机转换						
19. 目标 13：m						
20. 目标 14：n						

续表

目标	基线：辅助次数与类型	开始日期	达标日期	消退程序		
				维持阶段	自然环境下教学开始日期	归档日期
21. 已达成的目标：随机转换						
22. 目标 15：o						
23. 目标 16：p						
24. 已达成的目标：随机转换						
25. 目标 17：q						
26. 目标 18：r						
27. 已达成的目标：随机转换						
28. 目标 19：s						
29. 目标 20：t						
30. 已达成的目标：随机转换						
31. 目标 21：u						
32. 目标 22：v						
33. 已达成的目标：随机转换						
34. 目标 23：w						

续表

目标	基线：辅助次数与类型	开始日期	达标日期	消退程序		
				维持阶段	自然环境下教学开始日期	归档日期
35. 目标 24：x						
36. 已达成的目标：随机转换						
37. 目标 25：y						
38. 目标 26：z						
39. 已达成的目标：随机转换						
40. 不同环境下的技能泛化，环境 1：						
41. 不同环境下的技能泛化，环境 2：						
42. 维持阶段：在不同环境下进行评估				2W 1W M		

实施该任务分析的具体建议：

- 确保受训者已经掌握预备技能，包括字母的接受性和表达性语言技能，使用物品进行精细动作模仿（见本套教程第一分册），以及使用拼插玩具拼大写字母（见本分册）。
- 这个方法用来教导受训者如何用拼写工具拼写文字，其类似帮助受训者流畅书写的一款课程（Olsen 2013），帮助受训者学习使用不同大小的长棍、短棍、半圆形棍子或木块。这个概念就是所有的字母都可以用长线、短线、大半圆、小半圆组成。
- 设计这项技能是将其作为一项预备技能来协助受训者学习书写的概念。
- 当受训者掌握这项技能后，可以考虑教授使用拼插玩具拼数字这项任务分析，进而教授书写大写字母和书写小写字母。

书写：使用拼插玩具拼数字

等级：□ 1 □ 2 □ 3

S^D： 给受训者拼插玩具（manipulatives），对受训者说“拼数字”	**反应：** 受训者能够正确拼出数字
数据收集：辅助数据（辅助次数与类型）	**目标标准：**在 2 位训练师的交叉教学中连续 3 天零辅助作出正确反应
材料：拼插玩具或替代物（如稻草、吸管、字符串、冰棒棍等），以及强化物	

消退程序

维持标准：2W= 连续 4 次反应正确率 100%；1W= 连续 4 次反应正确率 100%；M= 连续 3 次反应正确率 100%	**自然环境标准：**目标行为可在自然环境下泛化到 3 种新的自然发生的活动中	**归档标准：**教学目标、维持标准和自然环境标准全部达标

目标列表

对教学目标的建议和试探结果

目标	基线：辅助次数与类型	开始日期	达标日期	消退程序		
				维持阶段	自然环境下教学开始日期	归档日期
1. 目标 1：1						
2. 目标 2：2						
3. 目标 1 和 2：随机转换						
4. 目标 3：3						
5. 目标 4：4						

续表

目标	基线：辅助次数与类型	开始日期	达标日期	消退程序		
				维持阶段	自然环境下教学开始日期	归档日期
6. 已达成的目标：随机转换						
7. 目标 5：5						
8. 目标 6：6						
9. 已达成的目标：随机转换						
10. 目标 7：7						
11. 目标 8：8						
12. 已达成的目标：随机转换						
13. 目标 9：9						
14. 目标 10：10						
15. 已达成的目标：随机转换						
16. 不同环境下的技能泛化，环境 1：						
17. 不同环境下的技能泛化，环境 2：						
18. 维持阶段：在不同环境下进行评估				2W 1W M		

实施该任务分析的具体建议：

- 确保受训者已经掌握预备技能，包括数字的接受性和表达性语言技能，使用物品进行精细动作模仿（见本套教程第一分册）。
- 这个方法用来教导受训者如何用拼写工具拼写文字，其类似帮助受训者流畅书写的一款课程（Olsen 2013），帮助受训者学习使用不同大小的长棍、短棍、半圆形棍子或木块。这个概念就是所有的字母都可以用长线、短线、大半圆、小半圆组成。
- 设计这项技能是将其作为一项预备技能来协助受训者学习书写的概念。
- 当受训者掌握这项技能后，可以考虑教授使用拼插玩具拼大写字母和小写字母这两项任务分析，进而教授书写数字 1~10，书写大写字母和书写小写字母。

书写：使用拼插玩具拼大写字母

等级：□ 1 □ 2 □ 3

S^D： 给受训者拼插玩具（manipulatives），对受训者说“拼大写字母”	**反应：** 受训者能够正确拼出大写字母
数据收集：辅助数据（辅助次数与类型）	**目标标准：**在 2 位训练师的交叉教学中连续 3 天零辅助作出正确反应
材料：拼插玩具或替代物（如稻草、吸管、字符串、冰棒棍等），以及强化物	

消退程序

维持标准：2W= 连续 4 次反应正确率 100%；1W= 连续 4 次反应正确率 100%；M= 连续 3 次反应正确率 100%	**自然环境标准：**目标行为可在自然环境下泛化到 3 种新的自然发生的活动中	**归档标准：**教学目标、维持标准和自然环境标准全部达标

目标列表

目标	基线：辅助次数与类型	开始日期	达标日期	消退程序		
				维持阶段	自然环境下教学开始日期	归档日期
1. 目标 1：A						
2. 目标 2：B						
3. 目标 1 和 2：随机转换						
4. 目标 3：C						
5. 目标 4：D						
6. 已达成的目标：随机转换						
7. 目标 5：E						

续表

目标	基线：辅助次数与类型	开始日期	达标日期	消退程序		
				维持阶段	自然环境下教学开始日期	归档日期
8. 目标 6：F						
9. 已达成的目标：随机转换						
10. 目标 7：G						
11. 目标 8：H						
12. 已达成的目标：随机转换						
13. 目标 9：I						
14. 目标 10：J						
15. 已达成的目标：随机转换						
16. 目标 11：K						
17. 目标 12：L						
18. 已达成的目标：随机转换						
19. 目标 13：M						
20. 目标 14：N						
21. 已达成的目标：随机转换						

续表

目标	基线：辅助次数与类型	开始日期	达标日期	消退程序		
				维持阶段	自然环境下教学开始日期	归档日期
22. 目标 15：O						
23. 目标 16：P						
24. 已达成的目标：随机转换						
25. 目标 17：Q						
26. 目标 18：R						
27. 已达成的目标：随机转换						
28. 目标 19：S						
29. 目标 20：T						
30. 已达成的目标：随机转换						
31. 目标 21：U						
32. 目标 22：V						
33. 已达成的目标：随机转换						
34. 目标 23：W						
35. 目标 24：X						

续表

目标	基线：辅助次数与类型	开始日期	达标日期	消退程序		
				维持阶段	自然环境下教学开始日期	归档日期
36. 已达成的目标：随机转换						
37. 目标 25：Y						
38. 目标 26：Z						
39. 已达成的目标：随机转换						
40. 不同环境下的技能泛化，环境 1：						
41. 不同环境下的技能泛化，环境 2：						
42. 维持阶段：在不同环境下进行评估				2W 1W M		

实施该任务分析的具体建议：

- 确保受训者已经掌握预备技能，包括字母的接受性和表达性语言技能，使用物品进行精细动作模仿（见本套教程第一分册），以及使用拼插玩具拼大写字母（见本分册）。
- 这个方法用来教导受训者如何用拼写工具拼写文字，其类似帮助受训者流畅书写的一款课程（Olsen 2013），帮助受训者学习使用不同大小的长棍、短棍、半圆形棍子或木块。这个概念就是所有的字母都可以用长线、短线、大半圆、小半圆组成。
- 设计这项技能是将其作为一项预备技能来协助受训者学习书写的概念。
- 当受训者掌握这项技能后，可以考虑教授使用拼插玩具拼数字和小写字母这两项任务分析，进而教授书写大写字母和书写小写字母。

书写：大写字母

等级：□ 1 □ 2 □ 3

S^D： “写大写字母”	**反应：** 受训者能够正确写出大写字母
数据收集：技能习得	**目标标准：**在 2 位训练师的交叉教学中连续 3 天反应正确率达到 80% 或者零辅助作出正确反应
材料：写作用具、纸张，以及强化物；可选材料：黑板、白板	

消退程序

维持标准：2W= 连续 4 次反应正确率 100%；1W= 连续 4 次反应正确率 100%；M= 连续 3 次反应正确率 100%	**自然环境标准：**目标行为可在自然环境下泛化到 3 种新的自然发生的活动中	**归档标准：**教学目标、维持标准和自然环境标准全部达标

目标列表

目标	基线 %	开始日期	达标日期	消退程序		
				维持阶段	自然环境下教学开始日期	归档日期
1. 目标 1：A						
2. 目标 2：B						
3. 目标 1 和 2：随机转换						
4. 目标 3：C						
5. 目标 4：D						
6. 已达成的目标：随机转换						

续表

目标	基线 %	开始日期	达标日期	消退程序		
				维持阶段	自然环境下教学开始日期	归档日期
7. 目标 5：E						
8. 目标 6：F						
9. 已达成的目标：随机转换						
10. 目标 7：G						
11. 目标 8：H						
12. 已达成的目标：随机转换						
13. 目标 9：I						
14. 目标 10：J						
15. 已达成的目标：随机转换						
16. 目标 11：K						
17. 目标 12：L						
18. 已达成的目标：随机转换						
19. 目标 13：M						
20. 目标 14：N						

续表

目标	基线 %	开始日期	达标日期	消退程序		
				维持阶段	自然环境下教学开始日期	归档日期
21. 已达成的目标：随机转换						
22. 目标 15：O						
23. 目标 16：P						
24. 已达成的目标：随机转换						
25. 目标 17：Q						
26. 目标 18：R						
27. 已达成的目标：随机转换						
28. 目标 19：S						
29. 目标 20：T						
30. 已达成的目标：随机转换						
31. 目标 21：U						
32. 目标 22：V						
33. 已达成的目标：随机转换						
34. 目标 23：W						

续表

目标	基线 %	开始日期	达标日期	消退程序		
				维持阶段	自然环境下教学开始日期	归档日期
35. 目标 24：X						
36. 已达成的目标：随机转换						
37. 目标 25：Y						
38. 目标 26：Z						
39. 已达成的目标：随机转换						
40. 不同环境下的技能泛化，环境 1：						
41. 不同环境下的技能泛化，环境 2：						
42. 维持阶段：在不同环境下进行评估				2W 1W M		

实施该任务分析的具体建议：

- 确保受训者已经掌握预备技能，包括掌握听指令找到相应字母，写字前具备的技能，描摹（见本套教程第一分册）。
- 写字母的顺序可以根据情况调整（如先教授受训者名字的第一个字母），或按照笔画顺序教授（先是直线的字母 I、L、E 等，然后是弯曲的字母 C、S、G 等）。
- 如果受训者在此项任务分析上存在困难，考虑通过拼插玩具拼字母这项技能实施。另一个教学策略是让受训者先描摹字母。

书写：小写字母

等级：□ 1 □ 2 □ 3

指令： "写小写字母"	**反应：** 受训者能够正确写出小写字母
数据收集：技能习得	**目标标准：**在 2 位训练师的交叉教学中连续 3 天反应正确率达到 80% 或者零辅助作出正确反应
材料：写作用具、纸张，以及强化物；可选材料：黑板、白板	

消退程序

维持标准：2W= 连续 4 次反应正确率 100%；1W= 连续 4 次反应正确率 100%；M= 连续 3 次反应正确率 100%	**自然环境标准：**目标行为可在自然环境下泛化到 3 种新的自然发生的活动中	**归档标准：**教学目标、维持标准和自然环境标准全部达标

目标列表

目标	基线 %	开始日期	达标日期	消退程序		
				维持阶段	自然环境下教学开始日期	归档日期
1. 目标 1：a						
2. 目标 2：b						
3. 目标 1 和 2：随机转换						
4. 目标 3：c						
5. 目标 4：d						
6. 已达成的目标：随机转换						

续表

目标	基线 %	开始日期	达标日期	消退程序		
				维持阶段	自然环境下教学 开始日期	归档日期
7. 目标 5：e						
8. 目标 6：f						
9. 已达成的目标：随机转换						
10. 目标 7：g						
11. 目标 8：h						
12. 已达成的目标：随机转换						
13. 目标 9：i						
14. 目标 10：j						
15. 已达成的目标：随机转换						
16. 目标 11：k						
17. 目标 12：l						
18. 已达成的目标：随机转换						
19. 目标 13：m						
20. 目标 14：n						

续表

目标	基线 %	开始日期	达标日期	消退程序		
				维持阶段	自然环境下教学开始日期	归档日期
21. 已达成的目标：随机转换						
22. 目标 15：o						
23. 目标 16：p						
24. 已达成的目标：随机转换						
25. 目标 17：q						
26. 目标 18：r						
27. 已达成的目标：随机转换						
28. 目标 19：s						
29. 目标 20：t						
30. 已达成的目标：随机转换						
31. 目标 21：u						
32. 目标 22：v						
33. 已达成的目标：随机转换						
34. 目标 23：w						

续表

目标	基线 %	开始日期	达标日期	消退程序		
				维持阶段	自然环境下教学开始日期	归档日期
35. 目标 24：x						
36. 已达成的目标：随机转换						
37. 目标 25：y						
38. 目标 26：z						
39. 已达成的目标：随机转换						
40. 不同环境下的技能泛化，环境 1：						
41. 不同环境下的技能泛化，环境 2：						
42. 维持阶段：在不同环境下进行评估				2W 1W M		

实施该任务分析的具体建议：

- 确保受训者已经掌握预备技能，包括掌握听指令找到相应字母，写字前具备的技能，描摹（见本套教程第一分册）。
- 写字母的顺序可以根据情况调整（如先教授受训者名字的第一个字母），或按照笔画顺序教授（先是直线的字母 I、L、E 等，然后是弯曲的字母 C、S、G 等）。
- 如果受训者在此项任务分析上存在困难，考虑通过拼插玩具拼字母这项技能实施。另一个教学策略是让受训者先描摹字母。

书写：人名

等级：□ 1 □ 2 □ 3

S^D： A. 说“写出你的姓” B. 说“写出你的名” C. 说“写出你的姓名”	**反应：** A：受训者能够正确写出姓 B：受训者能够正确写出名 C：受训者能够正确写出姓名
数据收集：辅助数据（辅助次数与类型）	**目标标准：**在 2 位训练师的交叉教学中连续 3 天反应正确率达到 80% 或 80% 以上
材料：写作用具、纸张，以及强化物；可选材料：黑板、白板	

消退程序

维持标准：2W= 连续 4 次零辅助完成技能；1W= 连续 4 次零辅助完成技能；M= 连续 3 次零辅助完成技能	**自然环境标准：**目标行为可在自然环境下泛化到 3 种新的自然发生的活动中	**归档标准：**教学目标、维持标准和自然环境标准全部达标

目标列表

目标	基线 %	开始日期	达标日期	消退程序		
				维持阶段	自然环境下教学开始日期	归档日期
正向链接式教学						
1. S^D A：目标 1：他们的名字的第一个字						
2. S^D A：目标 2：他们的名字的第二个字						
3. S^D A：目标 3：他们的名字的第三个字						
4. S^D A：目标 4：他们名字的第四个字或者全名						

续表

目标	基线 %	开始日期	达标日期	消退程序		
				维持阶段	自然环境下教学开始日期	归档日期
5. S^D A：目标 5：他们名字的第五个字或者全名						
6. 不同环境下的技能泛化，环境 1：						
7. 不同环境下的技能泛化，环境 2：						
8. S^D B：目标 1：他们姓的第一个字母						
9. S^D B：目标 2：他们姓的第二个字母						
10. S^D B：目标 3：他们姓的第三个字母						
11. S^D B：目标 4：他们姓的第四个字母						
12. S^D B：目标 5：他们姓的第五个字母或者整个姓氏						
13. 不同环境下的技能泛化，环境 1：						
14. 不同环境下的技能泛化，环境 2：						
15. S^D C：目标 1：写出姓氏和名字						
16. 不同环境下的技能泛化，环境 1：						
17. 不同环境下的技能泛化，环境 2：						
18. 维持阶段：在不同环境下进行评估				2W 1W M		

实施该任务分析的具体建议：

- 确保受训者已经掌握预备技能，包括掌握听指令找到相应字母，写字前具备的技能，描摹（见本套教程第一分册）。
- 如果受训者在此项任务分析上存在困难，考虑通过拼插玩具拼字母这项技能实施。另一个教学策略是让受训者先描摹字母。
- 本次任务分析采用正向链接式教学，旨在促使受训者按照顺序一步一步学习，直到独立自然完成所有的步骤。因此，对于目标 1，受训者展示目标行为，然后辅助其完成剩余的步骤。对于目标 2，除去前一个目标，其他所有的步骤都由训练师给出辅助。对于目标 3，除去以前的目标 1 和 2，其他所有的步骤都由训练师辅助完成。按照这个方式完成教学，直到受训者独立完成这个任务链接上的所有步骤。

书写：数字 1~10

等级：□ 1 □ 2 □ 3

S^D： 说“写数字……”	**反应：** 受训者能够写出指定数字
数据收集：技能习得	**目标标准：**在 2 位训练师的交叉教学中连续 3 天反应正确率达到 80% 或者零辅助作出正确反应
材料：写作用具、纸张，以及强化物；可选材料：黑板、白板	

消退程序

维持标准：2W= 连续 4 次反应正确率 100%；1W= 连续 4 次反应正确率 100%；M= 连续 3 次反应正确率 100%	**自然环境标准：**目标行为可在自然环境下泛化到 3 种新的自然发生的活动中	**归档标准：**教学目标、维持标准和自然环境标准全部达标

目标列表

目标	基线 %	开始日期	达标日期	消退程序		
				维持阶段	自然环境下教学开始日期	归档日期
1. 目标 1：						
2. 目标 2：						
3. 目标 1 和 2：随机转换						
4. 目标 3：						
5. 目标 4：						
6. 已达成的目标：随机转换						

续表

目标	基线 %	开始日期	达标日期	消退程序		
				维持阶段	自然环境下教学开始日期	归档日期
7. 目标 5：						
8. 目标 6：						
9. 已达成的目标：随机转换						
10. 目标 7：						
11. 目标 8：						
12. 已达成的目标：随机转换						
13. 目标 9：						
14. 目标 10：						
15. 已达成的目标：随机转换						
16. 不同环境下的技能泛化，环境 1：						
17. 不同环境下的技能泛化，环境 2：						
18. 维持阶段：在不同环境下进行评估				2W 1W M		

实施该任务分析的具体建议：

- 确保受训者已经掌握预备技能，包括掌握听指令找到相应数字，写字前具备的技能，描摹（见本套教程第一分册）。
- 写数字的顺序可以根据笔画顺序进行调整（直线数字 1、4、7，紧随其后的是弯曲的数字 2、3、5、6、8、9、10。）
- 如果受训者在此项任务分析上存在困难，考虑通过拼插玩具拼数字这项技能实施。另一个教学策略是让受训者先描摹数字。

书写：简单的词语

等级：□ 1 □ 2 □ 3

S^D： 展示一个示范词，并说“写……（词语）”	**反应：** 受训者能够写出指定词语
数据收集：技能习得	**目标标准：**在 2 位训练师的交叉教学中连续 3 天反应正确率达到 80% 或者零辅助作出正确反应
材料：写作用具、纸张，以及强化物；可选材料：黑板、白板	

消退程序

维持标准：2W= 连续 4 次反应正确率 100%；1W= 连续 4 次反应正确率 100%；M= 连续 3 次反应正确率 100%	**自然环境标准：**目标行为可在自然环境下泛化到 3 种新的自然发生的活动中	**归档标准：**教学目标、维持标准和自然环境标准全部达标

目标列表

对教学目标的建议和试探结果

对教学目标的建议：车，狗，吃，猫，妈妈，爸爸，玩具，蝙蝠，帽子，不，是的
试探结果（已掌握目标）：

目标	基线 %	开始日期	达标日期	消退程序		
				维持阶段	自然环境下教学开始日期	归档日期
1. 目标 1：						

续表

目标	基线 %	开始日期	达标日期	消退程序		
				维持阶段	自然环境下教学开始日期	归档日期
2. 目标 2：						
3. 目标 1 和 2：随机转换						
4. 目标 3：						
5. 目标 4：						
6. 已达成的目标：随机转换						
7. 目标 5：						
8. 目标 6：						
9. 已达成的目标：随机转换						
10. 目标 7：						
11. 目标 8：						
12. 已达成的目标：随机转换						
13. 目标 9：						
14. 目标 10：						
15. 已达成的目标：随机转换						

续表

目标	基线 %	开始日期	达标日期	消退程序		
				维持阶段	自然环境下教学开始日期	归档日期
16. 不同环境下的技能泛化，环境 1：						
17. 不同环境下的技能泛化，环境 2：						
18. 维持阶段：在不同环境下进行评估				2W 1W M		

实施该任务分析的具体建议：

- 确保受训者已经掌握预备技能，包括掌握听指令找到相应字母，写字前具备的技能（见本套教程第一分册），书写大写字母和书写小写字母（见本分册）。
- 注：表格中所列的教学目标为英文直译，使用时可根据需要进行修改，可以选择适合受训者年级水平的常见字。

第 14 章

游戏技能和社交技能的任务分析

- 桌面和纸牌游戏
- 桌面游戏：糖果乐园
- 桌面游戏：梯子和滑梯
- 桌面游戏：饥饿的河马
- 桌面游戏：对不起！
- 桌面游戏：麻烦
- 纸牌游戏：优诺改良版本 1：只使用颜色
- 纸牌游戏：优诺改良版本 2：添加万能牌和 Draw4 牌
- 纸牌游戏：优诺改良版本 3：添加 Draw2 牌和翻转牌
- 纸牌游戏：优诺改良版本 4：使用卡片上的数字
- 游戏中评论
- 四子棋
- 协作游戏：桌面游戏和纸牌游戏
- 协作游戏：儿童游戏
- 协作游戏：假扮游戏
- 协作游戏：运动
- 主动邀请同伴做游戏
- 假扮游戏：假扮野营
- 假扮游戏：假扮去海滩
- 假扮游戏：假扮去杂货店
- 假扮游戏：警察和强盗
- 假扮游戏：超级英雄和怪兽
- 假扮游戏：服务员和顾客
- 骑自行车
- 游泳：2 级
- 游泳：3 级
- 理解表情和肢体语言
- 电子赛车游戏
- 看电视

桌面和纸牌游戏

等级：□ 1 □ 2 □ 3

S^D： "我们来玩游戏"，例如，"来玩连出四张"	**反应**： 受训者将按照游戏规则成功完成游戏
数据收集：辅助数据（辅助次数与类型）	**目标标准**：在 2 位训练师的交叉教学中连续 3 天零辅助作出正确反应
材料：桌面游戏、牌类游戏，以及强化物	

消退程序

维持标准：2W= 连续 4 次零辅助完成技能；1W= 连续 4 次零辅助完成技能；M= 连续 3 次零辅助完成技能	**自然环境标准**：目标行为可在自然环境下泛化到 3 种新的自然发生的活动中	**归档标准**：教学目标、维持标准和自然环境标准全部达标

目标列表

对教学目标的建议和试探结果

对教学目标的建议：快艇骰子，优诺牌，四子棋，对不起！，妙探寻凶，儿童益智问答，老姑娘，杰克牌，战争游戏，记忆游戏
试探结果（已掌握目标）：

目标	基线：辅助次数与类型	开始日期	达标日期	消退程序		
				维持阶段	自然环境下教学开始日期	归档日期
1. 目标 1：						
2. 目标 2：						
3. 已达成的目标：随机转换						

续表

目标	基线：辅助次数与类型	开始日期	达标日期	消退程序		
				维持阶段	自然环境下教学开始日期	归档日期
4. 目标 3：						
5. 目标 4：						
6. 已达成的目标：随机转换						
7. 目标 5：						
8. 目标 6：						
9. 已达成的目标：随机转换						
10. 目标 7：						
11. 目标 8：						
12. 已达成的目标：随机转换						
13. 目标 9：						
14. 目标 10：						
15. 已达成的目标：随机转换						
16. 不同环境下的技能泛化，环境 1：						
17. 不同环境下的技能泛化，环境 2：						
18. 维持阶段：在不同环境下进行评估				2W 1W M		

实施该任务分析的具体建议：

- 确保受训者已经掌握预备技能，包括接受一步指令（见本套教程第一分册），轮流和接受两步指令（见本套教程第二分册）。
- 此项任务分析可以与本书中"协作游戏：桌面游戏和纸牌游戏"一起实施。
- 如果受训者对此任务分析有困难，建议通过链接程序实施棋盘游戏或纸牌游戏中的一个任务分析，以此分解游戏的步骤，并让训练师教受训者游戏的各个步骤。

桌面游戏：糖果乐园（Candy Land）

等级：□ 1 □ 2 □ 3

S^D： “来玩糖果乐园”，利用逆向链接训练法，辅助受训者完成任务	**反应：** 受训者将按照游戏规则成功完成游戏
数据收集：辅助数据（辅助次数与类型）	**目标标准：**在 2 位训练师的交叉教学中连续 3 天零辅助作出正确反应
材料：糖果乐园桌面游戏和强化物	

消退程序

维持标准：2W= 连续 4 次零辅助完成技能；1W= 连续 4 次零辅助完成技能；M= 连续 3 次零辅助完成技能	**自然环境标准：**目标行为可在自然环境下泛化到 3 种新的自然发生的活动中	**归档标准：**教学目标、维持标准和自然环境标准全部达标

目标列表

目标	基线 %	开始日期	达标日期	消退程序		
				维持阶段	自然环境下教学开始日期	归档日期
逆向链接式教学						
1. 目标 1：整个环节的最后一步：拿走盒子						
2. 目标 2：整个环节中的第十三步：把游戏组件放在盒子里						
3. 目标 3：整个环节中的第十二步：把卡片放在盒子里						
4. 目标 4：整个环节中的第十一步：把游戏板放在盒子里						

续表

目标	基线 %	开始日期	达标日期	消退程序		
				维持阶段	自然环境下教学开始日期	归档日期
5. 目标 5：整个环节中的第十步：重复第七到第九步，直到棋子到达终点						
6. 目标 6：整个环节中的第九步：移动棋子到下一个不同颜色						
7. 目标 7：整个环节中的第八步：确认卡片的颜色						
8. 目标 8：整个环节中的第七步：轮流取卡片						
9. 目标 9：整个环节中的第六步：选择一个游戏组件						
10. 目标 10：整个环节中的第五步：把游戏组件从盒子里拿出来						
11. 目标 11：整个环节中的第四步：把卡片从盒子里拿出来						
12. 目标 12：整个环节中的第三步：把游戏板从盒子里拿出来						
13. 目标 13：整个环节中的第二步：打开箱子						
14. 目标 14：整个环节中的第一步：找到糖果乐园						

续表

目标	基线 %	开始日期	达标日期	消退程序		
				维持阶段	自然环境下教学开始日期	归档日期
15. 不同环境下的技能泛化，环境 1：						
16. 不同环境下的技能泛化，环境 2：						
17. 维持阶段：在不同环境下进行评估				2W 1W M		

实施该任务分析的具体建议：

- 确保受训者已经掌握预备技能，包括轮流和接受两步指令（见本套教程第二分册）。此外，受训者应该已经掌握了配对颜色，听指令找到相应的颜色（见本套教程第一分册），以及数物品技能（见本分册）。
- 这个程序的目的是教受训者怎么使用逆向链接式教学玩糖果乐园，即采用相反的顺序（首先教最后一步），直到独立完成所有的步骤。因此，对于目标 1，除去最后一步由受训者自行完成，其他的步骤都由训练师给出辅助。对于目标 2，除去最后一步和第十三步由受训者自行完成，其他所有的步骤都由训练师给出辅助。对于目标 3，除去最后一步、第十三步和第十二步等由受训者自行完成，其他教学目标都由训练师给出辅助。按照这个方式完成教学，直到受训者独立完成这个任务链接上的所有步骤。

桌面游戏：梯子和滑梯（Chutes And Ladders）

等级：□ 1 □ 2 □ 3

S^D： “来玩梯子和滑梯”。利用逆向链接训练法，辅助受训者完成任务分析	**反应：** 受训者将按照游戏规则成功完成游戏
数据收集：辅助数据（辅助次数与类型）	**目标标准：**在 2 位训练师的交叉教学中连续 3 天零辅助作出正确反应
材料：梯子和滑梯桌面游戏，以及强化物	

消退程序

维持标准：2W= 连续 4 次零辅助完成技能；1W= 连续 4 次零辅助完成技能；M= 连续 3 次零辅助完成技能	**自然环境标准：**目标行为可在自然环境下泛化到 3 种新的自然发生的活动中	**归档标准：**教学目标、维持标准和自然环境标准全部达标

目标列表

目标	基线 %	开始日期	达标日期	消退程序		
				维持阶段	自然环境下教学开始日期	归档日期
逆向链接式教学						
1. 目标 1：最后一步：拿走盒子						
2. 目标 2：整个环节中的第二十步：把游戏说明放在盒子里						
3. 目标 3：整个环节中的第十九步：把游戏组件放在盒子里						
4. 目标 4：整个环节中的第十八步：把转盘放在盒子里						

续表

目标	基线 %	开始日期	达标日期	消退程序		
				维持阶段	自然环境下教学开始日期	归档日期
5. 目标 5：整个环节中的第十七步：把游戏板放在盒子里						
6. 目标 6：整个环节中的第十六步：重复第十到第十五步直到游戏结束						
7. 目标 7：整个环节中的第十五步：受训者将等待下一轮						
8. 目标 8：整个环节中的第十四步：当掉下一个降落伞时，受训者会把它放到合适的位置上						
9. 目标 9：整个环节中的第十三步：当降落一个梯子时，受训者移动梯子到合适的位置上						
10. 目标 10：整个环节中的第十二步：当降落伞落到空白处时，保持不动						
11. 目标 11：整个环节中的第十一步：移动刻度盘上的数字						
12. 目标 12：整个环节中的第十步：旋转刻度盘						
13. 目标 13：整个环节中的第九步：谁走的最快，谁旋转刻度盘						

续表

目标	基线 %	开始日期	达标日期	消退程序		
				维持阶段	自然环境下教学开始日期	归档日期
14. 目标 14：整个环节中的第八步：把选择的组件放到开始位置						
15. 目标 15：整个环节中的第七步：选择一个游戏组件						
16. 目标 16：整个环节中的第六步：把游戏组件拿出来						
17. 目标 17：整个环节中的第五步：把梯子拿出来						
18. 目标 18：整个环节中的第四步：把游戏板拿出来						
19. 目标 19：整个环节中的第三步：把游戏说明拿出来						
20. 目标 20：整个环节中的第二步：打开盒子						
21. 目标 21：整个环节中的第一步：找到降落伞与梯子游戏						
22. 不同环境下的技能泛化，环境 1：						
23. 不同环境下的技能泛化，环境 2：						
24. 维持阶段：在不同环境下进行评估				2W 1W M		

实施该任务分析的具体建议：

- 确保受训者已经掌握预备技能，包括轮流和接受两步指令（见本套教程第二分册）。此外，受训者应该已经掌握了听指令找到相应的数字（见本套教程第一分册）和数物品技能（见本分册）。
- 这个程序的目的是教受训者怎么使用反向链接过程玩梯子和滑梯，即任务分析是按相反的顺序（首先最后一步）进行教授，直到独立完成所有的步骤。因此，对于目标 1，除去最后一步由受训者自行完成，其他的步骤都由训练师给出辅助。对于目标 2，除去最后一步和第二十步由受训者自行完成，其他所有的步骤都由训练师给出辅助。对于目标 3，除去最后一步、第二十步和第十九步等由受训者自行完成，其他教学目标都由训练师给出辅助。按照这个方式完成教学，直到受训者独立完成这个任务链接上的所有步骤。

桌面游戏：饥饿的河马（Hungry Hungry Hippos）

等级：□ 1 □ 2 □ 3

S^D： “来玩饥饿的河马”，利用逆向链接训练法，辅助受训者完成任务分析	**反应：** 受训者将按照游戏规则成功完成游戏
数据收集：辅助数据（辅助次数与类型）	**目标标准：**在 2 位训练师的交叉教学中连续 3 天零辅助作出正确反应
材料：饥饿的河马桌面游戏，以及强化物	

消退程序

维持标准：2W= 连续 4 次零辅助完成技能；1W= 连续 4 次零辅助完成技能；M= 连续 3 次零辅助完成技能	**自然环境标准：**目标行为可在自然环境下泛化到 3 种新的自然发生的活动中	**归档标准：**教学目标、维持标准和自然环境标准全部达标

目标列表

目标	基线：辅助次数与类型	开始日期	达标日期	消退程序		
				维持阶段	自然环境下教学开始日期	归档日期
逆向链接式教学						
1. 目标 1：整个环节的最后一步：拿走盒子						
2. 目标 2：整个环节中的第十一步：把大理石放在盒子里						
3. 目标 3：整个环节中的第十步：把游戏组件放在盒子里						
4. 目标 4：整个环节中的第九步：数谁的大理石多，谁就赢						

续表

目标	基线：辅助次数与类型	开始日期	达标日期	消退程序		
				维持阶段	自然环境下教学开始日期	归档日期
5. 目标 5：整个环节中的第八步：继续走，直到大理石消失						
6. 目标 6：整个环节中的第七步：按水平线走						
7. 目标 7：整个环节中的第六步：说“开始”来开始游戏						
8. 目标 8：整个环节中的第五步：选择一个颜色的河马						
9. 目标 9：整个环节中的第四步：把大理石放进游戏板中心						
10. 目标 10：整个环节中的第三步：从盒子里拿出大理石						
11. 目标 11：整个环节中的第二步：把游戏组件从盒子里拿出来						
12. 目标 12：整个环节中的第一步：找出“饥饿的河马”游戏						
13. 不同环境下的技能泛化，环境 1：						

续表

目标	基线：辅助次数与类型	开始日期	达标日期	消退程序		
				维持阶段	自然环境下教学开始日期	归档日期
14. 不同环境下的技能泛化，环境 2：						
15. 维持阶段：在不同环境下进行评估				2W 1W M		

实施该任务分析的具体建议：

- 确保受训者已经掌握预备技能，包括轮流和接受两步指令（见本套教程第二分册）。此外，受训者应该已经掌握了从大量物品里面数出特定物品（见本分册）和拥有玩游戏所需的精细动作技能。
- 这个程序的目的是教受训者怎么使用逆向链接式教学玩饥饿的河马游戏，即任务分析采用相反的顺序（首先最后一步）进行教授，直到独立完成所有的步骤。因此，对于目标 1，除去最后一步由受训者自行完成，其他的步骤都由训练师给出辅助。对于目标 2，除去最后一步和第十一步由受训者自行完成，其他所有的步骤都由训练师给出辅助。对于目标 3，除去最后一步、第十一步和第十步由受训者自行完成，其他教学目标都由训练师给出辅助。按照这个方式完成教学，直到受训者独立完成这个任务链接上的所有步骤。

桌面游戏：对不起！（Sorry!）

等级：□ 1 □ 2 □ 3

S^D： “来玩‘对不起！’”，利用逆向链接训练法，辅助受训者完成任务	**反应：** 受训者将按照游戏规则成功完成游戏
数据收集：辅助数据（辅助次数与类型）	**目标标准：**在 2 位训练师的交叉教学中连续 3 天零辅助作出正确反应
材料：“对不起”桌面游戏和强化物	

消退程序

维持标准：2W= 连续 4 次零辅助完成技能；1W= 连续 4 次零辅助完成技能；M= 连续 3 次零辅助完成技能	**自然环境标准：**目标行为可在自然环境下泛化到 3 种新的自然发生的活动中	**归档标准：**教学目标、维持标准和自然环境标准全部达标

目标列表

目标	基线：辅助次数与类型	开始日期	达标日期	消退程序		
				维持阶段	自然环境下教学开始日期	归档日期
逆向链接式教学——改良版游戏						
1. 目标 1：整个环节的最后一步：拿走盒子						
2. 目标 2：整个环节中的第十一步：把所有组件放在盒子里						
3. 目标 3：整个环节中的第十步：重复目标 4，直到所有棋子都到终点						

续表

目标	基线：辅助次数与类型	开始日期	达标日期	消退程序		
				维持阶段	自然环境下教学开始日期	归档日期
4. 目标 4：整个环节中的第九步：按照说明正确的移动棋子						
5. 目标 5：整个环节中的第八步：从甲板顶选择卡片						
6. 目标 6：整个环节中的第七步：4 个棋子放到对应的颜色位置						
7. 目标 7：整个环节中的第六步：选择 4 个颜色一样的棋子						
8. 目标 8：整个环节中的第五步：移动棋子						
9. 目标 9：整个环节中的第四步：移动游戏卡						
10. 目标 10：整个环节中的第三步：移动游戏板						
11. 目标 11：整个环节中的第二步：打开盒子						
12. 目标 12：整个环节中的第一步：找出“对不起”桌面游戏						
13. 不同环境下的技能泛化，环境 1：						
14. 不同环境下的技能泛化，环境 2：						

续表

目标	基线：辅助次数与类型	开始日期	达标日期	消退程序		
				维持阶段	自然环境下教学开始日期	归档日期
15. 维持阶段：在不同环境下进行评估				2W 1W M		
逆向链接式教学——未改良版游戏						
16. 目标 1：整个环节的最后一步：拿走盒子						
17. 目标 2：整个环节中的第十四步：把所有组件放在盒子里						
18. 目标 3：整个环节中的第十三步：重复第八到第十二步，直到所有棋子都到终点						
19. 目标 4：整个环节中的第十二步：受训者将按照说明，正确的移动棋子						
20. 目标 5：整个环节中的第十一步：如果棋子降落到另一个棋子所在的空间，那么棋子将回到起点						
21. 目标 6：整个环节中的第十步：当说明需要棋子返回时，受训者将适当的等待						
22. 目标 7：整个环节中的第九步：移动正确数量的棋子到指定地点						

续表

目标	基线：辅助次数与类型	开始日期	达标日期	消退程序		
				维持阶段	自然环境下教学开始日期	归档日期
23. 目标 8：整个环节中的第八步：从甲板顶选择卡片						
24. 目标 9：整个环节中的第七步：4 个棋子放到对应的颜色位置						
25. 目标 10：整个环节中的第六步：选择 4 个颜色一样的棋子						
26. 目标 11：整个环节中的第五步：移动棋子						
27. 目标 12：整个环节中的第四步：移动游戏卡						
28. 目标 13：整个环节中的第三步：移动游戏板						
29. 目标 14：整个环节中的第二步：打开盒子						
30. 目标 15：整个环节中的第一步：找出对不起！桌面游戏						
31. 不同环境下的技能泛化，环境 1：						
32. 不同环境下的技能泛化，环境 2：						
33. 维持阶段：在不同环境下进行评估				2W 1W M		

实施该任务分析的具体建议：

- 确保受训者已经掌握预备技能，包括轮流和接受两步指令（见本套教程第二分册）。此外，受训者应该已经掌握了配对颜色，听指令找到相应的颜色（见本套教程第一分册），以及数物品技能（见本分册）。
- 这个程序的目的是教受训者怎么使用逆向链接式教学玩对不起游戏，即任务分析按相反的顺序（首先最后一步）进行教授，直到独立完成所有的步骤。因此，对于目标 1，除去最后一步由受训者自行完成，其他的步骤都由训练师给出辅助。对于目标 2，除去最后一步和第十一步（改良版）或第二十九步（未改良版）由受训者自行完成，其他所有的步骤都由训练师给出辅助。对于目标 3，除去最后一步、第十一步和第十步（改良版）或者最后一步、第二十九步和第二十八步（未改良版）等由受训者自行完成，其他教学目标都由训练师给出辅助。按照这个方式完成教学，直到受训者独立完成这个任务链接上的所有步骤。
- 当运行未改良的版本时，为了增加棋子与其他棋子放在同一空间的机会，将棋子移到起点，与 4 个受训者一起游戏。

桌面游戏：麻烦（Trouble）

等级：□ 1 □ 2 □ 3

S^D： “来玩‘麻烦’”，利用逆向链接训练法，辅助受训者完成任务	**反应：** 受训者将按照游戏规则成功完成游戏
数据收集：辅助数据（辅助次数与类型）	**目标标准：**在 2 位训练师的交叉教学中连续 3 天零辅助作出正确反应
材料：“麻烦”桌面游戏和强化物	

消退程序

维持标准：2W= 连续 4 次零辅助完成技能；1W= 连续 4 次零辅助完成技能；M= 连续 3 次零辅助完成技能	**自然环境标准：**目标行为可在自然环境下泛化到 3 种新的自然发生的活动中	**归档标准：**教学目标、维持标准和自然环境标准全部达标

目标列表

目标	基线：辅助次数与类型	开始日期	达标日期	消退程序		
				维持阶段	自然环境下教学开始日期	归档日期
逆向链接式教学 —— 改良版游戏，和 1 个受训者						
1. 目标 1：整个环节的最后一步：收起盒子						
2. 目标 2：整个环节中的第十步：将盒子关上						
3. 目标 3：整个环节中的第九步：拿走游戏桩和游戏棋盘						
4. 目标 4：整个环节中的第八步：重复第六到第七步直到 4 个游戏桩跨越终点线						

续表

目标	基线：辅助次数与类型	开始日期	达标日期	消退程序		
				维持阶段	自然环境下教学开始日期	归档日期
5. 目标 5：整个环节中的第七步：移动与骰子数量一样的游戏桩						
6. 目标 6：整个环节中的第六步：受训者扔骰子						
7. 目标 7：整个环节中的第五步：排列所选的有颜色的游戏桩						
8. 目标 8：整个环节中的第四步：受训者选择有颜色的游戏桩						
9. 目标 9：整个环节中的第三步：拿出棋盘游戏和游戏桩						
10. 目标 10：整个环节中的第二步：打开盒子						
11. 目标 11：整个环节中的第一步：取到盒子						
逆向链接式教学——未改良版游戏，和 2 个受训者						
12. 目标 1：整个环节的最后一步：收起盒子						
13. 目标 2：整个环节中的第十七步：关上盒子						
14. 目标 3：整个环节中的第十六步：拿走游戏桩和游戏棋盘						

续表

目标	基线：辅助次数与类型	开始日期	达标日期	消退程序		
				维持阶段	自然环境下教学开始日期	归档日期
15. 目标 4：整个环节中的第十五步：重复第十二到第十四步直到第一受训者的所有游戏桩全部跨越了终点线						
16. 目标 5：整个环节中的第十四步：当一个受训者骰到 6 时，这个受训者可以从起点处另外移动一个游戏桩						
17. 目标 6：整个环节中的第十三步：按顺时针方向移动与骰子相同数的游戏桩到新的空间						
18. 目标 7：整个环节中的第十二步：拿出盒子后，接下来，受训者轮流扔骰子						
19. 目标 8：整个环节中的第十一步：重复第九步直到有人扔出 6						
20. 目标 9：整个环节中的第十步：当一个受训者试图掷骰子时其他受训者耐心等待，如果掷出点 6，则从起点处移动一个游戏桩						
21. 目标 10：整个环节中的第九步：当训练师向下看谁先走时，受训者能耐心等待						
22. 目标 11：整个环节中的第八步：受训者向下推棋盘看谁先开始						

续表

目标	基线：辅助次数与类型	开始日期	达标日期	消退程序		
				维持阶段	自然环境下教学开始日期	归档日期
23. 目标 12：整个环节中的第七步：当训练师排列所选的彩色游戏桩时，受训者能耐心等待						
24. 目标 13：整个环节中的第六步：受训者排列所选带颜色的游戏桩						
25. 目标 14：整个环节中的第五步：训练师选择带颜色的游戏桩时，受训者能耐心等待						
26. 目标 15：整个环节中的第四步：受训者选择彩色的游戏桩						
27. 目标 16：整个环节中的第三步：拿出游戏板和游戏桩						
28. 目标 17：整个环节中的第二步：打开盒子						
29. 目标 18：整个环节中的第一步：取到盒子						
逆向链接式教学——未改良版游戏，和 3 个受训者						
30. 目标 1：整个环节的最后一步：收起盒子						
31. 目标 2：整个环节中的第十九步：将盒子关上						
32. 目标 3：整个环节中的第十八步：拿走游戏桩和游戏棋盘						

续表

目标	基线：辅助次数与类型	开始日期	达标日期	消退程序		
				维持阶段	自然环境下教学开始日期	归档日期
33. 目标 4：整个环节中的第十七步：重复第十四到第十六步直到第一受训者的所有游戏桩全部跨越了终点线						
34. 目标 5：整个环节中的第十六步：每当掷到点 6，受训者从起点移动一个游戏桩						
35. 目标 6：整个环节中的第十五步：受训者按顺时针方向移动相同的点数						
36. 目标 7：整个环节中的第十四步：拿出盒子后，接下来，受训者轮流向下推棋盘						
37. 目标 8：整个环节中的第十三步：重复第十三步直到有人掷到点 6						
38. 目标 9：整个环节中的第十二步：第三个受训者推动棋盘，其他受训者耐心等待推棋盘						
39. 目标 10：整个环节中的第十一步：训练师推动棋盘，其他受训者耐心等待看谁先开始						
40. 目标 11：整个环节中的第十步：受训者推动棋盘来看谁第一个开始						

续表

目标	基线：辅助次数与类型	开始日期	达标日期	消退程序		
				维持阶段	自然环境下教学开始日期	归档日期
41. 目标 12：整个环节中的第九步：第三个受训者排列彩色游戏桩时，受训者能耐心等待						
42. 目标 13：整个环节中的第八步：训练师排列所选彩色的游戏桩时，受训者能耐心等待						
43. 目标 14：整个环节中的第七步：受训者排列所选彩色游戏桩						
44. 目标 15：整个环节中的第六步：第三个受训者选择彩色游戏桩时，受训者能耐心等待						
45. 目标 16：整个环节中的第五步：训练师选择彩色的游戏桩时，受训者能耐心等待						
46. 目标 17：整个环节中的第四步：受训者选择彩色的游戏桩						
47. 目标 18：整个环节中的第三步：受训者拿出游戏板和游戏桩						
48. 目标 19：整个环节中的第二步：关上盒子						
49. 目标 20：整个环节中的第一步：取到盒子						
50. 维持阶段：在不同环境下进行评估				2W 1W M		

实施该任务分析的具体建议：

- 确保受训者已经掌握预备技能，包括轮流和接受两步指令（见本套教程第二分册）。此外，受训者应该已经掌握了听指令找到相应的数字（见本套教程第一分册）和数物品技能（见本分册）。
- 这个程序的目的是教受训者怎么使用逆向链接式教学玩麻烦游戏，即任务分析采用相反的顺序（首先最后一步）进行教授，直到独立完成所有的步骤。因此，对于目标 1（修改版），除去最后一步由受训者自行完成，其他的步骤都由训练师给出辅助。对于目标 2，除去最后一步和第十步由受训者自行完成，其他所有的步骤都由训练师给出辅助。对于目标 3，除去最后一步、第九步和第十步由受训者自行完成，其他教学目标都由训练师给出辅助。按照这个方式完成教学，直到受训者独立完成这个任务链接上的所有步骤。
- 你可以通过遵循与 3 人游戏相同的规则继续和 4 个受训者一起玩，只是增加几个步骤。

纸牌游戏：优诺改良版本 1：只使用颜色

等级：□ 1 □ 2 □ 3

S^D： “来玩优诺纸牌”，利用逆向链接训练法，辅助受训者完成任务	**反应：** 受训者将遵循优诺游戏规则成功完成游戏
数据收集：辅助数据（辅助次数与类型）	**目标标准：**在 2 位训练师的交叉教学中连续 3 天零辅助作出正确反应
材料：优诺纸牌游戏和强化物	

消退程序

维持标准：2W= 连续 4 次零辅助完成技能；1W= 连续 4 次零辅助完成技能；M= 连续 3 次零辅助完成技能	**自然环境标准：**目标行为可在自然环境下泛化到 3 种新的自然发生的活动中	**归档标准：**教学目标、维持标准和自然环境标准全部达标

目标列表

目标	基线：辅助次数与类型	开始日期	达标日期	消退程序		
				维持阶段	自然环境下教学开始日期	归档日期
逆向链接式教学						
1. 目标 1：整个环节的最后一步：收起盒子						
2. 目标 2：整个环节中的第十步：把纸牌放在盒子里						
3. 目标 3：整个环节中的第九步：收集所有的扑克牌						

续表

目标	基线：辅助次数与类型	开始日期	达标日期	消退程序		
				维持阶段	自然环境下教学开始日期	归档日期
4. 目标 4：整个环节中的第八步：重复第六到第七步直到所有纸牌都在相对应的颜色堆						
5. 目标 5：整个环节中的第七步：当训练师从牌堆拿出一张纸牌放在相应的颜色堆时，受训者能等待						
6. 目标 6：整个环节中的第六步：受训者从牌堆拿出一张纸牌并放在相应的颜色堆						
7. 目标 7：整个环节中的第五步：将剩余的扑克牌分成 2 个受训者的牌（一副牌给 1 个受训者）						
8. 目标 8：整个环节中的第四步：把一张黄色、蓝色、绿色和红色的纸牌放在游戏场地的中间						
9. 目标 9：整个环节中的第三步：洗牌						
10. 目标 10：整个环节中的第二步：把纸牌从盒子里拿出来						
11. 目标 11：整个环节中的第一步：取出优诺纸牌游戏						

续表

目标	基线：辅助次数与类型	开始日期	达标日期	消退程序		
				维持阶段	自然环境下教学开始日期	归档日期
12. 不同环境下的技能泛化，环境 1：						
13. 不同环境下的技能泛化，环境 2：						
14. 维持阶段：在不同环境下进行评估				2W 1W M		

实施该任务分析的具体建议：

- 确保受训者已经掌握预备技能，包括安坐、听指令找到相应的颜色、配对颜色（见本教程第一分册）和轮流（见本教程第二分册）。
- 这是本课程第一个优诺牌游戏，后面的以前面的为基础。
- 这项训练的目的是教受训者怎么使用逆向链接式教学玩优诺，即任务分析采用相反的顺序（首先教最后一步），直到受训者独立完成所有的步骤。因此，对于目标 1，除去最后一步由受训者自行完成，其他的步骤都由训练师给出辅助。对于目标 2，除去最后一步和第十步由受训者自行完成，其他所有的步骤都由训练师给出辅助。对于目标 3，除去最后一步、第九步和第十步由受训者自行完成，其他教学目标都由训练师给出辅助。按照这个方式完成教学，直到受训者独立完成这个任务链接上的所有步骤。

纸牌游戏：优诺改良版本 2：添加万能牌和 Draw4 牌

等级：□ 1 □ 2 □ 3

S^D： “来玩优诺纸牌”，利用逆向链接训练法，辅助受训者完成任务	**反应：** 受训者将遵循优诺游戏规则成功完成游戏
数据收集：辅助数据（辅助次数与类型）	**目标标准：**在 2 位训练师的交叉教学中连续 3 天零辅助作出正确反应
材料：优诺纸牌游戏和强化物	

消退程序

维持标准：2W= 连续 4 次零辅助完成技能；1W= 连续 4 次零辅助完成技能；M= 连续 3 次零辅助完成技能	**自然环境标准：**目标行为可在自然环境下泛化到 3 种新的自然发生的活动中	**归档标准：**教学目标、维持标准和自然环境标准全部达标

目标列表

目标	基线：辅助次数与类型	开始日期	达标日期	消退程序：维持阶段	消退程序：自然环境下教学开始日期	消退程序：归档日期
逆向链接式教学						
1. 目标 1：整个环节的最后一步：收起盒子						
2. 目标 2：整个环节中的第十四步：把纸牌放在盒子里						
3. 目标 3：整个环节中的第十三步：收集所有的扑克牌						
4. 目标 4：整个环节中的第十二步：重复第七到第十一步直到所有纸牌都放在弃牌堆						

续表

目标	基线：辅助次数与类型	开始日期	达标日期	消退程序		
				维持阶段	自然环境下教学开始日期	归档日期
5. 目标 5：整个环节中的第十一步：当受训者只剩下一张牌时，会说“优诺”，或尝试赶上训练师不让他说“优诺”						
6. 目标 6：整个环节中的第十步：当训练师从牌堆中拿一张纸牌或者使用手里的纸牌，受训者能等待						
7. 目标 7：整个环节中的第九步：如果受训者拿到 Draw4 牌，他们将说“Draw 4”，然后说出他会换弃牌堆中哪种颜色的牌						
8. 目标 8：整个环节中的第八步：如果受训者得到万能牌，他们会说出换弃牌堆中哪种颜色的牌						
9. 目标 9：整个环节中的第七步：从手里或者从牌堆中拿一张牌放置在弃牌堆（使用颜色）						
10. 目标 10：整个环节中的第六步：从牌堆中拿出一张纸牌翻开作为第一张弃牌						
11. 目标 11：整个环节中的第五步：将剩余的副牌放在中间玩耍的区域						
12. 目标 12：整个环节中的第四步：受训者将给自己和训练师各 7 张纸牌						

续表

目标	基线：辅助次数与类型	开始日期	达标日期	消退程序		
				维持阶段	自然环境下教学开始日期	归档日期
13. 目标 13：整个环节中的第三步：洗牌						
14. 目标 14：整个环节中的第二步：拿出纸牌						
15. 目标 15：整个环节中的第一步：取到优诺纸牌						
16. 不同环境下的技能泛化，环境 1：						
17. 不同环境下的技能泛化，环境 2：						
18. 维持阶段：在不同环境下进行评估				2W 1W M		

实施该任务分析的具体建议：

- 确保受训者已经掌握预备技能，包括安坐、听指令找到相应的颜色、配对颜色（见本教程第一分册）、轮流（见本教程第二分册）和数物品技能（见本分册）。
- 这是本课程第二个优诺牌游戏，后面的以前面的为基础。
- 这个程序的目的是教受训者怎么使用逆向链接式教学玩优诺，即任务分析采用相反的顺序（首先教最后一步）进行教授，直到受训者独立完成所有的步骤。因此，对于目标 1，除去最后一步由受训者自行完成，其他的步骤都由训练师给出辅助。对于目标 2，除去最后一步和第十四步由受训者自行完成，其他所有的步骤都由训练师给出辅助。对于目标 3，除去最后一步、第十三步和第十四步由受训者自行完成，其他教学目标都由训练师给出辅助。按照这个方式完成教学，直到受训者独立完成这个任务链接上的所有步骤。

纸牌游戏：优诺改良版本 3：添加 Draw2 牌和翻转牌

等级：□ 1 □ 2 □ 3

S^D： “来玩优诺纸牌”，利用逆向链接训练法，辅助受训者完成任务	**反应：** 受训者将遵循优诺游戏规则成功完成游戏
数据收集：辅助数据（辅助次数与类型）	**目标标准：**在 2 位训练师的交叉教学中连续 3 天零辅助作出正确反应
材料：优诺纸牌游戏和强化物	

消退程序

维持标准：2W= 连续 4 次零辅助完成技能；1W= 连续 4 次零辅助完成技能；M= 连续 3 次零辅助完成技能	**自然环境标准：**目标行为可在自然环境下泛化到 3 种新的自然发生的活动中	**归档标准：**教学目标、维持标准和自然环境标准全部达标

目标列表

目标	基线：辅助次数与类型	开始日期	达标日期	消退程序		
				维持阶段	自然环境下教学开始日期	归档日期
逆向链接式教学						
1. 目标 1：整个环节的最后一步：收起盒子						
2. 目标 2：整个环节中的第十六步：把纸牌放在盒子里						
3. 目标 3：整个环节中的第十五步：收集所有的扑克牌						
4. 目标 4：整个环节中的第十四步：重复第七到第十三步直到所有剩下的纸牌都放在弃牌堆						

续表

目标	基线：辅助次数与类型	开始日期	达标日期	消退程序		
				维持阶段	自然环境下教学开始日期	归档日期
5. 目标 5：整个环节中的第十三步：当受训者只剩一张牌时，会说“优诺”或者尝试赶上训练师，不让其说“优诺”						
6. 目标 6：整个环节中的第十二步：当训练师从牌堆中拿一张牌或使用手中的一张牌时，受训者能等待						
7. 目标 7：整个环节中的第十一步：如果受训者拿到 Draw4 牌，他们将说“Draw 4”，并说出变换弃牌中的哪种颜色						
8. 目标 8：整个环节中的第十步：如果受训者得到万能牌，他们将说出换哪一堆牌的颜色						
9. 目标 9：整个环节中的第九步：如果受训者拿到 Draw2 牌，他们会说“Draw 2”并再次轮流						
10. 目标 10：整个环节中的第八步：如果受训者得到翻转牌，他们会说“翻转”并再次轮流						
11. 目标 11：整个环节中的第七步：从手里或者牌堆中拿一张牌放在弃牌堆（使用颜色）						
12. 目标 12：整个环节中的第六步：从牌堆中拿出一张纸牌翻开作为第一张弃牌						

续表

目标	基线：辅助次数与类型	开始日期	达标日期	消退程序		
				维持阶段	自然环境下教学开始日期	归档日期
13. 目标 13：整个环节中的第五步：将剩余的副牌放在中间玩耍的区域						
14. 目标 14：整个环节中的第四步：受训者将给自己和训练师每人发 7 张纸牌						
15. 目标 15：整个环节中的第三步：洗牌						
16. 目标 16：整个环节中的第二步：拿出纸牌						
17. 目标 17：整个环节中的第一步：取到优诺纸牌						
18. 不同环境下的技能泛化，环境 1：						
19. 不同环境下的技能泛化，环境 2：						
20. 维持阶段：在不同环境下进行评估				2W 1W M		

实施该任务分析的具体建议：

- 确保受训者已经掌握预备技能，包括安坐、听指令找到相应的颜色、配对颜色（见本教程第一分册）、轮流（见本教程第二分册）和数物品技能（见本分册）。
- 这是本课程第三个优诺牌游戏，后面的以前面的为基础。
- 这个程序的目的是教受训者怎么使用逆向链接式教学玩优诺，即任务分析采用相反的顺序（首先教最后一步）进行教授，直到受训者独立完成所有的步骤。因此，对于目标 1，除去最后一步由受训者自行完成，其他的步骤都由训练师给出辅助。对于目标 2，除去最后一步和第十四步由受训者自行完成，其他所有的步骤都由训练师给出辅助。对于目标 3，除去最后一步、第十三步和第十四步由受训者自行完成，其他教学目标都由训练师给出辅助。按照这个方式完成教学，直到受训者独立完成这个任务链接上的所有步骤。

纸牌游戏：优诺改良版本 4：使用卡片上的数字

等级：□ 1 □ 2 □ 3

S^D： “来玩优诺纸牌”，利用逆向链接训练法，辅助受训者完成任务	**反应：** 受训者将遵循优诺游戏规则成功完成游戏
数据收集：辅助数据（辅助次数与类型）	**目标标准：**在 2 位训练师的交叉教学中连续 3 天零辅助作出正确反应
材料：优诺纸牌游戏，以及强化物	

消退程序

维持标准：2W= 连续 4 次零辅助完成技能；1W= 连续 4 次零辅助完成技能；M= 连续 3 次零辅助完成技能	**自然环境标准：**目标行为可在自然环境下泛化到 3 种新的自然发生的活动中	**归档标准：**教学目标、维持标准和自然环境标准全部达标

目标列表

目标	基线：辅助次数与类型	开始日期	达标日期	消退程序		
				维持阶段	自然环境下教学开始日期	归档日期
逆向链接式教学						
1. 目标 1：整个环节的最后一步：收起盒子						
2. 目标 2：整个环节中的第十七步：把纸牌放在盒子里						
3. 目标 3：整个环节中的第十六步：收集所有的扑克牌						

续表

目标	基线：辅助次数与类型	开始日期	达标日期	消退程序		
				维持阶段	自然环境下教学开始日期	归档日期
4. 目标 4：整个环节中的第十五步：重复第七到第十四步直到所有剩下的纸牌都放在弃牌堆						
5. 目标 5：整个环节中的第十四步：当受训者只剩一张牌时，会说“优诺”，或者尝试赶上训练师，不让其说出“优诺”						
6. 目标 6：整个环节中的第十三步：当训练师从牌堆里拿一张牌或使用手中的一张牌时，受训者能等待						
7. 目标 7：整个环节中的第十二步：如果受训者拿到 Draw4 牌，他们将说“Draw 4”，并说出将变换弃牌堆中的哪种颜色						
8. 目标 8：整个环节中的第十一步：如果受训者得到万能牌，他们将说出改变哪一堆牌的颜色						
9. 目标 9：整个环节中的第十步：如果受训者拿到 Draw2 牌，他们会说“Draw 2”并再次轮流						
10. 目标 10：整个环节中的第九步：如果受训者得到翻转牌，他们会说“翻转”并再次轮流						

续表

目标	基线：辅助次数与类型	开始日期	达标日期	消退程序		
				维持阶段	自然环境下教学开始日期	归档日期
11. 目标 11：整个环节中的第八步：从手里或者牌堆拿一张牌并放置在弃牌堆（使用颜色和数字）						
12. 目标 12：整个环节中的第七步：从手里或者牌堆拿一张牌放在弃牌堆						
13. 目标 13：整个环节中的第六步：从牌堆拿出一张纸牌翻开作为第一张弃牌						
14. 目标 14：整个环节中的第五步：将纸牌放在中间玩耍的区域						
15. 目标 15：整个环节中的第四步：受训者将给自己和训练师各 7 张纸牌						
16. 目标 16：整个环节中的第三步：洗牌						
17. 目标 17：整个环节中的第二步：拿出纸牌						
18. 目标 18：整个环节中的第一步：取出优诺纸牌						
19. 不同环境下的技能泛化，环境 1：						

续表

目标	基线：辅助次数与类型	开始日期	达标日期	消退程序		
				维持阶段	自然环境下教学开始日期	归档日期
20. 不同环境下的技能泛化，环境 2：						
21. 维持阶段：在不同环境下进行评估				2W 1W M		

实施该任务分析的具体建议：

- 确保受训者已经掌握预备技能，包括安坐、听指令找到相应的颜色、配对颜色（见本教程第一分册）、轮流（见本教程第二分册）和数物品技能（见本分册）。
- 这是本课程第四个优诺牌游戏，后面的以前面的为基础。
- 这个程序的目的是教受训者怎么使用逆向链接式教学玩优诺，即任务分析采用相反的顺序（首先教最后一步）进行教授，直到受训者独立完成所有的步骤。因此，对于目标 1，除去最后一步由受训者自行完成，其他的步骤都由训练师给出辅助。对于目标 2，除去最后一步和第十七步由受训者自行完成，其他所有的步骤都由训练师给出辅助。对于目标 3，除去最后一步、第十六步和第十七步由受训者自行完成，其他教学目标都由训练师给出辅助。按照这个方式完成教学，直到受训者独立完成这个任务链接上的所有步骤。

游戏中评论

等级：□ 1 □ 2 □ 3

S^D： 在同伴游戏的过程中，做出可以引发评论的陈述（例如“我喜欢玩乐高”“我的小狗在追一只猫”）	**反应：** 受训者能作出恰当的评论
数据收集：技能习得	**目标标准：**在 2 位训练师的交叉教学中连续 3 天零辅助作出正确反应
材料：玩具、娃娃雕像、公仔，以及强化物	

消退程序

维持标准：2W= 连续 4 次反应正确率 100%；1W= 连续 4 次反应正确率 100%；M= 连续 3 次反应正确率 100%	**自然环境标准：**目标行为可在自然环境下泛化到 3 种新的自然发生的活动中	**归档标准：**教学目标、维持标准和自然环境标准全部达标

目标列表

对教学目标的建议和试探结果

对教学目标的建议：我的娃娃很厉害，看看他到底能跳多高，我的小狗饿了，我爱玩乐高，我的狗刚刚跑过猫，这是坏家伙，我的娃娃是如此的漂亮，这是小猫咪，我要把这个当作妈妈，这个很有趣
试探结果（已掌握目标）：

目标	基线 %	开始日期	达标日期	消退程序		
				维持阶段	自然环境下教学开始日期	归档日期
1. 目标 1：						
2. 目标 2：						

续表

目标	基线 %	开始日期	达标日期	消退程序		
				维持阶段	自然环境下教学开始日期	归档日期
3. 目标 1 和 2：随机转换						
4. 目标 3：						
5. 目标 4：						
6. 已达成的目标：随机转换						
7. 目标 5：						
8. 目标 6：						
9. 已达成的目标：随机转换						
10. 目标 7：						
11. 目标 8：						
12. 已达成的目标：随机转换						
13. 目标 9：						
14. 目标 10：						
15. 已达成的目标：随机转换						
16. 不同环境下的技能泛化，环境 1：						
17. 不同环境下的技能泛化，环境 2：						
18. 维持阶段：在不同环境下进行评估				2W 1W M		

实施该任务分析的具体建议：

- 确保受训者已经掌握预备技能，包括掌握短语的口头模仿（见本教程第二分册），并在游戏中评论和回应小伙伴发起的对话的技能（见本分册）上取得进展。
- 教各种评论时，可以使用视觉辅助（文字或图片）或手势辅助（大拇指），然后逐渐消退。
- 考虑到游戏的随机转换能力，确保泛化这个技能到同伴游戏中。

等级：□1 □2 □3

四子棋

S^D： “来玩四子棋”，利用逆向链接训练法，辅助受训者完成任务	**反应：** 受训者将成功完成游戏
数据收集：辅助数据（辅助次数与类型）	**目标标准：**在 2 位训练师的交叉教学中连续 3 天零辅助作出正确反应
材料：四子棋和强化物	

消退程序

维持标准：2W= 连续 4 次零辅助完成技能；1W= 连续 4 次零辅助完成技能；M= 连续 3 次零辅助完成技能	**自然环境标准：**目标行为可在自然环境下泛化到 3 种新的自然发生的活动中	**归档标准：**教学目标、维持标准和自然环境标准全部达标

目标列表

目标	基线 %	开始日期	达标日期	消退程序		
				维持阶段	自然环境下教学开始日期	归档日期
逆向链接式教学						
1. 目标 1：整个环节的最后一步：收起游戏						
2. 目标 2：整个环节中的第十二步：把棋子放在盒子里						
3. 目标 3：整个环节中的第十一步：压控制杆来释放棋子						

续表

目标	基线 %	开始日期	达标日期	消退程序		
				维持阶段	自然环境下教学开始日期	归档日期
4. 目标 4：整个环节中的第十步：重复第七到第九步直到一方获得胜利						
5. 目标 5：整个环节中的第九步：尝试连接棋子						
6. 目标 6：整个环节中的第八步：等待受训者把棋子放到一定位置						
7. 目标 7：整个环节中的第七步：把棋子放在一定位置						
8. 目标 8：整个环节中的第六步：决定谁先开始						
9. 目标 9：整个环节中的第五步：选择颜色						
10. 目标 10：整个环节中的第四步：等待对手选择颜色						
11. 目标 11：整个环节中的第三步：放置游戏板						
12. 目标 12：整个环节中的第二步：拿出游戏						
13. 目标 13：整个环节中的第一步：取出游戏						
14. 不同环境下的技能泛化，环境 1：						

续表

目标	基线 %	开始日期	达标日期	消退程序		
				维持阶段	自然环境下教学开始日期	归档日期
15. 不同环境下的技能泛化，环境 2：						
16. 维持阶段：在不同环境下进行评估				2W 1W M		

实施该任务分析的具体建议：

- 确保受训者已经掌握预备技能，包括掌握轮流、接受两步指令（见本教程第二分册）。此外，受训者应该已经掌握了听指令找到相应的颜色和配对颜色（见本教程第一分册）。

协作游戏：桌面游戏和纸牌游戏

等级：□ 1 □ 2 □ 3

S^D： “让我们来玩纸牌游戏吧”（例如，“让我们来玩优诺”）	**反应：** 受训者将会和尽可能多的伙伴玩尽可能多的回合
数据收集：辅助数据（辅助次数与类型）	**目标标准：**在 2 位训练师的交叉教学中连续 3 天零辅助作出正确反应
材料：桌面游戏、纸牌游戏，以及强化物	

消退程序

维持标准：2W= 连续 4 次零辅助完成技能；1W= 连续 4 次零辅助完成技能；M= 连续 3 次零辅助完成技能	**自然环境标准：**目标行为可在自然环境下泛化到 3 种新的自然发生的活动中	**归档标准：**教学目标、维持标准和自然环境 3 个标准全部达标

目标列表

对教学目标的建议和试探结果

对教学目标的建议：快艇骰子，优诺牌，四子棋，对不起！，妙探寻凶，儿童益智问答，老姑娘，杰克牌，战争游戏，记忆游戏
试探结果（已掌握目标）：

目标	基线：辅助次数与类型	开始日期	达标日期	消退程序		
				维持阶段	自然环境下教学开始日期	归档日期
1. 目标 1：游戏 1：合作玩耍 5 分钟						
2. 目标 2：游戏 1：合作玩耍 8 分钟						

续表

目标	基线：辅助次数与类型	开始日期	达标日期	消退程序		
				维持阶段	自然环境下教学开始日期	归档日期
3. 目标 3：游戏 1：合作玩耍 12 分钟						
4. 目标 4：游戏 1：合作玩耍 15 分钟或者直到游戏结束						
5. 不同环境下的技能泛化，环境 1：						
6. 不同环境下的技能泛化，环境 2：						
7. 目标 5：游戏 2：合作玩耍 5 分钟						
8. 目标 6：游戏 2：合作玩耍 8 分钟						
9. 目标 7：游戏 2：合作玩耍 12 分钟						
10. 目标 8：游戏 2：合作玩耍 15 分钟或者直到游戏结束						
11. 不同环境下的技能泛化，环境 1：						
12. 不同环境下的技能泛化，环境 2：						
13. 目标 9：游戏 3：合作玩耍 5 分钟						
14. 目标 10：游戏 3：合作玩耍 8 分钟						
15. 目标 11：游戏 3：合作玩耍 12 分钟						

续表

目标	基线：辅助次数与类型	开始日期	达标日期	消退程序		
				维持阶段	自然环境下教学开始日期	归档日期
16. 目标 12：游戏 3：合作玩耍 15 分钟或者直到游戏结束						
17. 不同环境下的技能泛化，环境 1：						
18. 不同环境下的技能泛化，环境 2：						
19. 目标 13：游戏 4：合作玩耍 5 分钟						
20. 目标 14：游戏 4：合作玩耍 8 分钟						
21. 目标 15：游戏 4：合作玩耍 12 分钟						
22. 目标 16：游戏 4：合作玩耍 15 分钟或者直到游戏结束						
23. 不同环境下的技能泛化，环境 1：						
24. 不同环境下的技能泛化，环境 2：						
25. 维持阶段：在不同环境下进行评估				2W 1W M		

实施该任务分析的具体建议：

- 确保受训者已经掌握预备技能，包括掌握接受两步指令（见本教程第二分册），此外，受训者应该掌握玩纸牌游戏和或桌面游戏技能（见本分册）。

协作游戏：儿童游戏

等级：□ 1 □ 2 □ 3

S^D： “让我们来玩儿童游戏吧”（例如，“让我们来玩捉迷藏”）	**反应**： 受训者将会和尽可能多的伙伴玩尽可能多的回合
数据收集：辅助数据（辅助次数与类型）	**目标标准**：在 2 位训练师的交叉教学中连续 3 天零辅助作出正确反应
材料：具体所需的游戏道具（如烫手山芋需要一个扔的对象）和强化物	

消退程序

维持标准：2W= 连续 4 次零辅助完成技能；1W= 连续 4 次零辅助完成技能；M= 连续 3 次零辅助完成技能	**自然环境标准**：目标行为可在自然环境下泛化到 3 种新的自然发生的活动中	**归档标准**：教学目标、维持标准和自然环境标准全部达标

目标列表

对教学目标的建议和试探结果

对教学目标的建议：捉迷藏，红绿灯，红罗孚，四方阵，踢罐子，夺旗，冰冻捉人，烫手山芋，苏格兰威士忌
试探结果（已掌握目标）：

目标	基线：辅助次数与类型	开始日期	达标日期	消退程序		
				维持阶段	自然环境下教学开始日期	归档日期
1. 目标 1：游戏 1：合作玩耍 5 分钟						
2. 目标 2：游戏 1：合作玩耍 8 分钟						
3. 目标 3：游戏 1：合作玩耍 12 分钟						

续表

目标	基线：辅助次数与类型	开始日期	达标日期	消退程序		
				维持阶段	自然环境下教学开始日期	归档日期
4. 目标4：游戏1：合作玩耍15分钟或者直到游戏结束						
5. 不同环境下的技能泛化，环境1：						
6. 不同环境下的技能泛化，环境2：						
7. 目标5：游戏2：合作玩耍5分钟						
8. 目标6：游戏2：合作玩耍8分钟						
9. 目标7：游戏2：合作玩耍12分钟						
10. 目标8：游戏2：合作玩耍15分钟或者直到游戏结束						
11. 不同环境下的技能泛化，环境1：						
12. 不同环境下的技能泛化，环境2：						
13. 目标9：游戏3：合作玩耍5分钟						
14. 目标10：游戏3：合作玩耍8分钟						
15. 目标11：游戏3：合作玩耍12分钟						
16. 目标12：游戏3：合作玩耍15分钟或者直到游戏结束						

续表

目标	基线：辅助次数与类型	开始日期	达标日期	消退程序		
				维持阶段	自然环境下教学开始日期	归档日期
17. 不同环境下的技能泛化，环境 1：						
18. 不同环境下的技能泛化，环境 2：						
19. 目标 13：游戏 4：合作玩耍 5 分钟						
20. 目标 14：游戏 4：合作玩耍 8 分钟						
21. 目标 15：游戏 4：合作玩耍 12 分钟						
22. 目标 16：游戏 4：合作玩耍 15 分钟或者直到游戏结束						
23. 不同环境下的技能泛化，环境 1：						
24. 不同环境下的技能泛化，环境 2：						
25. 维持阶段：在不同环境下进行评估				2W 1W M		

实施该任务分析的具体建议：

- 确保受训者已经掌握预备技能，包括掌握轮流和接受两步指令（见本教程第二分册），此外，受训者应该在合作玩耍之前掌握如何玩儿童游戏，你可能需要为教儿童游戏技能而创建一个任务分析。

协作游戏：假扮游戏

等级：□ 1 □ 2 □ 3

S^D： “让我们来玩假扮游戏吧”（例如，“让我们来玩厨房游戏吧”）	**反应**： 受训者将会和尽可能多的伙伴玩尽可能多的回合
数据收集：辅助数据（辅助次数与类型）	**目标标准**：在2位训练师的交叉教学中连续3天零辅助作出正确反应
材料：特定的假扮游戏所需的道具（如假扮医生可能需要听诊器、绷带等）和强化物	

消退程序

维持标准：2W=连续4次零辅助完成技能；1W=连续4次零辅助完成技能；M=连续3次零辅助完成技能	**自然环境标准**：目标行为可在自然环境下泛化到3种新的自然发生的活动中	**归档标准**：教学目标、维持标准和自然环境标准全部达标

目标列表

对教学目标的建议和试探结果

对教学目标的建议：

假扮厨师游戏：所需材料：杯子、碗、勺子、锅、火炉、各种食物等；假扮动作：一人假装把食物放在锅里，其他人假装搅拌食物，轮流假装把食物放在碗里，假装一个提供食物和服务订单的团队，分享烤蛋糕或者其他甜点的成分及做法。

假扮侦探的游戏：所需材料：望远镜、徽章、手铐、指纹材料、放大镜等；假扮动作：轮流录制指纹材料，分享放大镜找寻线索，分享地图找寻隐藏的线索，轮流采访一个证人，共同破解一个神秘的代码，轮流使用双筒望远镜找间谍，共同收集证据并讨论证据指向什么，一起根据面部照片逮捕坏人。

假扮医生的游戏：所需材料：绷带、针、听诊器、病人（如毛绒玩具）、耳镜、血压计、温度计等；假扮动作：轮流扮演医生和病人，拍片子，绑绷带，检查血压，检查耳朵，检查心脏，量体温，检查口腔，量体重和身高，测视力，打针，拍X线片等。

假扮学校的游戏：所需材料：书籍、报纸、贴纸、日历、黑板等；假扮动作：轮流扮演老师和学生，写论文，考试，开班会，讲故事，听讲，轮流检查，教学日历、天气，轮流做班长

试探结果（已掌握目标）：

目标	基线：辅助次数与类型	开始日期	达标日期	消退程序		
				维持阶段	自然环境下教学开始日期	归档日期
1. 目标1：游戏1：合作玩耍5分钟						
2. 目标2：游戏1：合作玩耍8分钟						
3. 目标3：游戏1：合作玩耍12分钟						
4. 目标4：游戏1：合作玩耍15分钟或者直到游戏结束						
5. 不同环境下的技能泛化，环境1：						
6. 不同环境下的技能泛化，环境2：						
7. 目标5：游戏2：合作玩耍5分钟						
8. 目标6：游戏2：合作玩耍8分钟						
9. 目标7：游戏2：合作玩耍12分钟						
10. 目标8：游戏2：合作玩耍15分钟或者直到游戏结束						
11. 不同环境下的技能泛化，环境1：						
12. 不同环境下的技能泛化，环境2：						
13. 目标9：游戏3：合作玩耍5分钟						
14. 目标10：游戏3：合作玩耍8分钟						

续表

目标	基线：辅助次数与类型	开始日期	达标日期	消退程序		
				维持阶段	自然环境下教学开始日期	归档日期
15. 目标 11：游戏 3：合作玩耍 12 分钟						
16. 目标 12：游戏 3：合作玩耍 15 分钟或者直到游戏结束						
17. 不同环境下的技能泛化，环境 1：						
18. 不同环境下的技能泛化，环境 2：						
19. 目标 13：游戏 4：合作玩耍 5 分钟						
20. 目标 14：游戏 4：合作玩耍 8 分钟						
21. 目标 15：游戏 4：合作玩耍 12 分钟						
22. 目标 16：游戏 4：合作玩耍 15 分钟或者直到游戏结束						
23. 不同环境下的技能泛化，环境 1：						
24. 不同环境下的技能泛化，环境 2：						
25. 维持阶段：在不同环境下进行评估				2W 1W M		

实施该任务分析的具体建议：

- 确保受训者已经掌握预备技能，包括掌握轮流和接受两步指令（见本教程第二分册），此外，受训者应该掌握如何玩假扮游戏（见本教程第二分册、本分册教学的各种假扮游戏场景）。

协作游戏：运动

等级：□ 1 □ 2 □ 3

S^D： “让我们来做运动吧”（例如，“让我们来踢足球吧”）	**反应：** 受训者将会和尽可能多的伙伴玩尽可能多的回合
数据收集：辅助数据（辅助次数与类型）	**目标标准：**在 2 位训练师的交叉教学中连续 3 天零辅助作出正确反应
材料：特定的体育活动所需的道具（如足球需要一个球和网），以及强化物	

消退程序

维持标准：2W= 连续 4 次零辅助完成技能；1W= 连续 4 次零辅助完成技能；M= 连续 3 次零辅助完成技能	**自然环境标准：**目标行为可在自然环境下泛化到 3 种新的自然发生的活动中	**归档标准：**教学目标、维持标准和自然环境标准全部达标

目标列表

对教学目标的建议和试探结果

对教学目标的建议：沙滩足球，篮球，棒球，踢球，足球，滑冰，曲棍球，高尔夫，体操，垒球
试探结果（已掌握目标）：

目标	基线：辅助次数与类型	开始日期	达标日期	消退程序		
				维持阶段	自然环境下教学开始日期	归档日期
1. 目标 1：运动 1：合作玩耍 5 分钟						
2. 目标 2：运动 1：合作玩耍 8 分钟						

续表

目标	基线：辅助次数与类型	开始日期	达标日期	消退程序		
				维持阶段	自然环境下教学开始日期	归档日期
3. 目标3：运动1：合作玩耍12分钟						
4. 目标4：运动1：合作玩耍15分钟或者直到游戏结束						
5. 不同环境下的技能泛化，环境1：						
6. 不同环境下的技能泛化，环境2：						
7. 目标5：运动2：合作玩耍5分钟						
8. 目标6：运动2：合作玩耍8分钟						
9. 目标7：运动2：合作玩耍12分钟						
10. 目标8：运动2：合作玩耍15分钟或者直到游戏结束						
11. 不同环境下的技能泛化，环境1：						
12. 不同环境下的技能泛化，环境2：						
13. 目标9：运动3：合作玩耍5分钟						
14. 目标10：运动3：合作玩耍8分钟						
15. 目标11：运动3：合作玩耍12分钟						

续表

目标	基线：辅助次数与类型	开始日期	达标日期	消退程序		
				维持阶段	自然环境下教学开始日期	归档日期
16. 目标 12：运动 3：合作玩耍 15 分钟或者直到游戏结束						
17. 不同环境下的技能泛化，环境 1：						
18. 不同环境下的技能泛化，环境 2：						
19. 目标 13：运动 4：合作玩耍 5 分钟						
20. 目标 14：运动 4：合作玩耍 8 分钟						
21. 目标 15：运动 4：合作玩耍 12 分钟						
22. 目标 16：运动 4：合作玩耍 15 分钟或者直到游戏结束						
23. 不同环境下的技能泛化，环境 1：						
24. 不同环境下的技能泛化，环境 2：						
25. 维持阶段：在不同环境下进行评估				2W 1W M		

实施该任务分析的具体建议：

- 确保受训者已经掌握预备技能，包括掌握轮流和接受两步指令（见本教程第二分册），此外，受训者应该在合作玩耍之前掌握如何做运动，你可能需要为教受训者掌握运动技能而创建一个任务分析。

主动邀请同伴做游戏

等级：□ 1 □ 2 □ 3

S^D： A. 说“让某某来和我们一起玩……（封闭式游戏）” B. 说“让某某来和我们一起玩……（角色扮演游戏）” C. 说“让某某来一起玩”	**反应：** A. 受训者会去靠近某某，并说“你想和我们一起玩……吗”（封闭式游戏） B. 受训者会靠近某某，并说“你想和我们一起玩……吗”（角色扮演游戏） C. 受训者会靠近某某，并说“你想和我们一起玩……吗”（游戏 / 活动，受训者的选择）
数据收集：辅助数据（辅助次数与类型）	**目标标准：**在 2 位训练师的交叉教学中连续 3 天反应正确率达到 80% 或 80% 以上
材料：具体所需道具游戏（如棒球球棒和球）和强化物	

消退程序

维持标准：2W= 连续 4 次零辅助完成技能；1W= 连续 4 次零辅助完成技能；M= 连续 3 次零辅助完成技能	**自然环境标准：**目标行为可在自然环境下泛化到 3 种新的自然发生的活动中	**归档标准：**教学目标、维持标准和自然环境标准全部达标

目标列表

对教学目标的建议和试探结果

对教学目标的建议： S^DA：四方足球（four-square），棒球，足球，跳房子 S^DB：警察和小偷，超能英雄和恶棍，芭比娃娃和海盗 S^DC：受训者选择的不同游戏
试探结果（已掌握目标）：

目标	基线：辅助次数与类型	开始日期	达标日期	消退程序		
				维持阶段	自然环境下教学开始日期	归档日期
1. S^DA：目标 1：						
2. S^DA：目标 2：						
3. S^DA：目标 3：						
4. S^DA：目标 4：						
5. 已达成的目标：随机转换						
6. S^DB：目标 5：						
7. S^DB：目标 6：						
8. 已达成的目标：随机转换						
9. S^DB：目标 7：						
10. S^DB：目标 8：						
11. 已达成的目标：随机转换						
12. S^DC：目标 9：						
13. S^DC：目标 10：						
14. 已达成的目标：随机转换						
15. S^DC：目标 11：						

续表

目标	基线：辅助次数与类型	开始日期	达标日期	消退程序		
				维持阶段	自然环境下教学开始日期	归档日期
16. S^DC：目标 12：						
17. 已达成的目标：随机转换						
18. 不同环境下的技能泛化，环境 2：						
19. 维持阶段：目标在不同环境下进行评估				2W 1W M		

实施该任务分析的具体建议：

- 确保受训者已经掌握预备技能，包括掌握接受一步指令、获得成人的关注（见本教程第一分册），操场上的任务分析（见本教程第一和第二分册），轮流和假扮各种角色的任务分析（见本教程第二分册）。

假扮游戏：假扮野营

等级：□ 1 □ 2 □ 3

S^D： A. 摆出一个动作，然后说“来假扮野营……吧”（例如，“我们来假扮野营烤蘑菇吧”） B. 说“我们来假扮野营吧” C. 说“我们来假扮野营吧”	**反应：** A. 受训者能够完成假扮动作 B. 受训者能够假扮 3 个以上的动作 C. 受训者能够假扮 3 个额外的动作，并持续更长时间
数据收集：S^DA：技能习得；S^DB 和 S^DC：辅助数据（辅助次数与类型）	**目标标准：**S^DA：在 2 位训练师的交叉教学中连续 3 天反应正确率达到 80% 或 80% 以上；S^DB 和 S^DC：在 2 位训练师的交叉教学中连续 3 天零辅助作出正确反应
材料：睡袋、搭建帐篷的单子、野营椅、象征着野营的物品（如棉花球代表蘑菇），以及强化物	

消退程序

维持标准：2W= 连续 4 次零辅助完成技能；1W= 连续 4 次零辅助完成技能；M= 连续 3 次零辅助完成技能	**自然环境标准：**目标行为可在自然环境下泛化到 3 种新的自然发生的活动中	**归档标准：**教学目标、维持标准和自然环境标准全部达标

目标列表

对教学目标的建议和试探结果

对教学目标的建议：打包行李，搭帐篷，在湖里游泳，钓鱼，收集柴火，生火，坐在火堆旁，烤蘑菇，去打猎，围着篝火唱歌，讲鬼故事，坐船，收拾包裹回家
试探结果（已掌握目标）：

目标	基线：辅助次数与类型	开始日期	达标日期	消退程序		
				维持阶段	自然环境下教学开始日期	归档日期
1. S^DA：目标 1：						

续表

目标	基线：辅助次数与类型	开始日期	达标日期	消退程序		
				维持阶段	自然环境下教学开始日期	归档日期
2. S^DA：目标 2：						
3. 目标 1 和 2：随机转换						
4. S^DA：目标 3：						
5. S^DA：目标 4：						
6. 已达成的目标：随机转换						
7. S^DA：目标 5：						
8. S^DA：目标 6：						
9. 已达成的目标：随机转换						
10. S^DB：目标 1：3 个以上动作						
11. S^DB：目标 2：3 个以上不同的动作						
12. 已达成的目标：随机转换						
13. S^DB：目标 3：3 个以上不同的动作						
14. S^DB：目标 4：3 个以上不同的动作						
15. 已达成的目标：随机转换						
16. S^DC：目标 1：持续时间：1 分钟						

续表

目标	基线：辅助次数与类型	开始日期	达标日期	消退程序		
				维持阶段	自然环境下教学开始日期	归档日期
17. S^DC：目标 2：持续时间：3 分钟						
18. S^DC：目标 3：持续时间：5 分钟						
19. 不同环境下的技能泛化，环境 1：						
20. 不同环境下的技能泛化，环境 2：						
21. 维持阶段：目标在不同环境下进行评估				2W 1W M		

实施该任务分析的具体建议：

- 确保受训者已经掌握预备技能，包括掌握接受一步指令（见本教程第一分册），假扮游戏的任务分析（见本套教程第二分册）。
- 如果受训者在假扮游戏中有困难，那么你可以这样开始，给出指令“这样做”，并让受训者多次模仿本教程第二分册假扮游戏任务分析中的行为链。一旦受训者掌握了模仿和假扮游戏的指令“这样做”，那么指令可以变回本任务分析所写的“我们来假扮野营吧”。

假扮游戏：假扮去海滩

等级：□ 1 □ 2 □ 3

S^D： A. 示范一个动作，然后说“来假扮去海滩……吧”（例如，“我们来假扮去海滩堆沙子吧”） B. 说“我们来假扮去海滩吧” C. 说“我们来假扮去海滩吧”	**反应：** A. 受训者能够模仿假扮动作 B. 受训者能够假扮 3 个以上的动作 C. 受训者能够假扮 3 个以上的动作，并持续更长时间
数据收集：S^DA：技能习得 S^DB 和 S^DC：辅助数据（辅助次数与类型）	**目标标准：**S^DA：在 2 位训练师的交叉教学中连续 3 天反应正确率达到 80% 或 80% 以上；S^DB 和 S^DC：在 2 位训练师的交叉教学中连续 3 天零辅助作出正确反应
材料：沙滩排球、毛巾、泳衣、水桶、铁锹、防晒霜、太阳镜、冲浪板，以及强化物	

消退程序

维持标准：2W= 连续 4 次零辅助完成技能；1W= 连续 4 次零辅助完成技能；M= 连续 3 次零辅助完成技能	**自然环境标准：**目标行为可在自然环境下泛化到 3 种新的自然发生的活动中	**归档标准：**教学目标、维持标准和自然环境标准全部达标

目标列表

对教学目标的建议和试探结果

对教学目标的建议：打包行李，穿上泳衣，戴上太阳镜，擦上防晒霜，玩沙滩排球，收集贝壳，搭建沙堡，戏水，晒太阳，游泳，钓鱼，冲浪，收拾包裹回家
试探结果（已掌握目标）：

目标	基线：辅助次数与类型	开始日期	达标日期	消退程序		
				维持阶段	自然环境下教学开始日期	归档日期
1. S^DA：目标 1：						

续表

目标	基线：辅助次数与类型	开始日期	达标日期	消退程序		
				维持阶段	自然环境下教学开始日期	归档日期
2. S^DA：目标 2：						
3. 目标 1 和 2：随机转换						
4. S^DA：目标 3：						
5. S^DA：目标 4：						
6. 已达成的目标：随机转换						
7. S^DA：目标 5：						
8. S^DA：目标 6：						
9. 已达成的目标：随机转换						
10. S^DB：目标 1：3 个以上动作：						
11. S^DB：目标 2：3 个以上不同的动作						
12. 已达成的目标：随机转换						
13. S^DB：目标 3：3 个以上不同组合的动作						
14. S^DB：目标 4：3 个以上不同组合的动作						
15. 已达成的目标：随机转换						
16. S^DC：目标 1：持续时间：1 分钟						

续表

目标	基线：辅助次数与类型	开始日期	达标日期	消退程序		
				维持阶段	自然环境下教学开始日期	归档日期
17. S^DC：目标 2：持续时间：3 分钟						
18. S^DC：目标 3：持续时间：5 分钟						
19. 不同环境下的技能泛化，环境 1：						
20. 不同环境下的技能泛化，环境 2：						
21. 维持阶段：目标在不同环境下进行评估				2W 1W M		

实施该任务分析的具体建议：

- 确保受训者已经掌握预备技能，包括掌握接受一步指令（见本教程第一分册），假扮游戏的任务分析（见本套教程第二分册）。
- 如果受训者在假扮游戏中有困难，那么你可以这样开始，给出指令“这样做”，并让受训者多次模仿本教程第二分册假扮游戏任务分析中的行为链。一旦受训者掌握了模仿和假扮游戏的指令“这样做”，那么指令可以变回本任务分析所写的“我们来假扮去海滩吧”。

假扮游戏：假扮去杂货店

等级：□ 1 □ 2 □ 3

S^D： A. 示范一个动作，然后说“让我们来假扮去杂货店……吧”（例如，“假扮去杂货店买冰淇淋吧”） B. 说“我们来假扮去杂货店吧” C. 说“我们来假扮去杂货店吧”	**反应：** A. 受训者能够完成假扮动作 B. 受训者能够假扮 3 个以上的动作 C. 受训者能够假扮 3 个以上的动作，并持续更长时间
数据收集：S^DA：技能习得；S^DB 和 S^DC：辅助数据（辅助次数与类型）	**目标标准：**S^DA：在 2 位训练师的交叉教学中连续 3 天反应正确率达到 80% 或 80% 以上；S^DB 和 S^DC：在 2 位训练师的交叉教学中连续 3 天零辅助作出正确反应
材料：玩具钱、购物车、食品和饮料、收据、购物清单、收银机，以及强化物	

消退程序

维持标准：2W= 连续 4 次零辅助完成技能；1W= 连续 4 次零辅助完成技能；M= 连续 3 次零辅助完成技能	**自然环境标准：**目标行为可在自然环境下泛化到 3 种新的自然发生的活动中	**归档标准：**教学目标、维持标准和自然环境标准全部达标

目标列表

对教学目标的建议和试探结果

对教学目标的建议：假扮推购物车，将食品放入购物车，检查购物清单，到收银员处，把物品放在收银台，收银员收款，拿好物品，把买的物品装在袋子里，把袋子放在购物车里，从收银员处拿走收据，与收银员告别，将购物车推到门外
试探结果（已掌握目标）：

目标	基线：辅助次数与类型	开始日期	达标日期	消退程序		
				维持阶段	自然环境下教学开始日期	归档日期
1. S^DA：目标 1：						
2. S^DA：目标 2：						
3. 目标 1 和 2：随机转换						
4. S^DA：目标 3：						
5. S^DA：目标 4：						
6. 已达成的目标：随机转换						
7. S^DA：目标 5：						
8. S^DA：目标 6：						
9. 已达成的目标：随机转换						
10. S^DB：目标 1：3 个以上的动作：						
11. S^DB：目标 2：3 个以上的不同动作						
12. 已达成的目标：随机转换						
13. S^DB：目标 3：3 个以上不同组合的动作						
14. S^DB：目标 4：3 个以上不同组合的动作						
15. 已达成的目标：随机转换						

续表

目标	基线：辅助次数与类型	开始日期	达标日期	消退程序		
				维持阶段	自然环境下教学开始日期	归档日期
16. S^DC：目标 1：持续时间：1 分钟						
17. S^DC：目标 2：持续时间：3 分钟						
18. S^DC：目标 3：持续时间：5 分钟						
19. 不同环境下的技能泛化，环境 1：						
20. 不同环境下的技能泛化，环境 2：						
21. 维持阶段：目标在不同环境下进行评估				2W 1W M		

实施该任务分析的具体建议：

- 确保受训者已经掌握预备技能，包括掌握接受一步指令（见本教程第一分册），假扮游戏的任务分析（见本套教程第二分册）。
- 如果受训者在假扮游戏中有困难，那么你可以这样开始，给出指令“这样做”，并让受训者多次模仿本教程第二分册假扮游戏任务分析中的行为链。一旦受训者掌握了模仿和假扮游戏的指令“这样做”，那么指令可以变回本任务分析所写的“我们来假扮去杂货店吧”。

假扮游戏：警察和强盗

等级：□ 1 □ 2 □ 3

S^D： A. 摆出一个动作，然后说"来扮演警察吧" B. 摆出一个动作，然后说"来扮演强盗吧" C. 说"我们来玩警察与强盗的游戏吧"	**反应：** A. 受训者能够完成警察的动作 B. 受训者能够完成强盗的动作 C. 受训者能够假扮 3 个以上警察和强盗的动作，并持续更长时间
数据收集：S^DA 和 S^DB：技能习得；S^DC：辅助数据（辅助次数与类型）	**目标标准：**S^DA 和 S^DB：在 2 位训练师的交叉教学中连续 3 天反应正确率达到 80% 或 80% 以上；S^DC：在 2 位训练师的交叉教学中连续 3 天零辅助作出正确反应
材料：假枪、手铐、面具、警长徽章、包里的钱或其他被盗物品、警笛、指纹印刷装备，以及强化物	

消退程序

维持标准：2W= 连续 4 次零辅助完成技能；1W= 连续 4 次零辅助完成技能；M= 连续 3 次零辅助完成技能	**自然环境标准：**目标行为可在自然环境下泛化到 3 种新的自然发生的活动中	**归档标准：**教学目标、维持标准和自然环境标准全部达标

目标列表

对教学目标的建议和试探结果

对教学目标的建议： 警察：打开汽车警报器（打开警笛的声音），铐住嫌疑人，提取嫌疑人指纹，开警车到监狱，使用手枪（假扮玩具），寻找线索抓强盗 强盗：逃跑（逃离一个场景），戴一个强盗面具，假扮使用玩具枪，窃取别人的物品，进入监狱
试探结果（已掌握目标）：

目标	基线：辅助次数与类型	开始日期	达标日期	消退程序		
				维持阶段	自然环境下教学开始日期	归档日期
1. S^DA：目标 1：						
2. S^DA：目标 2：						
3. 目标 1 和 2：随机转换						
4. S^DA：目标 3：						
5. S^DA：目标 4：						
6. 已达成的目标：随机转换						
7. S^DA：目标 5：						
8. S^DA：目标 6：						
9. 已达成的目标：随机转换						
10. S^DB：目标 7：						
11. S^DB：目标 8：						
12. 已达成的目标：随机转换						
13. S^DB：目标 9：						
14. S^DB：目标 10：						
15. 已达成的目标：随机转换						

续表

目标	基线：辅助次数与类型	开始日期	达标日期	消退程序		
				维持阶段	自然环境下教学开始日期	归档日期
16. S^DB：目标 11：						
17. S^DB：目标 12：						
18. 已达成的目标：随机转换						
19. S^DC：目标 13：持续时间：1 分钟						
20. S^DC：目标 14：持续时间：3 分钟						
21. S^DC：目标 15：持续时间：5 分钟						
22. 不同环境下的技能泛化，环境 1：						
23. 不同环境下的技能泛化，环境 2：						
24. 维持阶段：目标在不同环境下进行评估				2W 1W M		

实施该任务分析的具体建议：

- 确保受训者已经掌握预备技能，包括掌握假扮游戏的任务分析（见本套教程第二分册）。
- 如果受训者在假扮游戏中有困难，那么你可以这样开始，给出指令“这样做”，或者你可以下指令说“假装……”（如“假装逮捕嫌疑人”）或“来扮演警察和强盗”，让受训者多次模仿本教程第二分册假扮游戏任务分析中的行为链。一旦受训者掌握了模仿和假扮游戏的指令“这样做”，那么指令可以变回本任务分析所写的“我们来扮演警察和强盗吧”。

假扮游戏：超级英雄和怪兽

等级：□ 1 □ 2 □ 3

S^D： A. 摆出一个动作，然后说“来扮演超人吧” B. 摆出一个动作，然后说“来扮演怪兽吧” C. 说“我们来玩超人与怪兽的游戏吧”	**反应：** A. 受训者能够完成超人的动作 B. 受训者能够完成怪兽的动作 C. 受训者能够假扮 3 个以上超人和怪兽的动作，并持续更长时间
数据收集：S^DA 和 S^DB：技能习得；S^DC：辅助数据（辅助次数与类型）	**目标标准：**S^DA 和 S^DB：在 2 位训练师的交叉教学中连续 3 天反应正确率达到 80% 或 80% 以上；S^DC：在 2 位训练师的交叉教学中连续 3 天零辅助作出正确反应
材料：斗篷、面具、剑、盾、超能力的代表物，以及强化物	

消退程序

维持标准：2W= 连续 4 次零辅助完成技能；1W= 连续 4 次零辅助完成技能；M= 连续 3 次零辅助完成技能	**自然环境标准：**目标行为可在自然环境下泛化到 3 种新的自然发生的活动中	**归档标准：**教学目标、维持标准和自然环境标准全部达标

目标列表

对教学目标的建议和试探结果

对教学目标的建议： 超人：双手放在腰部并挺胸，奔跑，拿起一个假装沉重的东西（如汽车），飞翔，握着剑或盾牌的手放在腰部，使用超能量 怪兽：击倒或毁坏一件家具，阻碍超人，与超人战斗，向超人示威，持剑指向超人，险恶地大笑
试探结果（已掌握目标）：

目标	基线：辅助次数与类型	开始日期	达标日期	消退程序		
				维持阶段	自然环境下教学开始日期	归档日期
1. S^DA：目标 1：						
2. S^DA：目标 2：						
3. 目标 1 和 2：随机转换						
4. S^DA：目标 3：						
5. S^DA：目标 4：						
6. 已达成的目标：随机转换						
7. S^DA：目标 5：						
8. S^DA：目标 6：						
9. 已达成的目标：随机转换						
10. S^DB：目标 7：						
11. S^DB：目标 8：						
12. 已达成的目标：随机转换						
13. S^DB：目标 9：						
14. S^DB：目标 10：						
15. 已达成的目标：随机转换						

续表

目标	基线：辅助次数与类型	开始日期	达标日期	消退程序		
				维持阶段	自然环境下教学开始日期	归档日期
16. S^DB：目标 11：						
17. S^DB：目标 12：						
18. 已达成的目标：随机转换						
19. S^DC：目标 13：持续时间：1 分钟						
20. S^DC: 目标 14：持续时间：3 分钟						
21. S^D C：目标 15：持续时间：5 分钟						
22. 不同环境下的技能泛化，环境 1：						
23. 不同环境下的技能泛化，环境 2：						
24. 维持阶段：目标在不同环境下进行评估				2W 1W M		

实施该任务分析的具体建议：

- 确保受训者已经掌握预备技能，包括掌握假扮游戏的任务分析（见本套教程第二分册）。
- 如果受训者在假扮游戏中有困难，那么你可以这样开始，给出指令“这样做”，或者你可以下指令说“假装……”（如“假装抬起一辆汽车”）或“来扮演超人和怪兽”，让受训者多次模仿本教程第二分册假扮游戏任务分析中的行为链。一旦受训者掌握了模仿和假扮游戏的指令“这样做”，那么指令可以变回本任务分析所写的“我们来扮演超人和怪兽吧”。

假扮游戏：服务员和顾客

等级：□ 1 □ 2 □ 3

S^D： A. 摆出一个动作，然后说"来扮演服务员吧" B. 摆出一个动作，然后说"来扮演顾客吧" C. 说"我们来玩饭店游戏吧"	**反应：** A. 受训者能够完成服务员的动作 B. 受训者能够完成顾客的动作 C. 受训者能够假扮 3 个以上服务员和顾客的动作，并持续更长时间
数据收集：S^DA 和 S^DB：技能习得；S^DC：辅助数据（辅助次数与类型）	**目标标准：**S^DA 和 S^DB：在 2 位训练师的交叉教学中连续 3 天反应正确率达到 80% 或 80% 以上；S^DC：在 2 位训练师的交叉教学中连续 3 天零辅助作出正确反应
材料：桌子、椅子、食品、盘子、餐具、眼镜、围裙、菜单、笔记本、笔、支票、钱等，以及强化物	

消退程序

维持标准：2W= 连续 4 次零辅助完成技能；1W= 连续 4 次零辅助完成技能；M= 连续 3 次零辅助完成技能	**自然环境标准：**目标行为可在自然环境下泛化到 3 种新的自然发生的活动中	**归档标准：**教学目标、维持标准和自然环境标准全部达标

目标列表

对教学目标的建议和试探结果

对教学目标的建议： 服务员：让顾客就坐，给菜单，拿菜单，记下顾客点的饮品，记下顾客点的菜品，上饮品和菜品，问是否还有其他需求，擦干净桌子 顾客：点饮品，点菜，用餐，要求续杯，谢谢服务生，结账，留下小费
试探结果（已掌握目标）：

目标	基线：辅助次数与类型	开始日期	达标日期	消退程序		
				维持阶段	自然环境下教学开始日期	归档日期
1. S^DA：目标 1：						
2. S^DA：目标 2：						
3. 目标 1 和 2：随机转换						
4. S^DA：目标 3：						
5. S^DA：目标 4：						
6. 已达成的目标：随机转换						
7. S^DA：目标 5：						
8. S^DA：目标 6：						
9. 已达成的目标：随机转换						
10. S^DB：目标 1：						
11. S^DB：目标 2：						
12. 已达成的目标：随机转换						
13. S^DB：目标 3：						
14. S^DB：目标 4：						
15. 已达成的目标：随机转换						

续表

目标	基线：辅助次数与类型	开始日期	达标日期	消退程序		
				维持阶段	自然环境下教学开始日期	归档日期
16. S^DB：目标 5：						
17. S^DB：目标 6：						
18. 已达成的目标：随机转换						
19. S^DC：目标 1：持续时间：1 分钟						
20. S^DC：目标 2：持续时间：3 分钟						
21. S^DC：目标 3：持续时间：5 分钟						
22. 不同环境下的技能泛化，环境 1：						
23. 不同环境下的技能泛化，环境 2：						
24. 维持阶段：目标在不同环境下进行评估				2W 1W M		

实施该任务分析的具体建议：

- 确保受训者已经掌握预备技能，包括掌握假扮游戏的任务分析（见本套教程第二分册）。
- 如果受训者在假扮游戏中有困难，那么你可以这样开始，给出指令“这样做”，或者你可以下指令说“假装……”（如“假装提供食品”）或“来扮演服务员和顾客”，让受训者多次模仿本教程第二分册假扮游戏任务分析中的行为链。一旦受训者掌握了模仿和假扮游戏的指令“这样做”，那么指令可以变回本任务分析所写的“我们来玩饭店游戏吧”。

骑自行车

等级：□1 □2 □3

S^D： 说“骑你的自行车”	**反应：** 受训者会穿戴护具，然后骑自行车
数据收集：辅助数据（辅助次数与类型）	**目标标准：**在2位训练师的交叉教学中连续3天零辅助作出正确反应
材料：自行车、头盔，以及强化物，可选材料：自行车螺母	

消退程序

维持标准：2W=连续4次零辅助完成技能；1W=零辅助连续4次正确反应；M=零辅助连续3次正确反应	**自然环境标准：**目标行为可在自然环境下泛化到3种新的自然发生的活动中	**归档标准：**教学目标、维持标准和自然环境标准全部达标

目标列表

目标	基线：辅助次数与类型	开始日期	达标日期	消退程序		
				维持阶段	自然环境下教学开始日期	归档日期
1. 目标1：骑车1米						
2. 目标2：骑车2米						
3. 目标3：骑车3米						
4. 目标4：至少骑3米并右转弯1次						
5. 目标5：骑车3米并右转弯2次（顺时针1圈）						
6. 目标6：至少骑3米并左转弯1次						
7. 目标7：骑3米并左转弯2次（逆时针1圈）						

续表

目标	基线：辅助次数与类型	开始日期	达标日期	消退程序		
				维持阶段	自然环境下教学开始日期	归档日期
8. 不同环境下的技能泛化，环境 1：						
9. 不同环境下的技能泛化，环境 2：						
10. 维持阶段：在不同环境下进行评估				2W 1W M		

实施该任务分析的具体建议：

- 确保受训者已经掌握预备技能，包括掌握接受一步指令、使用物品进行粗大动作模仿和基于 ABLLS-R 的粗大动作技能（见本套教程第一分册）。此外，受训者应该掌握从事运动的行为的相关技能，如蹬车、平衡和操纵。
- 在教授此项任务分析前，应回顾自行车的安全特性和骑自行车的规则（例如，在非机动车道上骑车）。

游泳：2 级

等级：□ 1 □ 2 □ 3

S^D： A. 给一个口头指令（例如“游泳”“拿游泳圈”“水中漂浮”） B. 给一个口头指令，这个指令需要长一点的时间来完成（例如“游泳 5 秒”） C. 给一个口头安全指令（例如“跳进水里”“利用梯子爬出水池”）	**反应：** A. 受训者能够完成指令 B. 受训者能够独立完成指令，并持续更长时间 C. 受训者能够完成指令
数据收集：S^DA：技能习得；S^DB 和 S^DC：辅助数据（辅助次数与类型）	**目标标准：**S^DA：在 2 位训练师的交叉教学中连续 3 天反应正确率达到 80% 或 80% 以上；S^DB 和 S^DC：在 2 位训练师的交叉教学中连续 3 天零辅助作出正确反应
材料：救生衣、梯子，以及强化物，可选材料：泳衣、护目镜，以及潜水镜	

消退程序

维持标准：2W= 连续 4 次零辅助完成技能；1W= 连续 4 次零辅助完成技能；M= 连续 3 次零辅助完成技能	**自然环境标准：**目标行为可在自然环境下泛化到 3 种新的自然发生的活动中	**归档标准：**教学目标、维持标准和自然环境标准全部达标

目标列表

对教学目标的建议和试探结果

对教学目标的建议： S^DA：浮水，拿游泳圈，向前浮动，水中漂浮，翻滚浮动，向前滑翔，向后浮动，向后滑翔，从后面往前面游，仰泳 S^DB：完全没入水中，屏住呼吸（5 秒），游泳 5 次，在水下睁开眼睛并观察水底的物体（在齐胸深的水中），向前浮动（5 秒），水中漂浮（5 秒），翻滚浮动（5 秒），向前滑翔（2 个身位），改变游泳的方向，使用手臂和腿的划水 15 秒（在肩膀深的水中），结合手臂和腿的动作向前滑翔 5 个身位 S^DC：走进或跳进水中（在肩膀深的水中），使用梯子出水，走到浅水处或走到侧面（在齐胸深的水中），安全待在水中，不仅仅是穿着救生服，要识别紧急情况，知道如何让打电话求助，烈日炎炎时不适宜去玩，游泳前认真考虑，保证自己不能沉下去，游不到终点就别下水
试探结果（已掌握目标）：

目标	基线：辅助次数与类型	开始日期	达标日期	消退程序		
				维持阶段	自然环境下教学开始日期	归档日期
1. S^DA：目标 1：						
2. S^DA：目标 2：						
3. 目标 1 和 2：随机转换						
4. S^DA：目标 3：						
5. S^DA：目标 4：						
6. 已达成的目标：随机转换						
7. S^DA：目标 5：						
8. S^DA：目标 6：						
9. 已达成的目标：随机转换						
10. S^DB：目标 1：						
11. S^DB：目标 2：						
12. 已达成的目标：随机转换						
13. S^DB：目标 3：						
14. S^DB：目标 4：						
15. 已达成的目标：随机转换						
16. S^DB：目标 5：						
17. S^DB：目标 6：						
18. 已达成的目标：随机转换						

续表

目标	基线：辅助次数与类型	开始日期	达标日期	消退程序		
				维持阶段	自然环境下教学开始日期	归档日期
19. S^DC：目标 1：						
20. S^DC：目标 2：						
21. 已达成的目标：随机转换						
22. S^DC：目标 3：						
23. S^DC：目标 4：						
24. 已达成的目标：随机转换						
25. S^DC：目标 5：						
26. S^DC：目标 6：						
27. 已达成的目标：随机转换						
28. 不同环境下的技能泛化，环境 1：						
29. 不同环境下的技能泛化，环境 2：						
30. 维持阶段：目标在不同环境下进行评估				2W 1W M		

实施该任务分析的具体建议：

- 确保受训者已经掌握预备技能，包括掌握“游泳：1 级”技能和接受两步指令（见本教程第二分册）。
- “游泳：2 级”中的教学目标可以同时进行。
- “游泳：2 级”的教学目标改编自美国红十字会关于如何学习游泳的建议。可紧接着本任务分析展开“游泳：3 级”（见本分册）。
- 最好在认证游泳教练或救生员的监督下进行教学。

游泳：3 级

等级：□ 1 □ 2 □ 3

S^D： A. 给一个口头指令（例如“海豚式打水”“浅打水”“上下打水”） B. 给一个口头指令，这个指令需要长一点的时间来完成（例如“上下打水游 10 米”） C. 给一个口头安全指令（例如“从一侧跳入泳池”）	**反应：** A. 受训者能够完成指令 B. 受训者能够独立完成指令，并持续更长一段时间 C. 受训者能够完成指令
数据收集：S^DA：技能习得；S^DB 和 S^DC：辅助数据（辅助次数与类型）	**目标标准：**S^DA：在 2 位训练师的交叉教学中连续 3 天反应正确率达到 80% 或 80% 以上；S^DB 和 S^DC：在 2 位训练师的交叉教学中连续 3 天零辅助作出正确反应
材料：救生衣、梯子，以及强化物，可选材料：泳衣、护目镜，以及潜水镜	

消退程序

维持标准：2W= 连续 4 次零辅助完成技能；1W= 连续 4 次零辅助完成技能；M= 连续 3 次零辅助完成技能	**自然环境标准：**目标行为可在自然环境下泛化到 3 种新的自然发生的活动中	**归档标准：**教学目标、维持标准和自然环境标准全部达标

目标列表

对教学目标的建议和试探结果

对教学目标的建议： S^DA：首先以坐姿从侧面入水（在至少 2.7 米深的水中），首先以跪姿从侧面入水（在至少 2.7 米深的水中），旋转呼吸，仰泳时从垂直姿势变成水平姿势（在深水中），海豚式打水，浅打水，上下打水 S^DB：摆动身体并安全地向前游 5 次（在齐胸深的水中），旋转呼吸 10 次，浮游 30 秒（在深水中），仰卧姿势 30 秒（在深水中），踩水 30 秒（在深水中），流线型姿势入水而后开始打水 3~5 个身位，流线型姿势入水而后开始海豚式打水 3~5 个身位，爬泳 15 米，初级仰泳 15 米，上下打水 10 米 S^DC：从边上跳进水中（在肩膀深的水中），游泳前认真考虑，保证自己不能沉下去，游不到终点就别下水，去附近有水或冰的地方玩要考虑清楚
试探结果（已掌握目标）：

目标	基线：辅助 次数与类型	开始日期	达标日期	消退程序		
				维持阶段	自然环境下教学 开始日期	归档日期
1. S^DA：目标 1：						
2. S^DA：目标 2：						
3. 目标 1 和 2：随机转换						
4. S^DA：目标 3：						
5. S^DA：目标 4：						
6. 已达成的目标：随机转换						
7. S^DA：目标 5：						
8. S^DA：目标 6：						
9. 已达成的目标：随机转换						
10. S^DB：目标 1：						
11. S^DB：目标 2：						
12. 已达成的目标：随机转换						
13. S^DB：目标 3：						
14. S^DB：目标 4：						
15. 已达成的目标：随机转换						
16. S^DB：目标 5：						
17. S^DB：目标 6：						

目标	基线：辅助次数与类型	开始日期	达标日期	消退程序		
				维持阶段	自然环境下教学开始日期	归档日期
18. 已达成的目标：随机转换						
19. S^DC：目标 1：						
20. S^DC：目标 2：						
21. 已达成的目标：随机转换						
22. S^DC：目标 3：						
23. S^DC：目标 4：						
24. 已达成的目标：随机转换						
25. S^DC：目标 5：						
26. S^DC：目标 6：						
27. 已达成的目标：随机转换						
28. 不同环境下的技能泛化，环境 1：						
29. 不同环境下的技能泛化，环境 2：						
30. 维持阶段：目标在不同环境下进行评估				2W 1W M		

实施该任务分析的具体建议：

- 确保受训者已经掌握预备技能，包括掌握“游泳：1 级”技能和接受两步指令（见本教程第二分册），以及“游泳：2 级”（见本分册）。
- “游泳：3 级”中的教学目标可以同时进行。
- “游泳：3 级”的教学目标改编自美国红十字会关于如何学习游泳的建议。
- 最好在认证游泳教练或救生员的监督下进行教学。

理解表情和肢体语言

等级：□ 1 □ 2 □ 3

S^D： 静音播放一段 60 秒的社会场景视频，然后问“这些人物在想什么，他们的感受如何”，待受训者推理场景之后，再放一遍有声音的同段视频，然后再问“这些人物在想什么，他们的感受如何”	**反应：** 受训者能通过这些人的面部表情、手势和非语言的表达推断这些人物的感受、他们的想法，以及他们之间的关系。看完重播后，受训者会比较前后给出的答案，确定哪个才是正确的
数据收集：技能习得	**目标标准：**在 2 位训练师的交叉教学中连续 3 天反应正确率达到 80% 或 80% 以上或者零辅助作出正确反应
材料：电视、视频剪辑、可以写下答案的写字板，以及强化物	

消退程序

维持标准：2W= 连续 4 次反应正确率 100%；1W= 连续 4 次反应正确率 100%；M= 连续 3 次反应正确率 100%	**自然环境标准：**目标行为可在自然环境下泛化到 3 种新的自然发生的活动中	**归档标准：**教学目标、维持标准和自然环境标准全部达标

目标列表

对教学目标的建议和试探结果

对教学目标的建议：适龄的电视节目和电影中展现出来的社会场景
试探结果（已掌握目标）：

目标	基线 %	开始日期	达标日期	消退程序		
				维持阶段	自然环境下教学开始日期	归档日期
1. 目标 1：						

续表

目标	基线 %	开始日期	达标日期	消退程序		
				维持阶段	自然环境下教学开始日期	归档日期
2. 目标 2：						
3. 已达成的目标：随机转换						
4. 目标 3：						
5. 目标 4：						
6. 已达成的目标：随机转换						
7. 目标 5：						
8. 目标 6：						
9. 已达成的目标：随机转换						
10. 目标 7：						
11. 目标 8：						
12. 已达成的目标：随机转换						
13. 目标 9：						
14. 目标 10：						
15. 已达成的目标：随机转换						
16. 不同环境下的技能泛化，环境 1：						

续表

目标	基线 %	开始日期	达标日期	消退程序		
				维持阶段	自然环境下教学开始日期	归档日期
17. 不同环境下的技能泛化，环境 2：						
18. 维持阶段：在不同环境下进行评估				2W 1W M		

实施该任务分析的具体建议：

- 一开始用受训者看过的电视进行教学以增加其兴趣和动力，然后可以选择未看过的情景喜剧，这样受训者在人物关系上没有任何参照。
- 可能需要一些时间来准备教授这项任务分析，训练师需要准备多个片段的社会场景进行教学。

电子赛车游戏

等级：□ 1 □ 2 □ 3

S^D： 说“我们来玩赛车游戏”，用逆向链接训练法	**反应：** 受训者将玩电子赛车游戏
数据收集：辅助数据（辅助次数与类型）	**目标标准：**在 2 位训练师的交叉教学中连续 3 天零辅助作出正确反应
材料：电视、任天堂视频游戏系统、任天堂遥控器、任天堂赛车游戏，以及强化物	

消退程序

维持标准：2W= 连续 4 次零辅助完成技能；1W= 连续 4 次零辅助完成技能；M= 连续 3 次零辅助完成技能	**自然环境标准：**目标行为可在自然环境下泛化到 3 种新的自然发生的活动中	**归档标准：**教学目标、维持标准和自然环境标准全部达标

目标列表

目标	基线：辅助的次数和类型	开始日期	达标日期	消退程序		
				维持阶段	自然环境下教学开始日期	归档日期
逆向链接式教学						
1. 目标 1：整个环节的最后一步：受训者关掉电视						
2. 目标 2：整个环节中的第十七步：受训者将关闭任天堂游戏系统						
3. 目标 3：整个环节中的第十六步：受训者将把游戏盒收起来						

续表

目标	基线：辅助的次数和类型	开始日期	达标日期	消退程序		
				维持阶段	自然环境下教学开始日期	归档日期
4. 目标 4：整个环节中的第十五步：受训者把游戏盘放在游戏盒里						
5. 目标 5：整个环节中的第十四步：受训者将从任天堂游戏系统中拿走游戏盘						
6. 目标 6：整个环节中的第十三步：受训者将在任天堂游戏系统中按弹射按钮						
7. 目标 7：整个环节中的第十二步：受训者将把遥控器放在一边						
8. 目标 8：整个环节中的第十一步：受训者将操控着屏幕直到游戏结束						
9. 目标 9：整个环节中的第十步：受训者将看电视屏幕，主要用遥控器，拇指按“看电视”钮，游戏运行中转动手腕						
10. 目标 10：整个环节中的第九步：受训者将看电视屏幕，主要用遥控器，拇指按“看电视”钮开始游戏						
11. 目标 11：整个环节中的第八步：受训者将看电视屏幕，主要用遥控器，拇指按“看电视”钮在屏幕里浏览赛车游戏						

续表

目标	基线：辅助的次数和类型	开始日期	达标日期	消退程序		
				维持阶段	自然环境下教学开始日期	归档日期
12. 目标 12：整个环节中的第七步：受训者将用惯用手拿着遥控器并缠在手腕上						
13. 目标 13：整个环节中的第六步：受训者将在任天堂游戏系统中插入磁盘						
14. 目标 14：整个环节中的第五步：受训者在磁盘中找到赛车游戏						
15. 目标 15：整个环节中的第四步：受训者打开赛车游戏						
16. 目标 16：整个环节中的第三步：受训者找到赛车游戏						
17. 目标 17：整个环节中的第二步：受训者打开游戏系统						
18. 目标 18：整个环节中的第一步：受训者打开电视						
19. 不同环境下的技能泛化，环境 1：						
20. 不同环境下的技能泛化，环境 2：						
21. 维持阶段：在不同环境下进行评估				2W 1W M		

实施该任务分析的具体建议：

- 确保受训者已经掌握预备技能，包括基于 ABLLS-R 的精细动作技能、使用物品进行精细动作模仿和接受一步指令（见本教程第一分册）。
- 这个程序的目的是教受训者怎么使用逆向链接玩电子赛车游戏，即任务分析采用相反的顺序（首先教最后一步）进行教学，直到受训者可以独立完成所有的步骤。因此，对于目标 1，除去最后一步由受训者自行完成，其他的步骤都由训练师给出辅助。对于目标 2，除去最后一步和第十七步由受训者自行完成，其他所有的步骤都由训练师给出辅助。对于目标 3，除去最后一步、第十七步和第十六步由受训者自行完成，其他教学目标都由训练师给出辅助。按照这个方式完成教学，直到受训者独立完成这个任务链接上的所有步骤。

看电视

等级：□ 1 □ 2 □ 3

S^D： 说“看电视”	**反应：** 受训者将会看电视，坐好，并在目标时间看电视
数据收集：辅助数据（辅助次数与类型）	**目标标准：**在 2 位训练师的交叉教学中连续 3 天零辅助作出正确反应
材料：喜欢或适龄的电视节目和电影、计时器，以及强化物	

消退程序

维持标准：2W= 连续 4 次零辅助完成技能；1W= 连续 4 次零辅助完成技能；M= 连续 3 次零辅助完成技能	**自然环境标准：**目标行为可在自然环境下泛化到 3 种新的自然发生的活动中	**归档标准：**教学目标、维持标准和自然环境标准全部达标

目标列表

目标	基线：辅助的次数和类型	开始日期	达标日期	消退程序		
				维持阶段	自然环境下教学开始日期	归档日期
1. 目标 1：3 分钟						
2. 目标 1：5 分钟						
3. 目标 1：7 分钟						
4. 目标 1：10 分钟						
5. 目标 1：15 分钟						
6. 目标 1：20 分钟						
7. 目标 1：30 分钟						

续表

目标	基线：辅助的次数和类型	开始日期	达标日期	消退程序		
				维持阶段	自然环境下教学开始日期	归档日期
8. 不同环境下的技能泛化，环境 1：						
9. 不同环境下的技能泛化，环境 2：						
10. 目标 2：3 分钟						
11. 目标 2：5 分钟						
12. 目标 2：7 分钟						
13. 目标 2：10 分钟						
14. 目标 2：15 分钟						
15. 目标 2：20 分钟						
16. 目标 2：30 分钟						
17. 不同环境下的技能泛化，环境 1：						
18. 不同环境下的技能泛化，环境 2：						
19. 目标 3：3 分钟						
20. 目标 3：5 分钟						
21. 目标 3：7 分钟						
22. 目标 3：10 分钟						

续表

目标	基线：辅助的次数和类型	开始日期	达标日期	消退程序		
				维持阶段	自然环境下教学开始日期	归档日期
23. 目标 3：15 分钟						
24. 目标 3：20 分钟						
25. 目标 3：25 分钟						
26. 不同环境下的技能泛化，环境 1：						
27. 不同环境下的技能泛化，环境 2：						
28. 维持阶段：在不同环境下进行评估				2W 1W M		

实施该任务分析的具体建议：

- 确保受训者已经掌握预备技能，包括掌握参与技能、接受一步指令和玩电子玩具（见本教程第一分册）。
- 当教授受训者观看不喜欢的电视节目或电影时，将不喜欢的电视节目与喜欢的电视节目进行配对（例如，如果目标是 3 分钟，在受训者观看喜欢的节目 2 分钟后紧接着播放 1 分钟不喜欢的节目）。这个过程也可以用于教授受训者观看适合孩子年龄的节目这一项目。
- 顺便提一句，通过此项任务分析受训者可以学会操作电视 /DVD 播放器 /DVR。

第 15 章

行为和情绪管理技能的任务分析

- 在学校环境中接受否定的回答
- 大问题与小问题
- 展示各种情绪
- 适当行为与不当行为
- 安全行为与危险行为
- 常识故事与行为指导卡
- 考虑自己与考虑他人
- 忍受预料不到的变化
- 从喜欢的活动过渡到不喜欢的活动

在学校环境中接受否定的回答

等级：□ 1 □ 2 □ 3

S^D： 设计一种情况，受训者必须接受“不”或者接受另一个选项（例如，受训者想要使用计算机，但没有一台是可以用的）	**反应：** 受训者接受“不”直到答案变为肯定，或者接受另一个选项（例如，受训者选择等待，直到有一台电脑可用）
数据收集：技能习得	**目标标准：**在 2 位训练师的交叉教学中连续 3 天反应正确率达到 80% 或 80% 以上
材料：强化物	

消退程序

维持标准：2W= 连续 4 次反应正确率 100%；1W= 连续 4 次反应正确率 100%；M= 连续 3 次反应正确率 100%	**自然环境标准：**目标行为可在自然环境下泛化到 3 种新的自然发生的活动中	**归档标准：**教学目标、维持标准和自然环境标准全部达标

目标列表

对教学目标的建议和试探结果

对教学目标的建议：受训者不能使用或玩耍某物，因为另一受训者正在使用或者因为时间不允许；受训者想要玩某个游戏，但游戏已经结束，或要等到下一轮；受训者想要得到某物（例如食物、学校提供的玩具等），但已经没有了；受训者想要离开教室去拿某个东西（例如，一杯水，从自己的储物柜里拿东西），但不被老师允许；需要粘贴东西，但在伙伴中间只有一瓶胶水，小伙伴正在使用胶水
试探结果（已掌握目标）：

目标	基线 %	开始日期	达标日期	消退程序		
				维持阶段	自然环境下教学开始日期	归档日期
1. 目标 1：						

续表

目标	基线 %	开始日期	达标日期	消退程序		
				维持阶段	自然环境下教学开始日期	归档日期
2. 目标 2：						
3. 目标 3：						
4. 目标 4：						
5. 目标 5：						
6. 目标 6：						
7. 不同环境下的技能泛化，环境 1：						
8. 不同环境下的技能泛化，环境 2：						
9. 维持阶段：在不同环境下进行评估				2W 1W M		

大问题与小问题

等级：□ 1 □ 2 □ 3

S^D： A. 展示给受训者 3 张卡片，然后说“指出大 / 小问题”或者“给我大 / 小问题” B. 给受训者两类照片，描述“大”和“小”问题，再给受训者 5~10 张卡片，让受训者进行分类，分出大问题和小问题（例如，龙卷风和吃不到你想要吃的食物的照片） C. “一个大 / 小的问题是……”或“（大 / 小问题的定义）是一个……” D. “说出 5 个大 / 小问题” E. 给出一个社会场景，并问受训者“这是大问题还是小问题”和“为什么”	**反应：** A. 受训者能够指出或给出正确的图片 B. 受训者能够正确分类 C. 受训者能够在空白地方填写大 / 小问题的定义或说明这个问题是大问题还是小问题 D. 受训者能够说出 5 种大 / 小问题 E. 受训者能够正确说出是大问题还是小问题，并能够说出为什么
数据收集：S^DA，S^DC，S^DD，S^DE：技能习得 S^DB：辅助数据（辅助次数与类型）	**目标标准：**S^DA，S^DC，S^DD，S^DE：在 2 位训练师的交叉教学中连续 3 天反应正确率达到 80% 或 80% 以上；S^DB：在 2 位训练师的交叉教学中连续 3 天零辅助作出正确反应
材料：图片、大 / 小问题的定义、社会场景，以及强化物（图片可于附赠的 CD 中获取）	

消退程序

维持标准：2W= 连续 4 次零辅助完成技能；1W= 连续 4 次零辅助完成技能；M= 连续 3 次零辅助完成技能	**自然环境标准：**目标行为可在自然环境下泛化到 3 种新的自然发生的活动中	**归档标准：**教学目标、维持标准和自然环境标准全部达标

目标列表

对教学目标的建议和试探结果

对教学目标的建议： 大问题：龙卷风，住院，海啸，车祸，房屋倒塌，无家可归，恐怖分子袭击，干旱，战争等 小问题：没有得到想要的食物、座位，输掉一场比赛，被拒绝，票卖完了，超时，弄脏衣服，看病，年度体检，下雨，路远，在课堂上没得到老师点名，醒来晚了，东西洒了 S^DE 的目标建议请参见附赠的 DVD
试探结果（已掌握目标）：

目标	基线：辅助次数与类型	开始日期	达标日期	消退程序		
				维持阶段	自然环境下教学开始日期	归档日期
1. S^D A：目标 1（FO3/ 目标和 2 个干扰项）：						
2. S^D A：目标 2（FO3/ 目标和 2 个干扰项）：						
3. 已达成的目标：随机转换						
4. S^D A：目标 3（FO3/ 目标和 2 个干扰项）：						
5. S^D A：目标 4（FO3/ 目标和 2 个干扰项）：						
6. 已达成的目标：随机转换						
7. S^D A：目标 5（FO3/ 目标和 2 个干扰项）：						
8. S^D A：目标 6（FO3/ 目标和 2 个干扰项）：						
9. 已达成的目标：随机转换						
10. S^D A：目标 7（FO3/ 目标和 2 个干扰项）：						
11. S^D A：目标 8（FO3/ 目标和 2 个干扰项）：						
12. 已达成的目标：随机转换						
13. S^D A：目标 9（FO3/ 目标和 2 个干扰项）：						
14. S^D A：目标 10（FO3/ 目标和 2 个干扰项）：						
15. 已达成的目标：随机转换						

续表

目标	基线：辅助次数与类型	开始日期	达标日期	消退程序		
				维持阶段	自然环境下教学开始日期	归档日期
16. 不同环境下的技能泛化，环境 1：						
17. 不同环境下的技能泛化，环境 2：						
18. S^D B：目标 1 和 2：两类卡片，每类给出 5 张卡片的分类						
19. S^D B：目标 1 和 2：两类卡片，每类给出 10 张卡片的分类						
20. 不同环境下的技能泛化，环境 1：						
21. 不同环境下的技能泛化，环境 2：						
22. S^D C：目标 1：大问题						
23. S^D C：目标 2：小问题						
24. 不同环境下的技能泛化，环境 1：						
25. 不同环境下的技能泛化，环境 2：						
26. S^DD：目标 1：大问题						
27. S^DD：目标 2：小问题						
28. 不同环境下的技能泛化，环境 1：						

续表

目标	基线：辅助次数与类型	开始日期	达标日期	消退程序		
				维持阶段	自然环境下教学开始日期	归档日期
29. 不同环境下的技能泛化，环境 2：						
30. S^DE：目标 1：						
31. S^DE：目标 2：						
32. S^DE：已达成的目标：随机转换						
33. S^DE：目标 3：						
34. S^DE：目标 4：						
35. S^DE：已达成的目标：随机转换						
36. S^DE：目标 5：						
37. S^DE：目标 6：						
38. S^DE：已达成的目标：随机转换						
39. S^DE：目标 7：						
40. S^DE：目标 8：						
41. S^DE：已达成的目标：随机转换						
42. S^DE：目标 9：						

续表

目标	基线：辅助次数与类型	开始日期	达标日期	消退程序		
				维持阶段	自然环境下教学开始日期	归档日期
43. S^DE：目标 10：						
44. S^DE：已达成的目标：随机转换						
45. 不同环境下的技能泛化，环境 1：						
46. 不同环境下的技能泛化，环境 2：						
47. 维持阶段：在不同环境下进行评估				2W 1W M		

实施该任务分析的具体建议：

- 确保受训者已经掌握预备技能，包括掌握本套教程第一分册下所列的分类技能，回答关于“什么”的问题和社交问题（见本套教程第二分册）。
- 大问题与小问题的概念来自 Michelle Garcia Winner 的社会思想课程（Social Thinking Curriculum，2006）。
- 对于 S^DC，一个大问题的定义包括：①问题影响超过 2 位受训者；②需要用 1 天以上的时间来解决；③没有一个简单或快速的解决方案。一个小问题的定义包括：①问题影响到 1 或 2 位受训者；②只需要几分钟来解决；③可以找到许多解决方案来解决这个问题（Winner 2006）。
- 对于自然环境教学，可以观看大小问题的视频剪辑，问受训者这个场景描绘了大问题还是小问题，以及为什么。

展示各种情绪

等级：□ 1 □ 2 □ 3

S^D： 说“展示……的表情”（例如“给我看吃惊的表情”）	**反应**： 受训者能够独立表现出相应表情
数据收集：技能习得	**目标标准**：在 2 位训练师的交叉教学中连续 3 天反应正确率达到 80% 或 80% 以上
材料：受训者的情绪照片、镜子，以及强化物	

消退程序

维持标准：2W= 连续 4 次反应正确率 100%；1W= 连续 4 次反应正确率 100%；M= 连续 3 次反应正确率 100%	**自然环境标准**：目标行为可在自然环境下泛化到 3 种新的自然发生的活动中	**归档标准**：教学目标、维持标准和自然环境标准全部达标

目标列表

对教学目标的建议和试探结果

对教学目标的建议：快乐，悲伤，惊讶，疲惫，愤怒，焦虑 / 紧张，沮丧，尴尬，兴奋，无聊，担心，困惑，骄傲等
试探结果（已掌握目标）：

目标	基线 %	开始日期	达标日期	消退程序		
				维持阶段	自然环境下教学开始日期	归档日期
1. 目标 1：						
2. 目标 2：						

续表

目标	基线 %	开始日期	达标日期	消退程序		
				维持阶段	自然环境下教学开始日期	归档日期
3. 已达成的目标：随机转换						
4. 目标 3：						
5. 目标 4：						
6. 已达成的目标：随机转换						
7. 目标 5：						
8. 目标 6：						
9. 已达成的目标：随机转换						
10. 目标 7：						
11. 目标 8：						
12. 已达成的目标：随机转换						
13. 目标 9：						
14. 目标 10：						
15. 已达成的目标：随机转换						
16. 不同环境下的技能泛化，环境 1：						

续表

目标	基线 %	开始日期	达标日期	消退程序		
				维持阶段	自然环境下教学开始日期	归档日期
17. 不同环境下的技能泛化，环境 2：						
18. 维持阶段：在不同环境下进行评估				2W 1W M		

实施该任务分析的具体建议：

- 确保受训者已经掌握预备技能，包括掌握关于情感的接受性和表达性语言技能（见本套教程第二分册列出的任务分析）。
- 使用这个任务分析是教授受训者各种情感以及情感是如何表达的，理解情绪是情绪管理的先决条件。
- 展示受训者照片（视觉辅助）、使用镜子来观察情绪可以作为教学的策略。

适当行为与不当行为

等级：□ 1 □ 2 □ 3

S^D： A. 展示给受训者 3 张卡片，然后说“指出适当 / 不当行为”或者“给我适当 / 不当行为” B. 给受训者两类照片，描述适当行为和不当行为，每类给受训者 5~10 张卡片，让受训者进行分类，分出适当行为和不当行为（例如，一受训者在课堂上举手，一受训者在课堂上说话） C. “适当 / 不当的行为是……”或“（适当 / 不当行为的定义）是一个……” D. “说出 5 种适当 / 不当行为” E. 给出一个社会场景，并问受训者“这是适当还是不当行为”和“为什么”，如果该行为是不当行为，就问“应该用哪个适当行为”	**反应：** A. 受训者能够指出正确的图片 B. 受训者能够正确分类 C. 受训者能够在空白地方填写适当和不当行为的定义，或说出这个行为是适当的还是不当的 D. 受训者能够说出 5 种适当 / 不当的行为 E. 受训者能够正确识别社会场景中的行为是适当或不当行为并说明原因。如果该行为是不当的，受训者能够说出什么是适当行为
数据收集：S^DA，S^DC，S^DD，S^DE：技能习得；S^DB：辅助数据（辅助次数与类型）	**目标标准：**S^DA，S^DC，S^DD，S^DE：在 2 位训练师的交叉教学中连续 3 天反应正确率达到 80% 或 80% 以上；S^DB：在 2 位训练师的交叉教学中连续 3 天零辅助作出正确反应
材料：用于命名和分类的图片、适当 / 不当行为的定义、社会场景，以及强化物（图片可于附赠的 CD 中获取）	

消退程序

维持标准：2W= 连续 4 次反应正确率 100%；1W= 连续 4 次反应正确率 100%；M= 连续 3 次反应正确率 100%	**自然环境标准：**目标行为可在自然环境下泛化到 3 种新的自然发生的活动中	**归档标准：**教学目标、维持标准和自然环境标准全部达标

目标列表

对教学目标的建议和试探结果

对教学目标的建议： 适当行为：在课堂上举手，分享，保持一致，清理垃圾，打招呼（如挥手、握手），帮助别人，坐好，使用叉子吃饭，一起洗手，一起愉快玩耍等 不当行为：大喊大叫，争抢玩具，把周围弄得一团糟，打架 / 伤害别人，吃手 / 脸，不洗手，取笑别人，争论，充耳不闻，违反规则 / 法律 S^DE 的目标建议请参见附赠的 DVD
试探结果（已掌握目标）：

目标	基线：辅助次数与类型	开始日期	达标日期	消退程序		
				维持阶段	自然环境下教学开始日期	归档日期
1. S^D A：目标 1（FO3/ 目标和 2 个干扰项）：						
2. S^D A：目标 2（FO3/ 目标和 2 个干扰项）：						
3. 已达成的目标：随机转换						
4. S^D A：目标 3（FO3/ 目标和 2 个干扰项）：						
5. S^D A：目标 4（FO3/ 目标和 2 个干扰项）：						
6. 已达成的目标：随机转换						
7. S^D A：目标 5（FO3/ 目标和 2 个干扰项）：						
8. S^D A：目标 6（FO3/ 目标和 2 个干扰项）：						
9. 已达成的目标：随机转换						
10. S^D A：目标 7（FO3/ 目标和 2 个干扰项）：						
11. S^D A：目标 8（FO3/ 目标和 2 个干扰项）：						
12. 已达成的目标：随机转换						
13. S^D A：目标 9（FO3/ 目标和 2 个干扰项）：						
14. S^D A：目标 10（FO3/ 目标和 2 个干扰项）：						
15. 已达成的目标：随机转换						

续表

目标	基线：辅助次数与类型	开始日期	达标日期	消退程序		
				维持阶段	自然环境下教学开始日期	归档日期
16. 不同环境下的技能泛化，环境 1：						
17. 不同环境下的技能泛化，环境 2：						
18. S^D B：目标 1 和 2：两类卡片，每类给出 5 张卡片的分类						
19. S^D B：目标 1 和 2：两类卡片，每类给出 10 张卡片的分类						
20. 不同环境下的技能泛化，环境 1：						
21. 不同环境下的技能泛化，环境 2：						
22. S^D C：目标 1：大问题						
23. S^D C：目标 2：小问题						
24. 不同环境下的技能泛化，环境 1：						
25. 不同环境下的技能泛化，环境 2：						
26. S^D D：目标 1：大问题						
27. S^D D：目标 2：小问题						
28. 不同环境下的技能泛化，环境 1：						

续表

目标	基线：辅助次数与类型	开始日期	达标日期	消退程序		
				维持阶段	自然环境下教学开始日期	归档日期
29. 不同环境下的技能泛化，环境 2：						
30. S^D E：目标 1：						
31. S^D E：目标 2：						
32. S^D E：已达成的目标：随机转换						
33. S^D E：目标 3：						
34. S^D E：目标 4：						
35. S^D E：已达成的目标：随机转换						
36. S^D E：目标 5：						
37. S^D E：目标 6：						
38. S^D E：已达成的目标：随机转换						
39. S^D E：目标 7：						
40. S^D E：目标 8：						
41. S^D E：已达成的目标：随机转换						
42. S^D E：目标 9：						

续表

目标	基线：辅助次数与类型	开始日期	达标日期	消退程序		
				维持阶段	自然环境下教学开始日期	归档日期
43. S^D E：目标 10：						
44. S^D E：已达成的目标：随机转换						
45. 不同环境下的技能泛化，环境 1：						
46. 不同环境下的技能泛化，环境 2：						
47. 维持阶段：在不同环境下进行评估				2W 1W M		

实施该任务分析的具体建议：

- 确保受训者已经掌握预备技能，包括掌握本套教程第一分册中所列的分类技能，回答关于“什么”的问题和社交问题（见本套教程第二分册）。
- 适当行为与不当行为的概念来自 Michelle Garcia Winner 的社会思想课程（Social Thinking Curriculum，2006）。
- 对于自然环境教学，你可以观看适当行为与不当行为的视频剪辑，问受训者这个场景描绘的是适当行为还是不当行为，以及为什么。

安全行为与危险行为

等级：□ 1 □ 2 □ 3

S^D： A. 展示给受训者 3 张卡片，然后说“指出安全 / 危险行为”或者“给我安全 / 危险行为 B. 给受训者两类照片，描述安全行为和危险行为，每类给受训者 5~10 张卡片，让受训者进行分类，分出安全行为和危险行为（例如，马路对面一个单独跑的受训者和受训者牵着父母手过马路的图片） C.“安全 / 危险行为是……”或“（安全 / 危险行为定义）是一个……” D.“说出 5 种安全 / 危险行为” E. 给出一个社会场景，并问受训者“这是安全还是危险行为”和“为什么”，如果该行为是危险行为，就问“怎么做是安全行为”	**反应：** A. 受训者能够指出正确的图片 B. 受训者能够正确分类 C. 受训者能够在空白地方填写安全和危险行为的定义或说这个行为是安全的还是危险的 D. 受训者能够说出 5 种安全 / 危险的行为 E. 受训者能够正确识别行为的社会场景是安全或危险行为并说明原因。如果该行为是危险的，受训者能够说出怎么做是安全的
数据收集：S^DA，S^DC，S^DD，S^DE：技能习得；S^DB：辅助数据（辅助次数与类型）	**目标标准：**S^DA，S^DC，S^DD，S^DE：在 2 位训练师的交叉教学中连续 3 天反应正确率达到 80% 或 80% 以上；S^DB：在 2 位训练师的交叉教学中连续 3 天零辅助作出正确反应
材料：图片标签 / 排序、安全 / 危险行为的定义、社会场景，以及强化物（图片可于附赠的 DVD 中获取）	

消退程序

维持标准：2W= 连续 4 次零辅助完成技能；1W= 连续 4 次零辅助完成技能；M= 连续 3 次零辅助完成技能	**自然环境标准：**目标行为可在自然环境下泛化到 3 种新的自然发生的活动中	**归档标准：**教学目标、维持标准和自然环境标准全部达标

目标列表

对教学目标的建议和试探结果

对教学目标的建议： 安全行为：过马路前左右观察，上下楼梯有秩序，戴安全装置（如自行车头盔），系安全带，在冬天穿合适的衣服，远离火炉站着，与成年人一起走在人群中过马路，远离野生动物，紧随安全标志，群居 危险行为：接近陌生人，接近陌生的狗，玩危险物品（如小刀），在无监督或禁止游泳的地方游泳，站在火炉或火的旁边，独自出门，横穿车流很多的大街，不使用安全装置，爬高，吃来历不明的食物 S^DE 的目标建议请参见附赠的 DVD
试探结果（已掌握目标）：

目标	基线：辅助次数及类型	开始日期	达标日期	消退程序		
				维持阶段	自然环境下教学开始日期	归档日期
1. S^D A：目标 1（FO3/ 目标和 2 个干扰项）：						
2. S^D A：目标 2（FO3/ 目标和 2 个干扰项）：						
3. 已达成的目标：随机转换						
4. S^D A：目标 3（FO3/ 目标和 2 个干扰项）：						
5. S^D A：目标 4（FO3/ 目标和 2 个干扰项）：						
6. 已达成的目标：随机转换						
7. S^D A：目标 5（FO3/ 目标和 2 个干扰项）：						
8. S^D A：目标 6（FO3/ 目标和 2 个干扰项）：						
9. 已达成的目标：随机转换						
10. S^D A：目标 7（FO3/ 目标和 2 个干扰项）：						
11. S^D A：目标 8（FO3/ 目标和 2 个干扰项）：						
12. 已达成的目标：随机转换						
13. S^D A：目标 9（FO3/ 目标和 2 个干扰项）：						
14. S^D A：目标 10（FO3/ 目标和 2 个干扰项）：						
15. 已达成的目标：随机转换						

续表

目标	基线：辅助次数及类型	开始日期	达标日期	消退程序		
				维持阶段	自然环境下教学开始日期	归档日期
16. 不同环境下的技能泛化，环境 1：						
17. 不同环境下的技能泛化，环境 2：						
18. S^D B：目标 1 和 2：两类卡片，每类给出 5 张卡片分类						
19. S^D B：目标 1 和 2：两类卡片，每类给出 10 张卡片分类						
20. 不同环境下的技能泛化，环境 1：						
21. 不同环境下的技能泛化，环境 2：						
22. S^D C：目标 1：大问题						
23. S^D C：目标 2：小问题						
24. 不同环境下的技能泛化，环境 1：						
25. 不同环境下的技能泛化，环境 2：						
26. S^D D：目标 1：大问题						
27. S^D D：目标 2：小问题						
28. 不同环境下的技能泛化，环境 1：						

续表

目标	基线：辅助次数及类型	开始日期	达标日期	消退程序		
				维持阶段	自然环境下教学开始日期	归档日期
29. 不同环境下的技能泛化，环境2：						
30. S^D E：目标1：						
31. S^D E：目标2：						
32. S^D E：已达成的目标：随机转换						
33. S^D E：目标3：						
34. S^D E：目标4：						
35. S^D E：已达成的目标：随机转换						
36. S^D E：目标5：						
37. S^D E：目标6：						
38. S^D E：已达成的目标：随机转换						
39. S^D E：目标7：						
40. S^D E：目标8：						
41. S^D E：已达成的目标：随机转换						
42. S^D E：目标9：						

续表

目标	基线：辅助次数及类型	开始日期	达标日期	消退程序		
				维持阶段	自然环境下教学开始日期	归档日期
43. S^D E：目标 10：						
44. S^D E：已达成的目标：随机转换						
45. 不同环境下的技能泛化，环境 1：						
46. 不同环境下的技能泛化，环境 2：						
47. 维持阶段：在不同环境下进行评估				2W 1W M		

实施该任务分析的具体建议：

- 确保受训者已经掌握预备技能，包括掌握本套教程第一分册中的分类技能，以及回答关于“什么”的问题和社交问题（见本套教程第二分册）。
- 对于自然环境教学，你可以观看安全行为与危险行为的视频剪辑，问受训者这个场景描绘的是安全行为还是危险行为，以及为什么。

常识故事与行为指导卡

等级：□ 1 □ 2 □ 3

S^D：	反应：
A. 向受训者展示常识故事或行为指导卡，给他们讲解其中的行为，然后提问 5 个理解性问题 B. 向受训者讲解行为指导卡或常识故事，并让受训者在空白处填空（每个空白处填 1 个词） C. 向受训者讲解行为指导卡或常识故事，并让受训者在空白处填上适当的词语或句子（每个空白处填 1 个以上的词）	A. 受训者能够回答出 5 个问题 B. 受训者能够正确填空 C. 受训者能够正确填写词语或句子
数据收集：辅助数据（辅助次数与类型）	**目标标准：**在 2 位训练师的交叉教学中连续 3 天零辅助作出正确反应
材料：常识故事 / 行为指导卡和强化物	

消退程序

维持标准：2W= 连续 4 次零辅助完成技能；1W= 连续 4 次零辅助完成技能；M= 连续 3 次零辅助完成技能	**自然环境标准：**目标行为可在自然环境下泛化到 3 种新的自然发生的活动中	**归档标准：**教学目标、维持标准和自然环境标准全部达标

目标列表

对教学目标的建议和试探结果

对教学目标的建议：故事或卡片，代表不同的主题，如受训者的兴趣、谈话、规则、新的地方、玩、导致焦虑的事物（如风暴）
试探结果（已掌握目标）：

目标	基线：辅助次数与类型	开始日期	达标日期	消退程序		
				维持阶段	自然环境下教学开始日期	归档日期
1. S^D A：目标 1：						

续表

目标	基线：辅助次数与类型	开始日期	达标日期	消退程序		
				维持阶段	自然环境下教学开始日期	归档日期
2. S^D A：目标 2：						
3. 目标 1 和 2：随机转换						
4. S^D A：目标 3：						
5. S^D A：目标 4：						
6. 已达成的目标：随机转换						
7. S^D A：目标 5：						
8. S^D A：目标 6：						
9. 已达成的目标：随机转换						
10. S^D B：目标 1：						
11. S^D B：目标 2：						
12. 已达成的目标：随机转换						
13. S^D B：目标 3：						
14. S^D B：目标 4：						
15. 已达成的目标：随机转换						

续表

目标	基线：辅助次数与类型	开始日期	达标日期	消退程序		
				维持阶段	自然环境下教学开始日期	归档日期
16. S^D B：目标 5：						
17. S^D B：目标 6：						
18. 已达成的目标：随机转换						
19. S^D C：目标 1：						
20. S^D C：目标 2：						
21. 已达成的目标：随机转换						
22. S^D C：目标 3：						
23. S^D C：目标 4：						
24. 已达成的目标：随机转换						
25. S^D C：目标 5：						
26. S^D C：目标 6：						
27. 已达成的目标：随机转换						
28. 不同环境下的技能泛化，环境 1：						
29. 不同环境下的技能泛化，环境 2：						
30. 维持阶段：在不同环境下进行评估				2W 1W M		

实施该任务分析的具体建议：

- 确保受训者已经掌握预备技能，包括回答关于“什么”“何处”“何时”“哪一个”和“谁”的问题（见本套教程第二分册所列出的任务分析），以及“为什么”和“如何”的问题（见本册所列出的任务分析）。
- 建议最初的目标是积极且不产生焦虑的，如受训者当天做得很好的事情。这将帮助教授技巧和构建行为的动力。
- 这个任务分析用来教授受训者如何使用常识故事（Social Stories™, Grey 2010）和行为指导卡（Power Cards, Gagnon 2001）。这个任务分析的目的并不是替换与这两个工具相关的手册，也不是要评估这两个工具的有效性，而是教受训者如何使用这些工具。

考虑自己与考虑他人

等级：□ 1 □ 2 □ 3

S^D：	反应：
A. 展示给受训者 3 张各个领域的卡片，然后说“指出考虑自己 / 考虑他人的行为” B. 给受训者两个领域的照片，描述“考虑自己”和“考虑他人”的行为，而后给受训者 5~10 张卡片，让受训者进行分类，分出考虑自己和考虑他人的行为（如，受训者囤积所有的饼干的照片和与大家分享饼干的照片） C. “考虑自己 / 考虑他人行为是……”或“（考虑自己 / 考虑他人行为定义）是一个……” D. “说出 5 种考虑自己 / 考虑他人的行为” E. 给出一个社会场景，并问受训者“这是考虑自己还是考虑他人的行为”和“为什么”，如果该行为是考虑自己的行为，就问“怎么做是考虑别人的行为”	A. 受训者能够指出正确的图片 B. 受训者能够正确分类 C. 受训者能够在空白地方填写考虑自己 / 考虑他人行为的定义或说这个行为是考虑自己还是考虑他人 D. 受训者能够说出五种属于指定类别的行为 E. 受训者能够正确识别行为的社会场景是考虑自己还是考虑他人的行为并说明原因。如果该行为是考虑自己的，受训者能够说出怎么做是考虑他人的
数据收集：S^DA，S^DC，S^DD，S^DE：技能习得；S^DB：辅助数据（辅助次数与类型）	**目标标准：**S^DA，S^DC，S^DD，S^DE：在 2 位训练师的交叉教学中连续 3 天反应正确率达到 80% 或 80% 以上；S^DB：在 2 位训练师的交叉教学中连续 3 天零辅助作出正确反应
材料：用于命名 / 分类的图片、考虑自己 / 考虑他人行为定义、社会场景，以及强化物（图片可于附赠的 DVD 中获取）	

消退程序

维持标准	自然环境标准	归档标准
维持标准：2W= 连续 4 次零辅助完成技能；1W= 连续 4 次零辅助完成技能；M= 连续 3 次零辅助完成技能	**自然环境标准：**目标行为可在自然环境下泛化到 3 种新的自然发生的活动中	**归档标准：**教学目标、维持标准和自然环境标准全部达标

目标列表

对教学目标的建议和试探结果

对教学目标的建议： 考虑自己行为：只为自己而做事，对他人做鬼脸，传播流言蜚语，冲别人大喊大叫，打扰别人，在课堂上打扰别人，抢占他人的位置，抢占东西（如座椅、停车位），打断他人讲话，无视他人的求助等 考虑他人行为：帮助和照顾别人，分享 / 给予东西，给予礼物 / 卡，帮助某人，捡东西，拥抱，社区服务，团队合作 / 体育精神，敞开大门，等待轮到自己 S^DE 的目标建议请参见附赠的 DVD
试探结果（已掌握目标）：

目标	基线：辅助次数与类型	开始日期	达标日期	消退程序		
				维持阶段	自然环境下教学开始日期	归档日期
1. S^DA：目标 1（FO3/ 目标和 2 个干扰项）：						
2. S^DA：目标 2（FO3/ 目标和 2 个干扰项）：						
3. 已达成的目标：随机转换						
4. S^DA：目标 3（FO3/ 目标和 2 个干扰项）：						
5. S^DA：目标 4（FO3/ 目标和 2 个干扰项）：						
6. 已达成的目标：随机转换						
7. S^DA：目标 5（FO3/ 目标和 2 个干扰项）：						
8. S^DA：目标 6（FO3/ 目标和 2 个干扰项）：						
9. 已达成的目标：随机转换						
10. S^DA：目标 7（FO3/ 目标和 2 个干扰项）：						
11. S^DA：目标 8（FO3/ 目标和 2 个干扰项）：						
12. 已达成的目标：随机转换						
13. S^DA：目标 9（FO3/ 目标和 2 个干扰项）：						
14. S^DA：目标 10（FO3/ 目标和 2 个干扰项）：						
15. 已达成的目标：随机转换						

续表

目标	基线：辅助次数与类型	开始日期	达标日期	消退程序		
				维持阶段	自然环境下教学开始日期	归档日期
16. 不同环境下的技能泛化，环境 1：						
17. 不同环境下的技能泛化，环境 2：						
18. S^DB：目标 1 和 2：两类卡片，每类给出 5 张卡片分类						
19. S^DB：目标 1 和 2：两类卡片，每类给出 10 张卡片分类						
20. 不同环境下的技能泛化，环境 1：						
21. 不同环境下的技能泛化，环境 2：						
22. S^DC：目标 1：考虑自己						
23. S^DC：目标 2：考虑他人						
24. 不同环境下的技能泛化，环境 1：						
25. 不同环境下的技能泛化，环境 2：						
26. S^DD：目标 1：考虑自己						
27. S^DD：目标 2：考虑他人						
28. 不同环境下的技能泛化，环境 1：						

续表

目标	基线：辅助次数与类型	开始日期	达标日期	消退程序		
				维持阶段	自然环境下教学开始日期	归档日期
29. 不同环境下的技能泛化，环境 2：						
30. S^DE：目标 1：						
31. S^DE：目标 2：						
32. S^DE：已达成的目标：随机转换						
33. S^DE：目标 3：						
34. S^DE：目标 4：						
35. S^DE：已达成的目标：随机转换						
36. S^DE：目标 5：						
37. S^DE：目标 6：						
38. S^DE：已达成的目标：随机转换						
39. S^DE：目标 7：						
40. S^DE：目标 8：						
41. S^DE：已达成的目标：随机转换						
42. S^DE：目标 9：						

续表

目标	基线：辅助次数与类型	开始日期	达标日期	消退程序		
				维持阶段	自然环境下教学开始日期	归档日期
43. S^DE：目标 10：						
44. S^DE：已达成的目标：随机转换						
45. 不同环境下的技能泛化，环境 1：						
46. 不同环境下的技能泛化，环境 2：						
47. 维持阶段：目标在不同环境下进行评估				2W 1W M		

实施该任务分析的具体建议：

- 确保受训者已经掌握预备技能，包括掌握本套教程第一册所列的分类技能，以及回答关于“什么”的问题和社交问题（见本套教程第二分册）。
- 考虑自己与考虑他人使用概念来自 Michelle Garcia Winner 的社会思想课程（Social Thinking Curriculum，2006）。
- 对于 S^DC，考虑自己的定义包括：①思考和行为主要在“自己”想做的事情；②确实让自己感觉很快乐；③可能表现专横，告诉别人该做什么。考虑他人的定义包括：①为他人着想；②站在他人的立场看事情；③对他人的话很重视；④注重他人谈论的话题；⑤是合作的；⑥做事情让别人快乐和感觉良好（Winner 2006）。
- 对于自然环境教学，你可以观看考虑自己和考虑他人的视频剪辑，问受训者这个场景描绘了一个考虑自己的行为还是考虑他人的行为，以及为什么。

忍受预料不到的变化

等级：□ 1 □ 2 □ 3

S^D： 设计一种情景，然后对受训者说“由于计划有变，现在我们____”（例如，在离开之前对受训者说“由于计划有变，我们还要在这里待 2 分钟”	**反应：** 受训者将忍受这一变化
数据收集：辅助数据（辅助次数与类型）	**目标标准：**在 2 位训练师的交叉教学中连续 3 天零辅助作出正确反应
材料：强化物	

消退程序

维持标准：2W= 连续 4 次零辅助完成技能；1W= 连续 4 次零辅助完成技能；M= 连续 3 次零辅助完成技能	**自然环境标准：**目标行为可在自然环境下泛化到 3 种新的自然发生的活动中	**归档标准：**教学目标、维持标准和自然环境标准全部达标

目标列表

对教学目标的建议和试探结果

对教学目标的建议： 目标 1 和 2：在离开去某个地方之前（如走出治疗房间或离开房子前），让受训者等待具体时间 目标 3 和 4：购物任务，从购物列表中删除一些东西 目标 5 和 6：受训者喜欢但短暂的活动（如涂色）和不喜欢但短暂的活动（如清洁桌子） 目标 7 和 8：喜欢的地方（如玩具房间里、操场上）和不喜欢的地方（如浴室、杂货店）
试探结果（已掌握目标）：

目标	基线：辅助次数与类型	开始日期	达标日期	消退程序		
				维持阶段	自然环境下教学开始日期	归档日期
1. 目标 1：“由于计划有变，现在我们要在这里停留 _____ 分钟时间。”						
2. 目标 2：“由于计划有变，现在我们要在这里停留 _____ 分钟时间。”						
3. 目标 3：“由于计划有变，现在我们不需要 _____。”						
4. 目标 4：“由于计划有变，现在我们不需要 _____。”						
5. 已达成的目标：随机转换						
6. 目标 5：“由于计划有变，现在我们要做任务 / 活动（喜欢的）。”						
7. 目标 6：“由于计划有变，现在我们要做的（不喜欢的任务 / 活动）。”						
8. 达到标准：随机转换						
9. 目标 7：“由于计划有变，现在我们要去（喜欢）地方。”						
10. 目标 8：“由于计划有变，现在我们要去（不喜欢的）地方。”						

续表

目标	基线：辅助次数与类型	开始日期	达标日期	消退程序		
				维持阶段	自然环境下教学开始日期	归档日期
11. 达到标准：随机转换						
12. 不同环境下的技能泛化，环境 1：						
13. 不同环境下的技能泛化，环境 2：						
14. 维持阶段：在不同环境下进行评估				2W 1W M		

实施该任务分析的具体建议：

- 确保受训者已经掌握预备技能，包括等待（见本套教程第二分册所列出的任务分析）。

从喜欢的活动过渡到不喜欢的活动

等级：□ 1 □ 2 □ 3

S^D： 当受训者正在从事喜欢的活动时，给其指令从事不喜欢的活动（如正在玩蹦蹦床，给其指令去坐下学习）	**反应：** 受训者无抵抗地离开喜欢的活动，从事不喜欢的活动
数据收集：辅助数据（辅助次数与类型）	**目标标准：**在 2 位训练师的交叉教学中连续 3 天零辅助作出正确反应
材料：工作任务所需材料和强化物，可选材料：照片时间表、计时器、顺序板	

消退程序

维持标准：2W= 连续 4 次零辅助完成技能；1W= 连续 4 次零辅助完成技能；M= 连续 3 次零辅助完成技能	**自然环境标准：**目标行为可在自然环境下泛化到 3 种新的自然发生的活动中	**归档标准：**教学目标、维持标准和自然环境标准全部达标

目标列表

对教学目标的建议和试探结果

对教学目标的建议：

喜欢的活动：蹦蹦床，画画，玩游戏，玩电脑，使用 iPad，球类游戏，玩汽车，游泳，学习（如配对项目），看电视

不喜欢的活动：桌前就座，工作，完成工作表，洗衣服，收拾垃圾，完成项目，洗手，做家务，收拾卫生等

试探结果（已掌握目标）：

目标	基线：辅助次数与类型	开始日期	达标日期	消退程序		
				维持阶段	自然环境下教学开始日期	归档日期
1. 目标 1：喜欢与不喜欢的活动场地相距 30 厘米，让受训者从事不喜欢的活动 1 分钟						

续表

目标	基线：辅助次数与类型	开始日期	达标日期	消退程序		
				维持阶段	自然环境下教学开始日期	归档日期
2. 目标 2：喜欢与不喜欢的活动场地相距 30 厘米，让受训者从事不喜欢的活动 2 分钟						
3. 目标 3：喜欢与不喜欢的活动场地相距 30 厘米，让受训者从事不喜欢的活动 3 分钟						
4. 目标 4：喜欢与不喜欢的活动场地相距 90 厘米，让受训者从事不喜欢的活动 2 分钟						
5. 目标 5：喜欢与不喜欢的活动场地相距 90 厘米，让受训者从事不喜欢的活动 3 分钟						
6. 目标 6：喜欢和不喜欢的活动场地不在同一视线内，让受训者从事不喜欢的活动 2 分钟						
7. 目标 7：喜欢和不喜欢的活动场地不在同一视线内，让受训者从事不喜欢的活动 3 分钟						
8. 不同环境下的技能泛化，环境 1：						
9. 不同环境下的技能泛化，环境 2：						
10. 维持阶段：在不同环境下进行评估				2W 1W M		

实施该任务分析的具体建议：

- 确保受训者已经掌握预备技能，包括掌握接受两步指令和等待（见本套教程第二分册所列出的任务分析）。
- 照片时间表和计时器的使用可能是一个有用的辅助。

第 16 章

适应技能的任务分析

- 洗澡：擦干
- 洗澡：冲洗
- 梳头
- 刷牙
- 系上和解开安全带
- 用刀切东西
- 打开和拉上背包的拉锁
- 餐桌礼节
- 系鞋带
- 使用餐巾
- 在学校环境中等待

洗澡：擦干

等级：□1 □2 □3

S^D： 说“擦干自己”，使用逆向链接式教学，辅助受训者完成整个任务分析	**反应：** 受训者洗澡后可以独立擦干身体
数据收集：辅助数据（辅助次数与类型）	**目标标准：**在 2 位训练师的交叉教学中连续 3 天零辅助作出正确反应
材料：淋浴、肥皂、洗发水、毛巾、洗衣服，以及强化物	

消退程序

维持标准：2W= 连续 4 次零辅助完成技能；1W= 连续 4 次零辅助完成技能；M= 连续 3 次零辅助完成技能	**自然环境标准：**目标行为可在自然环境下泛化到 3 种新的自然发生的活动中	**归档标准：**教学目标、维持标准和自然环境标准全部达标

目标列表

目标	基线：辅助次数与类型	开始日期	达标日期	消退程序		
				维持阶段	自然环境下教学开始日期	归档日期
1. 目标 1：整个环节的最后一步：悬挂使毛巾晾干						
2. 目标 2：整个环节中的第十一步：用毛巾擦干头发						
3. 目标 3：整个环节中的第十步：用毛巾擦干后背，左右移动						
4. 目标 4：整个环节中的第九步：把毛巾搭在后背，用手抓住						

续表

目标	基线：辅助次数与类型	开始日期	达标日期	消退程序		
				维持阶段	自然环境下教学开始日期	归档日期
5. 目标 5：整个环节中的第八步：擦脸和脖子						
6. 目标 6：整个环节中的第七步：擦肚子和胸部						
7. 目标 7：整个环节中的第六步：用毛巾擦另一只手臂 / 手						
8. 目标 8：整个环节中的第五步：用毛巾擦手臂 / 手						
9. 目标 9：整个环节中的第四步：用毛巾擦另一只腿 / 脚						
10. 目标 10：整个环节中的第三步：用毛巾擦腿 / 脚						
11. 目标 11：整个环节中的第二步：两只手打开毛巾						
12. 目标 12：整个环节中的第一步：惯用手拿毛巾						
13. 不同环境下的技能泛化，环境 1：						
14. 不同环境下的技能泛化，环境 2：						
15. 维持阶段：在不同环境下进行评估				2W 1W M		

实施该任务分析的具体建议：

- 确保受训者已经掌握预备技能，包括掌握接受一步指令和功能性物品的接受性语言技能（本套教程第一分册）。
- 此项任务分析可以与“洗澡：冲洗”这项任务分析同时进行（见本分册）。
- 这项程序的目的是教受训者怎么使用逆向链接学习洗澡，即任务分析通过相反的顺序（首先最后一步）进行教授，直到受训者可以独立完成所有的步骤。因此，对于目标 1，除去最后一步由受训者自行完成，其他的步骤都由训练师给出辅助。对于目标 2，除去最后一步和第十一步由受训者自行完成，其他所有的步骤都由训练师给出辅助。对于目标 3，除去最后一步、第十一步和第十步由受训者自行完成，其他教学目标都由训练师给出辅助。按照这个方式完成教学，直到受训者独立完成这个任务链接上的所有步骤。

洗澡：冲洗

等级：□ 1 □ 2 □ 3

S^D： 说“该洗澡了”，使用逆向链接式教学，辅助受训者完成整个任务分析	**反应：** 受训者可以独立洗澡
数据收集：辅助数据（辅助次数与类型）	**目标标准：**在 2 位训练师的交叉教学中连续 3 天零辅助作出正确反应
材料：淋浴、肥皂、洗发水、毛巾、洗衣服，以及强化物	

消退程序

维持标准：2W= 连续 4 次零辅助完成技能；1W= 连续 4 次零辅助完成技能；M= 连续 3 次零辅助完成技能	**自然环境标准：**目标行为可在自然环境下泛化到 3 种新的自然发生的活动中	**归档标准：**教学目标、维持标准和自然环境标准全部达标

目标列表

目标	基线：辅助次数与类型	开始日期	达标日期	消退程序		
				维持阶段	自然环境下教学开始日期	归档日期
1. 目标 1：整个环节的最后一步：走出浴缸						
2. 目标 2：整个环节中的第二十一步：塞上 / 打开排水沟						
3. 目标 3：整个环节中的第二十步：可选：将护发素喷到手心，擦洗头发						
4. 目标 4：整个环节中的第十九步：洗净头发						
5. 目标 5：整个环节中的第十八步：洗净头发上的洗发水						

续表

目标	基线：辅助次数与类型	开始日期	达标日期	消退程序		
				维持阶段	自然环境下教学开始日期	归档日期
6. 目标 6：整个环节中的第十七步：将洗发水喷到手心						
7. 目标 7：整个环节中的第十六步：检查洗发水						
8. 目标 8：整个环节中的第十五步：冲洗身体						
9. 目标 9：整个环节中的第十四步：使用肥皂和毛巾擦洗后背						
10. 目标 10：整个环节中的第十三步：使用肥皂和毛巾擦洗面部和颈部						
11. 目标 11：整个环节中的第十二步：使用肥皂和毛巾擦洗肚子和胸部						
12. 目标 12：整个环节中的第十一步：使用肥皂和毛巾擦洗另一只手臂 / 手						
13. 目标 13：整个环节中的第十步：使用肥皂和毛巾擦洗手臂和手						
14. 目标 14：整个环节中的第九步：使用肥皂和毛巾擦洗另一只腿和脚						

续表

目标	基线：辅助次数与类型	开始日期	达标日期	消退程序		
				维持阶段	自然环境下教学开始日期	归档日期
15. 目标 15：整个环节中的第八步：使用肥皂和毛巾擦洗腿和脚						
16. 目标 16：整个环节中的第七步：检查肥皂和毛巾						
17. 目标 17：整个环节中的第六步：进入浴缸						
18. 目标 18：整个环节中的第五步：脱掉衣服						
19. 目标 19：整个环节中的第四步：等待浴缸的水填满						
20. 目标 20：整个环节中的第三步：调整水温						
21. 目标 21：整个环节中的第二步：打开水龙头						
22. 目标 22：整个环节中的第一步：打开浴缸 / 关闭排水						
23. 不同环境下的技能泛化，环境 1：						
24. 不同环境下的技能泛化，环境 2：						
25. 维持阶段：在不同环境下进行评估				2W 1W M		

实施该任务分析的具体建议：

- 确保受训者已经掌握预备技能，包括掌握接受一步指令和功能性物品的接受性语言技能（见本套教程第一分册）。
- 这项任务分析可与“洗澡：擦干”这一任务分析同时进行（见本册）。
- 这项程序的目的是教受训者怎么使用逆向链接学习洗澡，即任务分析通过相反的顺序（首先最后一步）进行教授，直到受训者可以独立完成所有的步骤。因此，对于目标1，除去最后一步由受训者自行完成，其他的步骤都由训练师给出辅助。对于目标2，除去最后一步和第二十一步由受训者自行完成，其他所有的步骤都由训练师给出辅助。对于目标3，除去最后一步、第二十一步和第二十步由受训者自行完成，其他教学目标都由训练师给出辅助。按照这个方式完成教学，直到受训者独立完成这个任务链接上的所有步骤。

梳头

等级：□ 1 □ 2 □ 3

S^D： 说“该梳头了”	**反应：** 受训者可以独立梳头
数据收集：辅助数据（辅助次数与类型）	**目标标准：**在 2 位训练师的交叉教学中连续 3 天零辅助作出正确反应
材料：梳子和强化物	

消退程序

维持标准：2W= 连续 4 次零辅助完成技能；1W= 连续 4 次零辅助完成技能；M= 连续 3 次零辅助完成技能	**自然环境标准：**目标行为可在自然环境下泛化到 3 种新的自然发生的活动中	**归档标准：**教学目标、维持标准和自然环境标准全部达标

目标列表

目标	基线：辅助次数与类型	开始日期	达标日期	消退程序		
				维持阶段	自然环境下教学开始日期	归档日期
1. 目标 1：整个环节的最后一步：放回梳子						
2. 目标 2：整个环节中的第六步：受训者将顺理全部头发确保头发顺畅						
3. 目标 3：整个环节中的第五步：受训者从前往后梳头发						
4. 目标 4：整个环节中的第四步：受训者将梳后面头发						

续表

目标	基线：辅助次数与类型	开始日期	达标日期	消退程序		
				维持阶段	自然环境下教学开始日期	归档日期
5. 目标 5：整个环节中的第三步：受训者将梳左面的头发						
6. 目标 6：整个环节中的第二步：受训者将梳右面的头发						
7. 目标 7：整个环节中的第一步：受训者将检查梳子						
8. 不同环境下的技能泛化，环境 1：						
9. 不同环境下的技能泛化，环境 2：						
10. 维持阶段：在不同环境下进行评估				2W 1W M		

实施该任务分析的具体建议：

- 确保受训者已经掌握预备技能，包括物品操作类动作和模仿 接受一步指令（见本套教程第一分册）。

刷牙

等级：□ 1 □ 2 □ 3

S^D： 说“该刷牙了”，使用逆向链接式教学，辅助受训者学会刷牙	**反应：** 受训者可以独立刷牙
数据收集：辅助数据（辅助次数与类型）	**目标标准：**在 2 位训练师的交叉教学中连续 3 天零辅助作出正确反应
材料：杯、牙刷、牙膏，以及强化物	

消退程序

维持标准：2W= 连续 4 次零辅助完成技能；1W= 连续 4 次零辅助完成技能；M= 连续 3 次零辅助完成技能	**自然环境标准：**目标行为可在自然环境下泛化到 3 种新的自然发生的活动中	**归档标准：**教学目标、维持标准和自然环境标准全部达标

目标列表

目标	基线：辅助次数与类型	开始日期	达标日期	消退程序		
				维持阶段	自然环境下教学开始日期	归档日期
1. 目标 1：整个环节的最后一步：拿走牙膏						
2. 目标 2：整个环节中的第十七步：拿走牙刷						
3. 目标 3：整个环节中的第十六步：关上水龙头						
4. 目标 4：整个环节中的第十五步：冲洗牙刷和杯子						
5. 目标 5：整个环节中的第十四步：将杯子里的水倒进水槽里						

续表

目标	基线：辅助次数与类型	开始日期	达标日期	消退程序		
				维持阶段	自然环境下教学开始日期	归档日期
6. 目标 6：整个环节中的第十三步：用清水漱口并吐出去						
7. 目标 7：整个环节中的第十二步：拿杯子并装满水						
8. 目标 8：整个环节中的第十一步：打开水龙头						
9. 目标 9：整个环节中的第十步：刷左上角 30 度的牙齿，将泡沫吐出来						
10. 目标 10：整个环节中的第九步：刷左下角的牙齿 30 下，将泡沫吐出来						
11. 目标 11：整个环节中的第八步：刷右上角的牙齿 30 下，将泡沫吐出来						
12. 目标 12：整个环节中的第七步：刷右下角的牙齿 30 下，将泡沫吐出来						
13. 目标 13：整个环节中的第六步：把牙刷放在嘴里						
14. 目标 14：整个环节中的第五步：合上牙膏						
15. 目标 15：整个环节中的第四步：将牙膏挤在牙刷上						

续表

目标	基线：辅助次数与类型	开始日期	达标日期	消退程序		
				维持阶段	自然环境下教学开始日期	归档日期
16. 目标16：整个环节中的第三步：打开牙膏						
17. 目标17：整个环节中的第二步：拿出牙膏						
18. 目标18：整个环节中的第一步：拿出牙刷						
19. 不同环境下的技能泛化，环境1：						
20. 不同环境下的技能泛化，环境2：						
21. 维持阶段：在不同环境下进行评估				2W 1W M		

实施该任务分析的具体建议：

- 确保受训者已经掌握预备技能，包括掌握粗大动作和精细动作模仿技能、接受一步指令和功能性物品接受性和表达性语言技能（见本套教程第一分册）。
- 这项程序的目的是教受训者怎么使用逆向链接式教学学习刷牙，即任务分析通过相反的顺序（首先最后一步）进行教授，直到受训者可以独立完成所有的步骤。因此，对于目标1，除去最后一步由受训者自行完成，其他的步骤都由训练师给出辅助。对于目标2，除去最后一步和第十七步由受训者自行完成，其他所有的步骤都由训练师给出辅助。对于目标3，除去最后一步、第十七步和第十六步由受训者自行完成，其他教学目标都由训练师给出辅助。按照这个方式完成教学，直到受训者独立完成这个任务链接上的所有步骤。

系上和解开安全带

等级：□ 1 □ 2 □ 3

S^D： A. 进入车里，坐在座位上，说“系好安全带” B. 当车停了，说“解开安全带”	**反应：** 受训者可以系上和解开安全带
数据收集：辅助数据（辅助次数与类型）	**目标标准：**在 2 位训练师的交叉教学中连续 3 天零辅助作出正确反应
材料：安全带和强化物	

消退程序

维持标准：2W= 连续 4 次零辅助完成技能；1W= 连续 4 次零辅助完成技能；M= 连续 3 次零辅助完成技能	**自然环境标准：**目标行为可在自然环境下泛化到 3 种新的自然发生的活动中	**归档标准：**教学目标、维持标准和自然环境标准全部达标

目标列表

目标	基线：辅助次数与类型	开始日期	达标日期	消退程序		
				维持阶段	自然环境下教学开始日期	归档日期
总任务分析——系上安全带						
1. 目标 1：受训者坐在座位上						
2. 目标 2：受训者抓好安全带						
3. 目标 3：受训者将安全带拉到肚脐处						
4. 目标 4：受训者将用另一只手抓住安全带“舌头”部位						
5. 目标 5：受训者将抓住搭扣						

续表

目标	基线：辅助次数与类型	开始日期	达标日期	消退程序		
				维持阶段	自然环境下教学开始日期	归档日期
6. 目标 6：受训者将把安全带扣到搭扣中						
7. 不同环境下的技能泛化，环境 1：						
8. 不同环境下的技能泛化，环境 2：						
9. 维持阶段：在不同环境下进行评估				2W 1W M		
总任务分析——解开安全带						
10. 目标 1：受训者手放在搭扣处						
11. 目标 2：受训者按下红色释放按钮，安全带解开						
12. 目标 3：受训者将把安全带放回原处						
13. 不同环境下的技能泛化，环境 1：						
14. 不同环境下的技能泛化，环境 2：						
15. 维持阶段：在不同环境下进行评估				2W 1W M		

实施该任务分析的具体建议：

- 确保受训者已经掌握预备技能，包括掌握粗大动作和精细动作模仿技能，并遵循接受一步指令（见本套教程第一分册）。
- 这项程序的目的是教受训者怎么使用逆向链接学习系上和解开安全带，这需要受训者参与每个治疗过程的所有步骤，当受训者不能执行哪一步时，训练师提供帮助（辅助）。训练师应该记录每一步所需辅助的次数和类型，直到完成所有的任务步骤。

用刀切东西

等级：□ 1 □ 2 □ 3

S^D： 给受训者餐具（刀叉）切东西，并说“切你的食物”	**反应：** 受训者将食物用刀叉切成适当大小
数据收集：辅助数据（辅助次数与类型）	**目标标准：**在 2 位训练师的交叉教学中连续 3 天零辅助作出正确反应
材料：刀、叉子、盘子、食物，以及强化物	

消退程序

维持标准：2W= 连续 4 次零辅助完成技能；1W= 连续 4 次零辅助完成技能；M= 连续 3 次零辅助完成技能	**自然环境标准：**目标行为可在自然环境下泛化到 3 种新的自然发生的活动中	**归档标准：**教学目标、维持标准和自然环境标准全部达标

目标列表

目标	基线：辅助次数与类型	开始日期	达标日期	消退程序		
				维持阶段	自然环境下教学开始日期	归档日期
逆向链接式教学						
1. 目标 1：整个环节的最后一步：受训者将食物用刀叉切开						
2. 目标 2：整个环节中的第四步：受训者用叉子叉住食物						
3. 目标 3：整个环节中的第三步：受训者将弯曲手腕，食指指向盘子						
4. 目标 4：整个环节中的第二步：受训者用非惯用手叉住食物，叉子尖转向别处						

续表

目标	基线：辅助次数与类型	开始日期	达标日期	消退程序		
				维持阶段	自然环境下教学开始日期	归档日期
5. 目标 5：整个环节中的第一步：受训者用惯用手拿刀，手指紧贴刀边，其他手指握紧刀柄						
6. 不同环境下的技能泛化，环境 1：						
7. 不同环境下的技能泛化，环境 2：						
8. 维持阶段：在不同环境下进行评估				2W 1W M		

实施该任务分析的具体建议：

- 确保受训者已经掌握预备技能，包括掌握精细动作模仿技能和功能性物品的接受性语言技能（见本套教程第一分册）。
- 最先使用很容易切、不用很费力量的食物（如热狗）或预先已经切开的食物（如比萨）。
- 切受训者喜欢吃的食物。
- 这项程序的目的是教受训者怎么使用逆向链接式教学用刀切东西，即任务分析通过相反的顺序（首先最后一步）进行教授，直到受训者可以独立完成所有的步骤。因此，对于目标 1，除去最后一步由受训者自行完成，其他的步骤都由训练师给出辅助。对于目标 2，除去最后一步和第四步由受训者自行完成，其他所有的步骤都由训练师给出辅助。对于目标 3，除去最后一步、第四步和第三步由受训者自行完成，其他教学目标都由训练师给出辅助。按照这个方式完成教学，直到受训者独立完成这个任务链接上的所有步骤。

打开和拉上背包的拉锁

等级：□ 1 □ 2 □ 3

S^D： 说“打开背包的拉锁”或“拉上背包的拉锁”	**反应：** 受训者可以独立打开和拉上背包的拉锁
数据收集：辅助数据（辅助次数与类型）	**目标标准：**在 2 位训练师的交叉教学中连续 3 天零辅助作出正确反应
材料：带拉锁的包、零食，以及强化物	

消退程序

维持标准：2W= 连续 4 次零辅助完成技能；1W= 连续 4 次零辅助完成技能；M= 连续 3 次零辅助完成技能	**自然环境标准：**目标行为可在自然环境下泛化到 3 种新的自然发生的活动中	**归档标准：**教学目标、维持标准和自然环境标准全部达标

目标列表

目标	基线：辅助次数与类型	开始日期	达标日期	消退程序		
				维持阶段	自然环境下教学开始日期	归档日期
总任务分析——打开背包拉锁						
1. 目标 1：受训者拿起背包						
2. 目标 2：受训者使用拇指与食指捏住背包一侧						
3. 目标 3：受训者拉开拉锁						
4. 不同环境下的技能泛化，环境 1：						
5. 不同环境下的技能泛化，环境 2：						
6. 维持阶段：在不同环境下进行评估				2W 1W M		

续表

目标	基线：辅助次数与类型	开始日期	达标日期	消退程序		
				维持阶段	自然环境下教学开始日期	归档日期
总任务分析——拉上背包的拉锁						
7. 目标 1：受训者拿起背包						
8. 目标 2：受训者将对齐背包的拉锁两侧						
9. 目标 3：受训者将把背包拉锁两侧捏在一起						
10. 目标 4：受训者将滑动拉锁直到关上背包的拉锁						
11. 不同环境下的技能泛化，环境 1：						
12. 不同环境下的技能泛化，环境 2：						
13. 维持阶段：在不同环境下进行评估				2W 1W M		

实施该任务分析的具体建议：

- 确保受训者已经掌握预备技能，包括掌握打开和拉上背包拉锁的精细运动技能，以及掌握物品操作类精细动作模仿和接受一步指令（见本套教程第一分册）。
- 这项程序的目的是教受训者怎么使用逆向链接学习用刀切东西，即任务分析通过相反的顺序（首先最后一步）进行教授，直到受训者可以独立完成所有的步骤。因此，对于目标 1，除去最后一步由受训者自行完成，其他的步骤都由训练师给出辅助。对于目标 2，除去最后一步和第四步由受训者自行完成，其他所有的步骤都由训练师给出辅助。对于目标 3，除去最后一步、第四步和第三步由受训者自行完成，其他教学目标都由训练师给出辅助。按照这个方式完成教学，直到受训者独立完成这个任务链接上的所有步骤。
- 最好在程序自然发生的时候运行，例如午餐或零食时间。

餐桌礼节

等级：□ 1 □ 2 □ 3

S^D： 在午餐、晚餐或人为的情况下，引导受训者使用餐桌礼仪（例如午餐时，说“吃饭的时候不说话”）	**反应：** 受训者会使用餐桌礼仪
数据收集：辅助数据（辅助次数与类型）	**目标标准：**在 2 位训练师的交叉教学中连续 3 天零辅助作出正确反应
材料：其他成年人 / 同事、桌子、食物、饮料，以及强化物	

消退程序

维持标准：2W= 连续 4 次零辅助完成技能；1W= 连续 4 次零辅助完成技能；M= 连续 3 次零辅助完成技能	**自然环境标准：**目标行为可在自然环境下泛化到 3 种新的自然发生的活动中	**归档标准：**教学目标、维持标准和自然环境标准全部达标

目标列表

对教学目标的建议和试探结果

对教学目标的建议：请求“请拿……给我”；在拿到一个东西时说“谢谢”；在打断别人说话时说“对不起”；克制有关食物、客人或气氛的负面言论；用餐巾擦嘴；使用餐具（不是手）用餐；闭着嘴咀嚼；小口吃；不要嘴里含着食物说话；慢慢吃 / 常规速度用餐
试探结果（已掌握目标）：

目标	基线：辅助次数与类型	开始日期	达标日期	消退程序		
				维持阶段	自然环境下教学开始日期	归档日期
1. 目标 1：						

续表

目标	基线：辅助次数与类型	开始日期	达标日期	消退程序		
				维持阶段	自然环境下教学开始日期	归档日期
2. 目标 2：						
3. 目标 1 和 2：随机转换						
4. 目标 3：						
5. 目标 4：						
6. 达到标准目标：随机转换						
7. 目标 5：						
8. 目标 6：						
9. 达到标准目标：随机转换						
10. 目标 7：						
11. 目标 8：						
12. 达到标准目标：随机转换						
13. 目标 9：						
14. 目标 10：						
15. 达到标准目标：随机转换						

续表

目标	基线：辅助次数与类型	开始日期	达标日期	消退程序		
				维持阶段	自然环境下教学开始日期	归档日期
16. 不同环境下的技能泛化，环境 1：						
17. 不同环境下的技能泛化，环境 2：						
18. 维持阶段：在不同环境下进行评估				2W 1W M		

实施该任务分析的具体建议：

- 确保受训者已经掌握预备技能，包括掌握物品操作类粗大动作和精细动作模仿（见本套教程第一分册）。此外，还应在家庭聚餐中恰当就座和持续的眼神交流方面取得进步。
- 这个任务分析需要辅助数据。确保当确定目标项时持续时间是一样的（即一般吃一餐持续 20~30 分钟）。选择一段时间作为数据收集的时间目标（例如，数据将收集前 15 分钟）。
- 对于水平处于阶段 3 的受训者，你也可以进行角色扮演运行这项程序或说明情况，让他们回答自己要做什么。

系鞋带

等级：□ 1 □ 2 □ 3

S^D： 说“该系鞋带了”，使用逆向链接式教学，辅助受训者完成整个任务分析	**反应**： 受训者可以独立系鞋带
数据收集：辅助数据（辅助次数与类型）	**目标标准**：在 2 位训练师的交叉教学中连续 3 天零辅助作出正确反应
材料：鞋子、鞋带，以及强化物	

消退程序

维持标准：2W= 连续 4 次零辅助完成技能；1W= 连续 4 次零辅助完成技能；M= 连续 3 次零辅助完成技能	**自然环境标准**：目标行为可在自然环境下泛化到 3 种新的自然发生的活动中	**归档标准**：教学目标、维持标准和自然环境标准全部达标

目标列表

目标	基线：辅助次数与类型	开始日期	达标日期	消退程序		
				维持阶段	自然环境下教学开始日期	归档日期
逆向链接式教学						
1. 目标 1：整个环节的最后一步：把两个圈系紧						
2. 目标 2：整个环节中的第十一步：抓住两个圈						
3. 目标 3：整个环节中的第十步：用右手食指把鞋带传过去打第二个圈						
4. 目标 4：整个环节中的第九步：长的鞋带缠绕圈						

续表

目标	基线：辅助次数与类型	开始日期	达标日期	消退程序		
				维持阶段	自然环境下教学开始日期	归档日期
5. 目标 5：整个环节中的第八步：抓住右边长的鞋带						
6. 目标 6：整个环节中的第七步：打成一个圈，夹在底部，留一截垂下来						
7. 目标 7：整个环节中的第六步：抓住左边的鞋带						
8. 目标 8：整个环节中的第五步：将两个鞋带水平拉直						
9. 目标 9：整个环节中的第四步：抓住右边的鞋带并放在鞋带下面						
10. 目标 10：整个环节中的第三步：在鞋带相交处抓住鞋带						
11. 目标 11：整个环节中的第二步：交叉鞋带，做成 X 形						
12. 目标 12：整个环节中的第一步：抓住鞋带的顶端，鞋面向外						
13. 不同环境下的技能泛化，环境 1：						
14. 不同环境下的技能泛化，环境 2：						
15. 维持阶段：在不同环境下进行评估				2W 1W M		

实施该任务分析的具体建议：

- 确保受训者已经掌握预备技能，包括物品操作类精细动作模仿（见本套教程第一分册）。
- 如果受训者在行为链第一步有困难，可用 DTT 练习每个行为链。例如，如果受训者不知道如何打结，除去练习此项目外，还可以单独练习该任务 10 个回合。
- 这是写给一个惯用手为右手的受训者的教程，如果受训者惯用手为左手，请将教程中“左”“右”对换。
- 这项程序的目的是教受训者怎么使用逆向链接式教学学习系鞋带，即任务分析通过相反的顺序（首先最后一步）进行教授，直到受训者可以独立完成所有的步骤。因此，对于目标 1，除去最后一步由受训者自行完成，其他的步骤都由训练师给出辅助。对于目标 2，除去最后一步和第十一步由受训者自行完成，其他所有的步骤都由训练师给出辅助。对于目标 3，除去最后一步、第十一步和第十步由受训者自行完成，其他教学目标都由训练师给出辅助。按照这个方式完成教学，直到受训者独立完成这个任务链接上的所有步骤。

使用餐巾

等级：□ 1 □ 2 □ 3

S^D： 没有指令（当嘴或手脏的时候）。使用逆向链接式教学，辅助受训者完成整个任务分析	**反应**： 受训者将使用餐巾擦嘴和手
数据收集：辅助数据（辅助次数与类型）	**目标标准**：在 2 位训练师的交叉教学中连续 3 天零辅助作出正确反应
材料：餐巾、食物，以及强化物	

消退程序

维持标准：2W= 连续 4 次零辅助完成技能；1W= 连续 4 次零辅助完成技能；M= 连续 3 次零辅助完成技能	**自然环境标准**：目标行为可在自然环境下泛化到 3 种新的自然发生的活动中	**归档标准**：教学目标、维持标准和自然环境标准全部达标

目标列表

目标	基线：辅助次数与类型	开始日期	达标日期	消退程序		
				维持阶段	自然环境下教学开始日期	归档日期
逆向链接式教学						
1. 目标 1：整个环节的最后一步：受训者将餐巾放在膝盖或桌子上						
2. 目标 2：整个环节中的第四步：受训者用餐巾擦手						
3. 目标 3：整个环节中的第三步：受训者用餐巾擦嘴						
4. 目标 4：整个环节中的第二步：受训者打开餐巾						

续表

目标	基线：辅助次数与类型	开始日期	达标日期	消退程序		
				维持阶段	自然环境下教学开始日期	归档日期
5. 目标 5：整个环节中的第一步：受训者把餐巾放在自己大腿上						
6. 不同环境下的技能泛化，环境 1：						
7. 不同环境下的技能泛化，环境 2：						
8. 维持阶段：在不同环境下进行评估				2W 1W M		

实施该任务分析的具体建议：

- 确保受训者已经掌握预备技能，包括掌握物品操作类粗大动作和精细动作模仿（见本套教程前两分册），以及功能性物品的接受性语言技能（见本套教程第一分册）。
- 你可以教受训者学习吃几口食物后使用餐巾，并利用剩余的食物重复这个过程。

在学校环境中等待

等级：□ 1 □ 2 □ 3

S^D： A. 设计受训者必须等待的情形（即受训者举手并等待老师叫他之后才发言） B. 设计受训者必须排队等候时间的情形，或等待轮获取材料或参加活动的情形	**反应：** A. 受训者将在发言前举手或者等待被点名 B. 受训者在轮到他们之前将排队或等待（例如手放好，待在队伍中）
数据收集：辅助数据（辅助次数与类型）	**目标标准：**在 2 位训练师的交叉教学中连续 3 天零辅助作出正确反应
材料：强化物	

消退程序

维持标准：2W= 连续 4 次零辅助完成技能；1W= 连续 4 次零辅助完成技能；M= 连续 3 次零辅助完成技能	**自然环境标准：**目标行为可在自然环境下泛化到 3 种新的自然发生的活动中	**归档标准：**教学目标、维持标准和自然环境标准全部达标

目标列表

对教学目标的建议和试探结果

对教学目标的建议：

等待发言：①老师问一个问题，受训者举起手，等待被点名；②受训者需要帮助或有一个问题，将举手和等待被点名 5 秒；③受训者需要帮助或有一个问题，将举手和等待被点名 10 秒

排队等待 / 等待轮到自己：①受训者排队等待时从一个地方过渡到另一个地方；②受训者排队等待用午餐；③受训者等待使用电脑或另一个正在被其他人使用的材料

试探结果（已掌握目标）：

目标	基线：辅助次数与类型	开始日期	达标日期	消退程序		
				维持阶段	自然环境下教学开始日期	归档日期
S^D A：等待发言						
1. 目标 1：						

续表

目标	基线：辅助次数与类型	开始日期	达标日期	消退程序		
				维持阶段	自然环境下教学开始日期	归档日期
2. 目标 2：						
3. 目标 3：						
4. 不同环境下的技能泛化，环境 1：						
5. 不同环境下的技能泛化，环境 2：						
6. 维持阶段：在不同环境下进行评估				2W 1W M		
S^D B：排队等待 / 等待轮到自己						
7. 目标 1：						
8. 目标 2：						
9. 目标 3：						
10. 不同环境下的技能泛化，环境 1：						
11. 不同环境下的技能泛化，环境 2：						
12. 维持阶段：在不同环境下进行评估				2W 1W M		

实施该任务分析的具体建议：

- 对于目标“等待发言”，当老师问班上一个问题时，回答问题人要不同（即有时受训者举手后将会第一个被叫到名字，有时候是其他人先被叫到）。
- 对于目标“排队等待 / 等待轮到自己”，受训者必须排队等候（即受训者不会总是第一个或最后一个）。

参考文献

American Red Cross. (n.d). *Learn to Swim Levels 1–6.* Available at www.yourswimmingspace.com/skills-checklist.ht, accessed 30 April 2014.

Bracken, B.A. (2006) *Bracken Basic Concept Scale, Expressive.* Bloomington, MN: Pearson Education, Inc.

Dolch Words List (2013). Available at http://dolchsightwords.org/index.php, accessed 30 April 2014.

Gagnon, E. (2001) *Power Cards: Using Special Interests to Motivate Children and Youth with Asperger Syndrome and Autism.* Shawnee Mission, KS: Quality Books, Inc.

Grey, C. (2010) *The New Social Story Book: 10th Anniversary Edition: Over 150 Social Stories that Teach Everyday Social Skills to Children with Autism or Asperger's Syndrome, and their Peers.* Arlington, TX: Future Horizons.

Olsen, J. (2013) *Handwriting without tears, the hands-on curriculum for student success.* Available at www.hwtears.com/, accessed 6 March 2014.

Partington, J.W. (2006) *The Assessment of Basic Language and Learning Skills – Revised (The ABLLS-R).* Pleasant Hill, CA: Behavior Analysts, Inc.

Winner, M.G. (2006) *Think Social!* (Book and CD) San Jose, CA: Think Social Publishing.